高等职业教育系列教材

变频器技术及应用

李方园　刘长国　刘　雁　编著

机 械 工 业 出 版 社

本书以当前市场上主流的三菱 E700 系列和西门子 MM4 系列变频器为载体，从变频器使用者的角度出发，按照理论到实践、设计到应用由浅入深地阐述了变频器的入门知识与技能、变频器的基本控制与应用、变频器的转矩特性与 PID 控制、变频器与其他工控设备的连接与控制以及变频器的维护与故障排除。

本书深入浅出、图文并茂，可以作为高职院校电气自动化、机电一体化、应用电子技术等专业的教材，同时也适合作为变频器工程和设计人员、中高级电工的自学用书。

本书配有授课电子课件，需要的教师可登录机械工业出版社教育服务网 www.cmpedu.com 免费注册后下载。

图书在版编目(CIP)数据

变频器技术及应用/ 李方园，刘长国，刘雁编著．—北京：机械工业出版社，2016.9(2023.8 重印)
高等职业教育系列教材
ISBN 978-7-111-55503-2

Ⅰ.①变…　Ⅱ.①李…　②刘…　③刘…　Ⅲ.①变频器-高等职业教育-教材　Ⅳ.①TN773

中国版本图书馆 CIP 数据核字(2016)第 302638 号

机械工业出版社(北京市百万庄大街 22 号　邮政编码 100037)
策划编辑：曹帅鹏　　责任编辑：曹帅鹏
责任校对：张艳霞　　责任印制：常天培

北京机工印刷厂有限公司印刷

2023 年 8 月第 1 版・第 11 次印刷
184mm×260mm・15.5 印张・374 千字
标准书号：ISBN 978-7-111-55503-2
定价：49.00 元

电话服务
客服电话：010-88361066
010-88379833
010-68326294
封底无防伪标均为盗版

网络服务
机　工　官　网：www.cmpbook.com
机　工　官　博：weibo.com/cmp1952
金　　书　　网：www.golden-book.com
机工教育服务网：www.cmpedu.com

前　言

变频器技术是集自动控制、微电子、电力电子、通信等技术于一体的先进技术，它以优良的调速和节能性能，在工业企业和民用设备中获得了广泛的应用。随着社会上对于变频器的使用、操作和维修技能要求越来越高，“变频器技术及应用”课程的重要性日渐突显。本书从变频器使用者的角度出发，从理论到实践、从设计到应用由浅入深地阐述了变频器入门知识与技能、变频器的基本控制与应用、变频器的转矩特性与 PID 控制、变频器与其他工控设备的连接与控制以及变频器的维护与故障排除。

本书共分 5 章。第 1 章主要介绍了变频器的入门知识与技能，包括交流电动机的调速方式、异步电动机的变频调速原理、变频器的电路结构和变频器的分类与特点，同时介绍了用三菱 E740 变频器对电动机进行面板点动控制与无级调速、三菱 E740 变频器 *U/f* 曲线设定及测定、MM420 变频器的上电运行、MM4 系列变频器的快速调试。第 2 章主要介绍了变频器的基本控制与应用，内容包括变频器的控制方式、变频器的频率给定方式、变频器的运转指令方式，技能方面则重点强调变频器运行模式功能、变频器控制电动机正反转、多段速度控制等。第 3 章介绍了变频器的转矩控制与 PID 应用，侧重介绍了变频器的温度和压力 PID 控制。第 4 章介绍了变频器与其他工控设备（包括 PLC 和触摸屏）的连接与控制，通过触摸屏、PLC 和变频器的综合控制，进一步加深对变频控制系统的理解。第 5 章主要介绍了变频器维护经验，包括变频器维护基本要点以及具体的故障排除案例（过电压、过电流、过载原因、缺相故障等），如何进行原因查找及故障定位。

本书由李方园、刘长国、刘雁编著。在编写过程中，三菱和西门子厂家提供了相当多的典型案例和调试经验，同时参考和引用了国内外许多专家、学者、工程技术人员最新出版的著作等资料，编者在此一并致谢。由于编者水平有限，在编写过程中难免存在不足和错误，希望广大读者能够给予批评、指正，编者将不胜感谢。

编者

简称与全称

E700	三菱 E700 系列变频器
E740	三菱 E700 系列变频器中的一种类型（即三相交流输入机型）
E720S	三菱 E700 系列变频器中的一种类型（即单相交流输入机型）
MM4	西门子 MM4 系列变频器
MM420	西门子 MM4 系列变频器中的一种类型（通用型）
MM440	西门子 MM4 系列变频器中的一种类型（矢量型）
Pr. xxx	三菱 E700 系列变频器的参数号
Pxxx	西门子 MM4 系列变频器的参数号
* Pxxx	该标号的参数可根据用户的需要改变
rxxx	西门子 MM4 系列变频器的参数号（只读参数）
VVVF 或 VF	变频器
V/f 或 U/f	变频器的恒压频比控制方式
I/O	输入/输出
DI	数字量输入
DO	数字量输出
AI	模拟量输入
AO	模拟量输出
FR - PU07	三菱 E700 系列变频器的一种操作面板
A700/D700/F700	三菱 700 系列变频器（与 E700 基本类似）
PU	三菱 E700 变频器的面板控制模式
EXT	三菱 E700 变频器的外部端子控制模式
AOP	西门子 MM4 系列变频器的高级操作面板
BOP	西门子 MM4 系列变频器的基本操作面板
DIN	西门子 MM4 系列变频器的数字量输入
MCGS	一种国内常见的组态软件
TPC7062K	MCGS 嵌入式一体化触摸屏
FX_{3U}	三菱公司新的 FX 系列的 PLC

目　　录

第1章　变频器入门知识与技能

【导读】

变频器主要用于交流电动机转速的调节，是理想的调速方案。变频调速以其自身所具有的调速范围广、调速精度高、动态响应好等优点，在许多需要精确速度控制的场合中发挥着提高产品质量和生产效率的作用。除此之外，变频器还有显著的节能效果，不仅在相关工业设备上，在民用产品及生活中，也起到了节约电能、提高设备性能、保护环境等作用。本章介绍了变频器的工作原理，尤其是恒压频比工作方式及其特点；同时介绍了三菱 E700 系列变频器和西门子 MM4 系列变频器如何进行上电、参数设置和试运行的方法与步骤。

知识目标

※ 了解交流电动机的调速方式；
※ 熟悉变频调速的基本原理及其优点；
※ 掌握恒压频比工作方式及其特点；
※ 掌握变频器的电路基本结构。

能力目标

☆ 能对三菱 E700、西门子 MM4 系列变频器带电动机试运行；
☆ 能对三菱 E700、西门子 MM4 系列变频器的各类参数进行操作；
☆ 能对变频器 U/f 曲线进行设定及测定。

1.1　变频调速原理

1.1.1　交流异步电动机和同步电动机的调速

1. 异步电动机

三相异步电动机要旋转起来的先决条件是具有一个旋转磁场，三相异步电动机的定子绕组就是用来产生旋转磁场的。三相电源相与相之间的电压在相位上是相差 120°的，三相异步电动机定子中的 3 个绕组在空间方位上也互差 120°，这样，当在定子绕组中通入三相电源时，定子绕组就会产生一个旋转磁场，其产生的过程如图 1-1 所示。图 1-1 中分 4 个时刻来描述旋转磁场的产生过程。电流每变化一个周期，旋转磁场在空间旋转一周，即旋转磁场的旋转速度与电流的变化是同步的。

旋转磁场的转速为

$$n = 60f/p \tag{1-1}$$

式中，f 为电源频率；p 是磁场的磁极对数；n 的单位 r/min。根据此式可以知道，电动机的转速与磁极数和使用电源的频率有关。

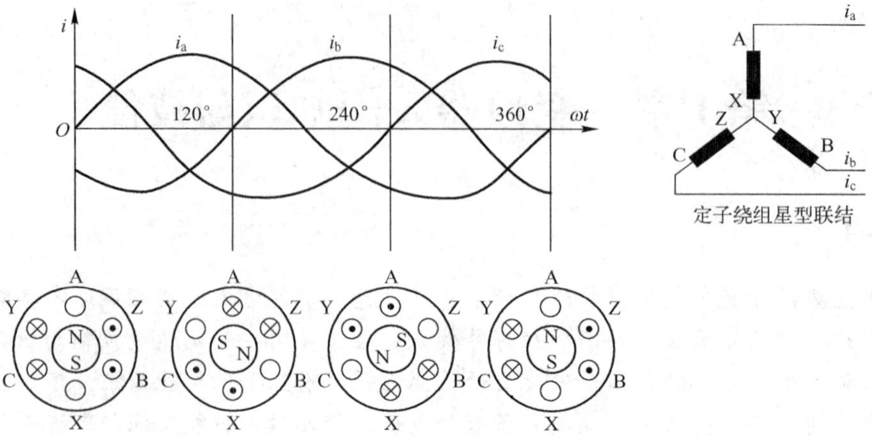

图 1-1　三相异步电动机原理

定子绕组产生旋转磁场后，转子导条（鼠笼条）将切割旋转磁场的磁力线而产生感应电流，转子导条中的电流又与旋转磁场相互作用产生电磁力，电磁力产生的电磁转矩驱动转子沿旋转磁场方向以 n_1 的转速旋转起来。一般情况下，电动机的实际转速 n_1 低于旋转磁场的转速 n。因为假设 $n = n_1$，则转子导条与旋转磁场就没有相对运动，就不会切割磁力线，也就不会产生电磁转矩，所以转子的转速 n_1 必然小于 n。为此称这种结构的三相电动机为异步电动机。图 1-2 所示为异步电动机的内部结构。

2. 同步电动机

同步电动机和其他类型的旋转电动机一样，由固定的定子和可旋转的转子两大部分组成。一般分为转场式同步电动机和转枢式同步电动机。

图 1-3 给出了最常用的转场式同步电动机的结构模型，其定子铁心的内圆均匀分布着定子槽，槽内嵌放着按一定规律排列的三相对称交流绕组。这种同步电动机的定子又称为电枢，定子铁心和绕组又称为电枢铁心和电枢绕组。转子铁心上装有制成一定形状的成对磁极，磁极上绕有励磁绕组，通以直流电流时，将会在电动机的气隙中形成极性相间的分布磁场，称为励磁磁场（也称主磁场、转子磁场）。气隙处于电枢内圆和转子磁极之间，气隙层的厚度和形状对电动机内部磁场的分布和同步电动机的性能有重大影响。

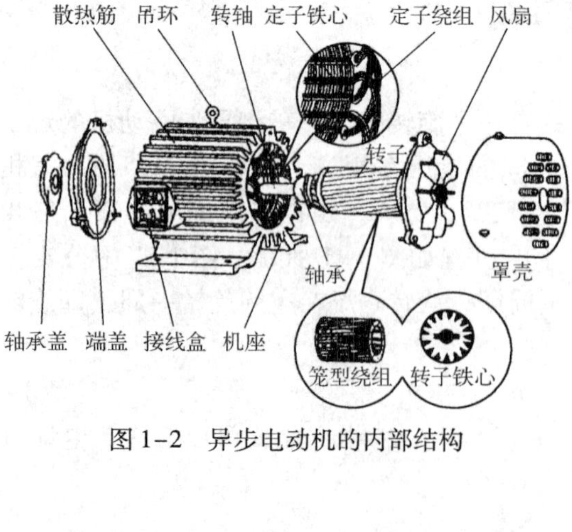

图 1-2　异步电动机的内部结构

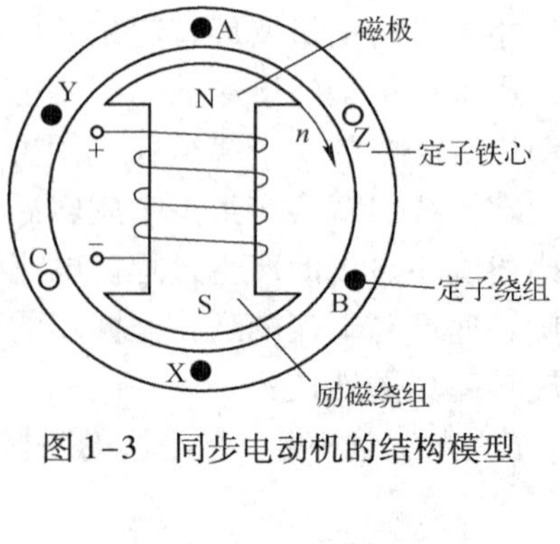

图 1-3　同步电动机的结构模型

除了转场式同步电动机外，还有转枢式同步电动机，其磁极安装于定子上，而交流绕组分布于转子表面的槽内，这种同步电动机的转子充当了电枢。图中用 AX、BY、CZ 三个在空间错开 120°分布的线圈代表三相对称交流绕组。

3. 交流电动机的调速

交流电动机比直流电动机经济耐用得多，因而被广泛应用于各行各业。在实际应用场合，往往要求电动机能随意调节转速，以便获得满意的使用效果，但交流电动机在这方面比起直流电动机而言就要逊色得多，于是不得不借助其他手段达到调速目的。根据感应电动机的转速特性表达式可知，它的调速方式有三大类：频率调节、磁极对数调节和转差率调节。从而出现了目前常用的几种调速方法，如变极调速、调压调速、电磁调速、变频调速、液力偶合器调速等，如图 1–4 所示。

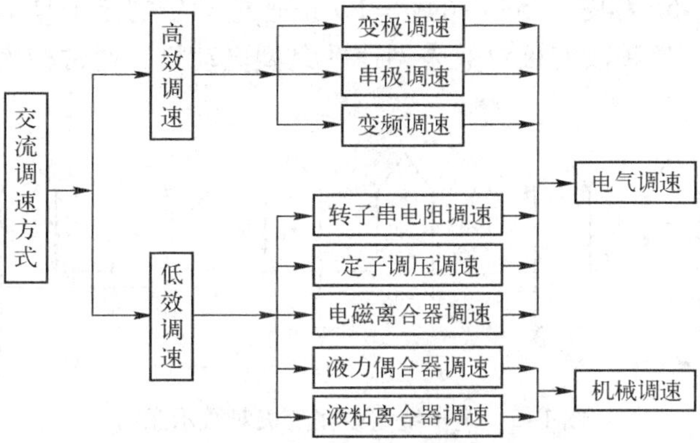

图 1–4　交流电动机主要调速方式分类图

基于节能角度，通常把交流调速分为高效调速和低效调速。高效调速指基本上不增加转差损耗的调速方式，在调节电动机转速时转差率基本不变，不增加转差损失，或将转差功率以电能形式回馈电网或以机械能形式回馈机轴；低效调速则存在附加转差损失，在相同调速工况下其节能效果低于不存在转差损耗的调速方式。

属于高效调速方式的主要有变极调速、串级调速和变频调速；属于低效调速方式的主要滑差调速（包括电磁离合器调速、液力偶合器调速、液粘离合器调速）、转子串电阻调速和定子调压调速。其中，液力偶合器调速和液粘离合器调速属于机械调速，其他均属于电气调速。变极调速和滑差调速方式适用于笼型异步电动机，串级调速和转子串电阻调速方式适用于绕线型异步电动机，定子调压调速和变频调速既适用于笼型，也适用于绕线型异步电动机。变频调速和机械调速还可用于同步电动机。

液力偶合器调速技术属于机械调速范畴，它是将匹配合适的调速型液力偶合器安装在常规的交流电动机和负载（风机、水泵或压缩机）之间，从电动机输入转速，通过耦合器工作腔中高速循环流动的液体，向负载传递力矩和输出转速。只要改变工作腔中液体的充满程度即可调节输出转速。

液粘离合器调速是指利用液粘离合器作为功率传递装置完成转速调节的调速方式，属于机械调速。液粘离合器是利用两组摩擦片之间接触来传递功率的一种机械设备，如同液力偶合器一样安装在笼型感应电动机与工作机械之间，在电动机低速运行的情况下，利用两组摩擦片之间摩擦力的变化无级地调节工作机械的转速，由于它存在转差损耗，是一种低效调速方式。

1.1.2 不同调速方式的工作原理

1. 异步电动机的变极调速

变极调速技术是通过采用变极多速异步电动机实现调速的。这种多速电动机大都为笼型转子电动机，其结构与基本系列异步电动机相似，现国内生产的有双速、三速、四速等几种类型。

变极调速是通过改变定子绕组的极对数来改变旋转磁场同步转速进行调速的，是无附加转差损耗的高效调速方式。由于极对数 p 是整数，它不能实现平滑调速，只能有级调速。在供电频率 $f=50$ Hz 的电网、$p=1$、2、3、4 时，相应的同步转速为 $n_0=3000$ r/min、1500 r/min、1000 r/min、750 r/min。改变极对数是用改变定子绕组的接线方式来完成的（图 1-5），图 1-5a 的 $p=2$，图 1-5b 和图 1-5c 中的 $p=1$。双速电动机的定子是单绕组，三速和四速电动机的定子是双绕组。这种改变极对数来调速的笼型电动机，通常称为多速感应电动机或变极感应电动机。

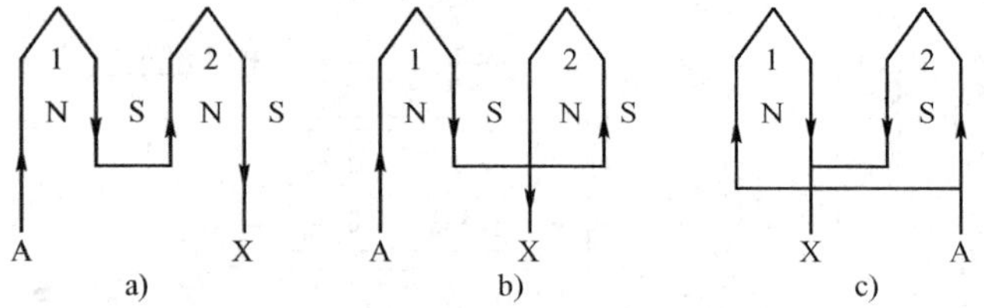

图 1-5 定子绕组改接变极对数示意图

a) $p=2$ b) $p=1$ c) $p=1$

多速电动机的优点是运行可靠，运行效率高，控制电路很简单，容易维护，对电网无干扰，初始投资低。缺点是有级调速，而且调速级差大，从而限制了它的使用范围。适合于按 2～4 档固定调速变化的场合，为了弥补有级调速的缺陷，有时与定子调压调速或电磁离合器调速配合使用。

2. 电磁调速

电磁调速技术是通过电磁调速电动机实现调速的技术。电磁调速电动机（又称滑差电动机）由三相异步电动机、电磁转差离合器和测速发电动机组成，三相异步电动机作为原动机工作。该技术是传统的交流调速技术之一，适用于容量在 0.55～630 kW 范围内的风机、水泵或压缩机。

电磁离合器调速是由笼型感应电动机和电磁离合器一体化的调速电动机来完成的，把这种调速电动机称为电磁离合器电动机，又称滑差电动机，属于低效调速方式。电磁调速电动机的调速系统，主要由笼型感应电动机、涡流式电磁转差离合器和直流励磁电源等三个部分组成（图 1-6），直流励磁电源功率较小，通过改变晶闸管的控制角改变直流励磁电压的大小来控制励磁电流。它以笼型异步电动机作为原动机，带动与其同轴接连的电磁离合器的主动部分，离合器的从动部分与负载

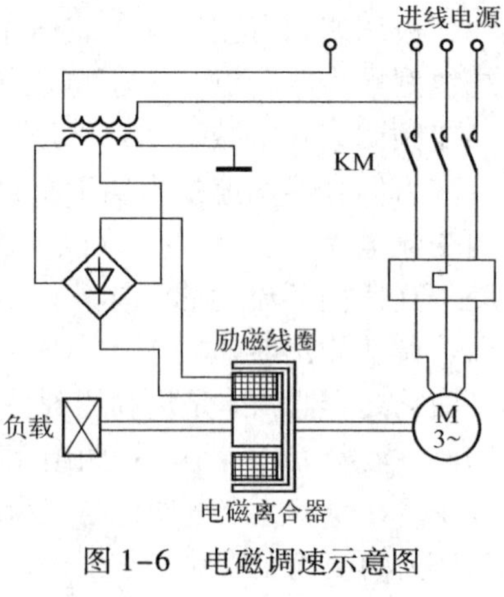

图 1-6 电磁调速示意图

同轴连接，主动部分与从动部分没有机械联系，只有磁路相通。离合器的主动部分为电枢，从动部分为磁极，电枢是一杯状铸铜体，磁极则由铁心和励磁绕组构成，绕组与部分铁心固定在机壳上不随磁极旋转，直流励磁不必经过滑环而直接由直流电源供电。当电动机带动电枢在磁极磁场中旋转时，就会感生涡流，涡流与磁极磁场作用产生的转矩将使电枢牵动磁极拖动负载同向旋转，通过控制励磁电流改变磁场强度，使离合器产生大小不同的转矩，从而达到调速的目的。

磁离合器的优点是结构比较简单，可无级调速，维护方便，运行可靠，调速范围也比较宽，对电网无干扰，它可以空载起动，对需要重载起动的负载可获得容量效益，提高电动机运行负载率。缺点是高速区调速特性软，不能全速运行；低速区调速效率比较低。适用于调速范围适中的中小容量电动机。

3. 定子调压调速

定子调压调速是用改变定子电压实现调速的方法来改变电动机的转速，调度过程中它的转差功率以发热形式损耗在转子绕组中，属于低效调速方式。由于电磁转矩与定子电压的二次方成正比，改变定子电压就可以改变电动机的机械特性，与某一负载特性相匹配就可以稳定在不同的转速上，从而实现调速功能。供电电源的电压是固定的，它用调压器来获得可调压的交流电源。传统的调压器有饱和电抗器式调压器、自耦变压器式调压器和感应式调压器，主要用于笼型感应电动机的减压起动，以减少起动电流。晶闸管是交流调压调速的主要形式，它利用改变定子侧三相反并联晶闸管的移相角来调节转速，可以做到无级调速。

调压调速的主要优点是控制设备比较简单，可无级调速，初始投资低，使用维护比较方便，可以兼作笼型电动机的减压起动设备。缺点是调速效率比较低，低速运行调速效率更低；调速范围窄，只有对风机和泵类工作机械调速可以获得较宽的调速范围并减少转差损耗；调速特性比较软，调速精度差；对电网干扰也大。适用于调速范围要求不宽，较长时间在高速区运行的中小容量的异步电动机。

4. 转子串电阻调速

转子串电阻调速是通过改变绕线型感应电动机转子串接附加外接电阻从而改变转子电流使转速改变的方式进行调速的（图 1–7），为减少电刷的磨损，中等容量以上的绕线型感应电动机还设有提刷装置，当电动机起动时接入外接电阻以减少起动电流，不需要调速时移动手柄可提起电刷与集电滑环脱离接触，同时使 3 个集电滑环彼此短接起来。

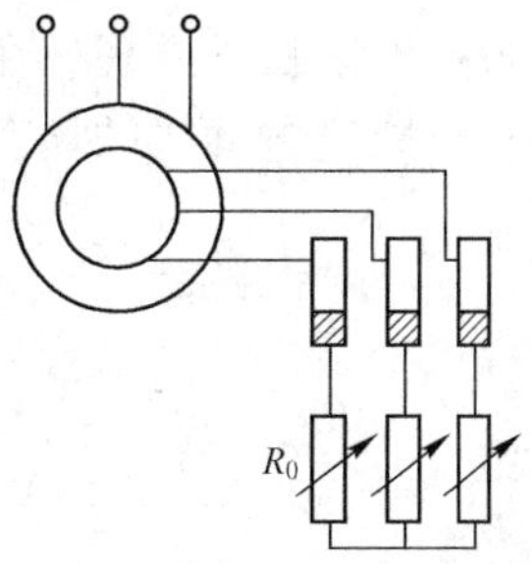

图 1–7　串电阻调速转子电路示意

串电阻调速的优点是技术成熟，控制方法简单，维护方便，初始投资低，对电网无干扰。缺点是转差损耗大，调速效率低；调速特性软，动态响应速度慢；外接附加电阻不易做到无级调速，调速平滑性差。适合于调速范围不太大和调速特性要求不高的场合。

5. 变频调速

变频调速是通过改变异步电动机供电电源的频率 f 来实现无级调速的，其接线简单，如图 1–8 所示。电动机采用变频调速以后，电动机转轴直接与负载连接，电动机由变频器供电。

变频调速的关键设备就是变频器，变频器是一种将交流电源整流成直流后再逆变成频率、电压可变的变流电源的专用装置，主要由功率模块、超大规模专用单片机等构成，变频器能够根据转速反馈信号调节电动机供电电源的频率，从而可以实现相当宽频率范围内的无级调速。

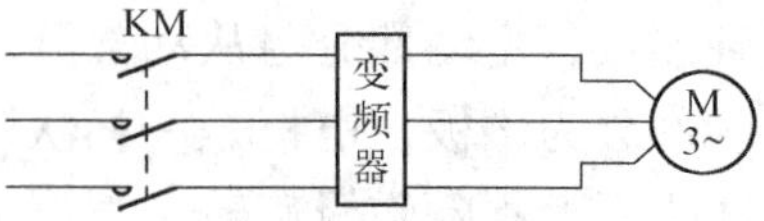

图 1-8　变频调速原理

6. 调速方式汇总

根据实际应用效果，交流电动机的各种调速方式的一般性能和特点汇总于表 1-1 之中。

表 1-1　调速方式的一般特性和特点

调速方式	转子串电阻	定子调压	电磁离合器	液力偶合器	液粘离合器	变极	串极	变频
调速方法	改变转子串电阻	改变定子输入调压	改变离合器励磁电流	改变耦合器工作腔充油量	改变离合器摩擦片间隙	改变定子极对数	改变逆变器的逆变角	改变定子输入频率合和电压
调速性质	有级	无级	无级	无级	无级	有级	无级	无级
调速范围	50 ~ 100%	80 ~ 100%	10 ~ 80%	30 ~ 97%	20 ~ 100%	1、2、3…档转速	50 ~ 100%	5 ~ 100%
响应能力	差	快	较快	差	差	快	快	快
电网干扰	无	大	无	无	无	无	较大	有
节电效果	中	中	中	中	中	高	高	高
初始投资	低	较低	较高	中	较低	低	中	高
故障处理	停车	不停车	停车	停车	停车	停车	停车	不停车
安装条件	易	易	较易	场地	场地	易	易	易
适用范围	绕线型异步电动机	绕线型异步电动机、笼型异步电动机	笼型异步电动机	笼型异步电动机、同步电动机	笼型异步电动机、同步电动机	笼型异步电动机	绕线型异步电动机	异步电动机、同步电动机

1.1.3　变频调速原理

根据电动机学原理，在下述三个假定条件下，即忽略空间和时间谐波、忽略磁饱和、忽略铁损，感应电动机的稳态模型可以用 T 型等效电路表示，如图 1-9a 所示。

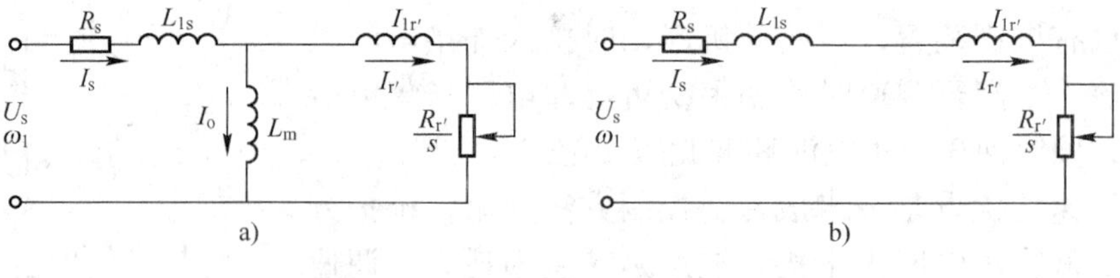

图 1-9　感应电动机等效电路

a）感应电动机 T 型等效电路　b）感应电动机简化等效电路

图 1-9a 中的各参数定义如下：

R_s、$R_{r'}$——定子每相电阻和折合到定子侧的转子每相电阻；

L_{1s}、$L_{1r'}$——定子每相漏感和折合到定子侧的转子每相漏感；

L_m——定子每相绕组产生气隙主磁通的等效电感，即励磁电感；

U_s、ω_1——定子相电压和供电角频率；

I_s、$I_{r'}$——定子相电流和折合到定子侧的转子相电流。

了解这些参数对于变频器的控制性能将有很大的帮助，尤其是在高级矢量控制方式下。

根据电机学原理，在图 1-9b 的模型基础上，推导出感应电动机的每极气隙磁通为

$$\Phi_m = \frac{E_g}{4.44 f_1 N_s K_{Ns}} \approx \frac{U_S}{4.44 f_1 N_s K_{Ns}} \tag{1-2}$$

式中 E_g——气隙磁通在定子每相中感应电动势的有效值；

f_1——定子频率；

N_s——定子每相绕组串联匝数；

K_{Ns}——定子基波绕组系数。忽略定子电阻和漏磁感抗压降，则认为定子相电压 $U_s = E_g$。

（1）基频以下调速

为充分利用电动机铁心，发挥电动机产生转矩的能力，在基频（即 $f_{in} = 50\ \text{Hz}$）以下采用恒磁通控制方式，此时要保持 Φ_m 不变，当频率 f_1 从额定值 f_{in} 向下调节时，必须同时降低 E_g，即采用电动势频率比为恒值的控制方式。然而，绕组中的感应电动势是难以直接控制的，当电动势值较高时，可以忽略定子电阻和漏磁感抗压降，而认为定子相电压 $U_s \approx E_g$，则得

$$\frac{E_g}{f_1} = 常值 \tag{1-3}$$

这是恒压频比的控制方式，又称 U/f 控制方式，其控制特性如图 1-10 所示的虚线。低频时，U_s 和 E_g 都较小，定子电阻和漏磁感抗压降所占的分量相对较大，可以人为地抬高定子相电压 U_s，以便补偿定子压降，称作低频补偿或转矩提升，其控制特性如图 1-10 所示的实线。

（2）基频以上调速

在基频以上调速时，频率从 f_{IN} 向上升高，但定子电压 U_s 却不可能超过额定电压 U_{SN}，只能保持 $U_s = U_{SN}$ 不变，这将使磁通与频率成反比地下降，使得感应电动机工作在弱磁状态。

把基频以下和基频以上两种情况的控制特性画在一起，如图 1-11 所示。如果电动机在不同转速时所带的负载都能使电流达到额定值，即都能在允许温升下长期运行，则转矩基本上随磁通变化而变化。按照电力拖动原理，在基频以下，磁通恒定，转矩也恒定，属于“恒转矩调速”性质，而在基频以上，转速升高时磁通减小，转矩也随着降低，基本上属于“恒功率调速”。

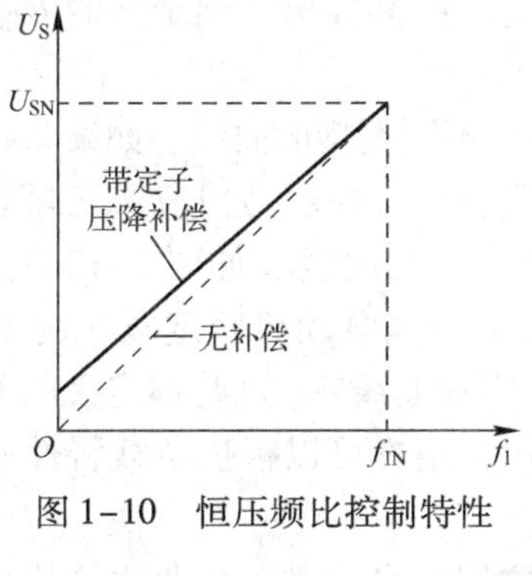

图 1-10 恒压频比控制特性

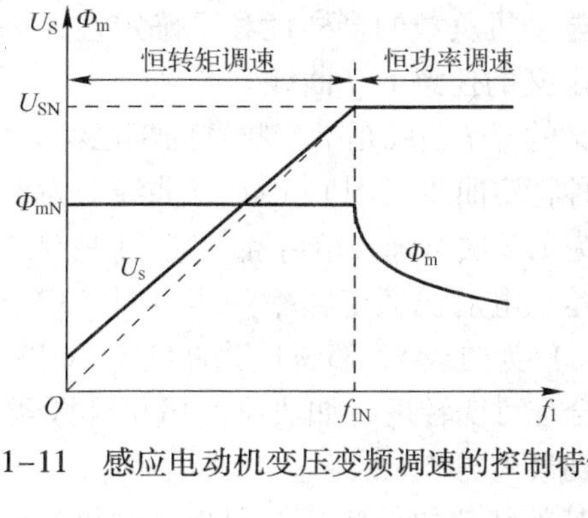

图 1-11 感应电动机变压变频调速的控制特性

小知识

实际上仅仅改变电动机的频率并不能获得良好的变频特性。例如：标准设计的三相异步电动机380 V、50 Hz。如果电压不变，只改变频率，会产生什么问题？380 V 不变，频率下调（$f<50$ Hz），会使电动机气隙磁通 φ（约等于 U/f）饱和；反之，380 V 不变，频率向上调（$f>50$ Hz），则使磁通减弱。所以，真正应用变频调速时，一般需要同时改变电压和频率，以保持磁通基本恒定。因此，变频调速器又称为变压变频调速器，即 VVVF（Variable Voltage Variable Frequency）装置。

1.1.4 变频器 U/f 曲线定义

1. 基本概念

变频器 U/f 控制的基本思想是 $U/f=C$，因此定义在频率为 f_x 时，U_x 的表达式为 $U_x/f_x=C$，其中 C 为常数，就是“压频比系数”。

图 1-12 中所示就是变频器的基本运行 U/f 曲线，从图中可以看出，当电动机的运行频率高于一定值时，变频器的输出电压不再能随频率的上升而上升，就将该特定值称之为基本运行频率，用 f_{in} 表示。也就是说，基本运行频率是指变频器输出最高电压时对应的最小频率。在通常情况下，基本运行频率是电动机的额定频率，如电动机铭牌上标识的 50 Hz 或 60 Hz。同时与基本运行频率对应的变频器输出电压称之为最大输出电压，用 U_{max} 表示。

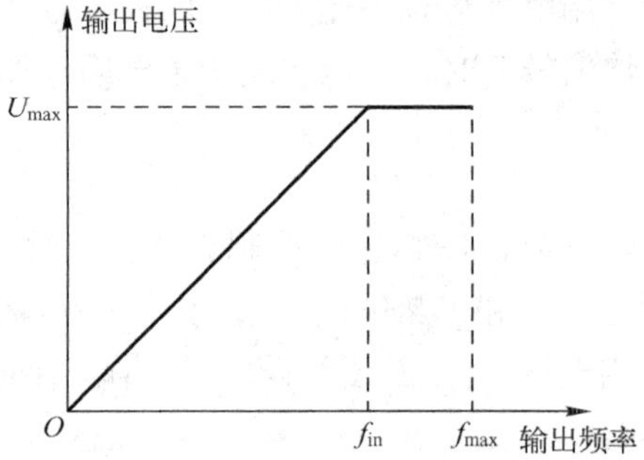

图 1-12 基本运行 U/f 曲线

当电动机的运行频率超过基本运行频率 f_{in} 后，U/f 不再是一个常数，而是随着输出频率的上升而减少，电动机磁通也因此减少，变成“弱磁调速”状态。

基本运行频率是决定变频器的逆变波形占空比的一个设置参数，当设定该值后，变频器 CPU 将基本运行频率值和运行频率进行运算后，调整变频器输出波形的占空比来达到调整输出电压的目的。因此，在一般情况下，不要随意改变基本运行频率的参数设置，如确有必要，一定要根据电动机的参数特性来适当设值，否则，容易造成变频器过热、过流等现象。

2. 预定义的 U/f 曲线和用户自定义 U/f 曲线

由于电动机负载的多样性和不确定性，因此很多变频器厂商都推出了预定义的 U/f 曲线和用户自定义的任意 U/f 曲线。

预定义的 U/f 曲线是指变频器内部已经为用户定义的各种不同类型的曲线。如某品牌 A 变频器有三种特定曲线（图 1-13a），曲线 1 为 3.0 次幂降转矩特性、曲线 2 为 1.7 次幂降转矩特性、曲线为 1.2 次幂降转矩特性。某品牌变频器 B 则有 4 种定义的曲线（如图 1-13b），其定义的方式是在电动机额定频率一半（即 50% F_N）时的输出电压是电动机额定电压的 30% 时（即 30% V_N）为曲线 1，35% V_N 为曲线 2，40% V_N 为曲线 3，V_N 为曲线 4。这些预定义的 U/f 曲线非常适合在可变转矩（如典型的风机和泵类负载）中使用，用户可以根据负载特性进行调整，以达到最优的节能效果。

对于其他特殊的负载，如同步电动机，则可以通过设置用户自定义 U/f 曲线的几个参数

得到任意 U/f 曲线，从而可以适应这些负载的特殊要求和特定功能。自定义 U/f 曲线一般都通过折线设定，典型的有三段折线和两段折线。

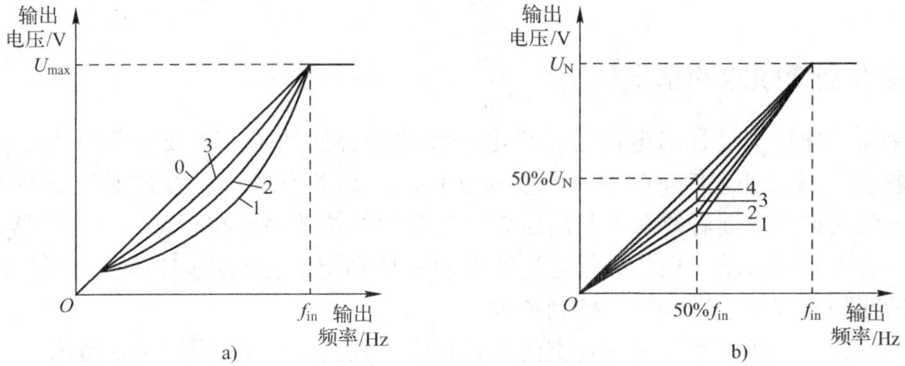

图 1-13 预定义 U/f 曲线

a) A 变频器 b) B 变频器

以三段折线设定为例（如图 1-14），f 通常为变频器的基本运行频率，在某些变频器中定义为电动机的额定频率；U 通常为变频器的最大输出电压，在某些变频器中定义为电动机的额定电压。如果最大输出电压等于额定电压或者基本运行频率等于额定频率，则两者是一回事，如果两者之间数值不相等，就必须根据变频器的用户手册来确定具体的数据。图中给出了三个中间坐标数值，即（f_1，U_1）、（f_2，U_2）、（f_3，U_3），用户只需填入相应的电压值或电压百分比以及频率值或频率百分比即可。如果将其中的两点重合就可以看成是二段折线设定。

虽然用户自定义 U/f 曲线是可以任意设定，但是一旦数值设定不当，就会造成意外故障。比如说低频时转矩提升电压过高，造成电动机起动时低频抖动。所以，U/f 曲线特性必须以满足电动机的运行为前提条件。

3. *U/f* 曲线转矩补偿

变频器在起动或极低速运行时，根据 U/f 曲线，电动机在低频时对应输出的电压较低，转矩受定子电阻压降的影响比较显著，这就导致励磁不足而使电动机不能获得足够的旋转力，因此需要对转矩进行补充补偿，这称为转矩补偿。通常的做法是对输出电压做一些提升补偿，以补偿定子电阻上电压降引起的输出转矩损失，从而改善电动机的输出转矩，如图 1-15 所示。

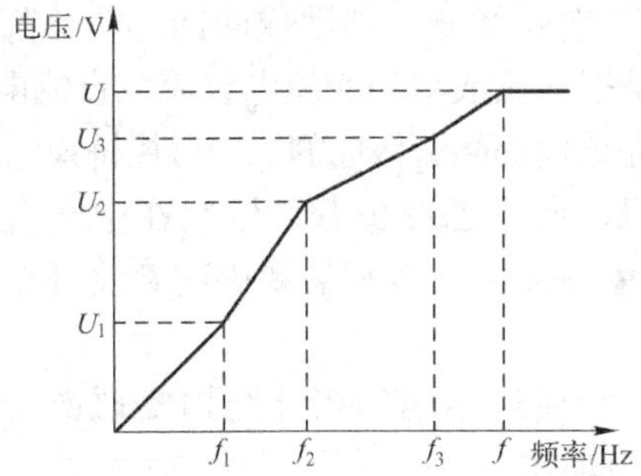

图 1-14 用户自定义 U/f 曲线

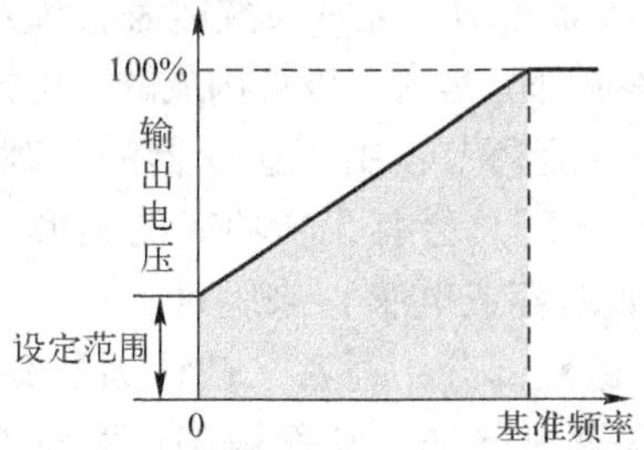

图 1-15 转矩补偿

转矩补偿可以根据变频器的参数设置选择手动和自动，如手动设置则允许用户对设定范围可以在 0～20% 或 30% U_{max} 之间任意设定，如自动设置则是变频器根据电动机起动过程中的力矩情况进行自动补偿，其参数是随着负载变化而更改的。

1.2 变频器的硬件结构

1.2.1 交直交变频器的基本构造

交流变频调速技术是强弱电混合、机电一体的综合性技术，既要处理巨大电能的转换（整流、逆变），又要处理信息的收集、变换和传输，因此它的共性技术必定分成功率转换和弱电控制两大部分。前者要解决与高压大电流有关的技术问题和新型电力电子器件的应用技术问题，后者要解决基于现代控制理论的控制策略和智能控制策略的硬、软件开发问题，目前主流的变频器都是采用全数字控制技术。

通用变频器，一般都是采用交直交的方式组成，其基本构造如图 1-16 所示。

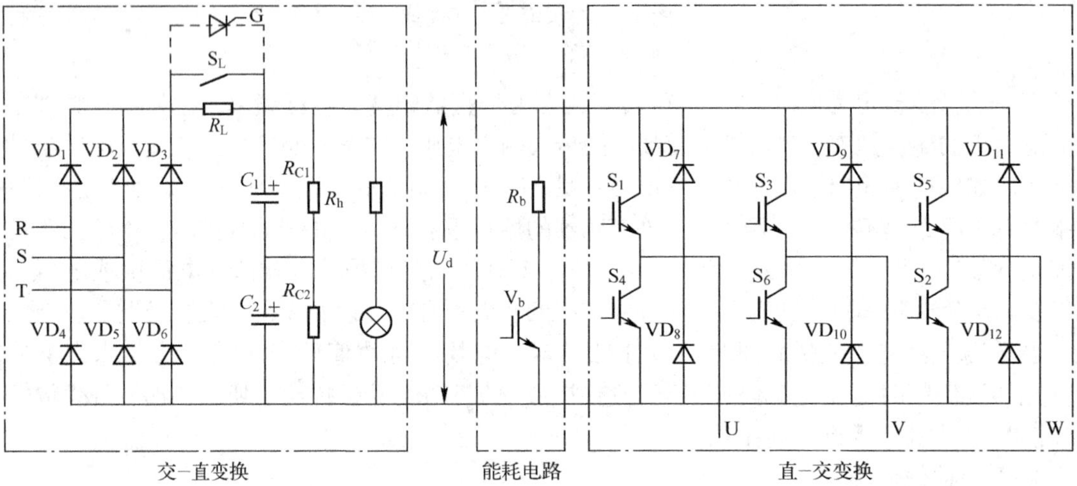

图 1-16 通用变频器的基本构造

1.2.2 主回路

1. 主回路的构成

通用变频器的主回路包括整流部分、直流环节、逆变部分、制动或回馈环节等部分。

1）整流部分：通常又被称为电网侧变流部分，是把三相或单相交流电整流成直流电。常见的低压整流部分是由二极管构成的不可控三相桥式电路或由晶闸管构成的三相可控桥式电路。

2）直流环节：由于逆变器的负载是异步电动机，属于感性负载，因此在中间直流部分与电动机之间总会有无功功率的交换，这种无功能量的交换一般都需要中间直流环节的储能元件（如电容或电感）来缓冲。

3）逆变部分：通常又被称为负载侧变流部分，它通过不同的拓扑结构实现逆变元件的规律性关断和导通，从而得到任意频率的三相交流电输出。

常见的逆变部分是由 6 个半导体主开关器件组成的三相桥式逆变电路。其半导体器件一般采用 IGBT 来作用，如图 1-17 所示。IGBT 是 GTR 与 MOSFET 组成的达林顿结构，一个由 MOSFET 驱动的厚基区 PNP 晶体管，RN 为晶体管基区内的调制电阻。IGBT 的驱动原理与电力 MOSFET 基本相同，是一个场控器件，通断由栅射极电压 u_{GE}决定。

导通：u_{GE}大于开启电压$U_{GE(th)}$时，MOSFET内形成沟道，为晶体管提供基极电流，IGBT导通。

导通压降：电导调制效应使电阻R_N减小，使通态压降小。

关断：栅射极间施加反压或不加信号时，MOSFET内的沟道消失，晶体管的基极电流被切断，IGBT关断。

优点：高输入阻抗；电压控制、驱动功率小；开关频率高；饱和压降低；电压、电流容量较大，安全工作频率宽。

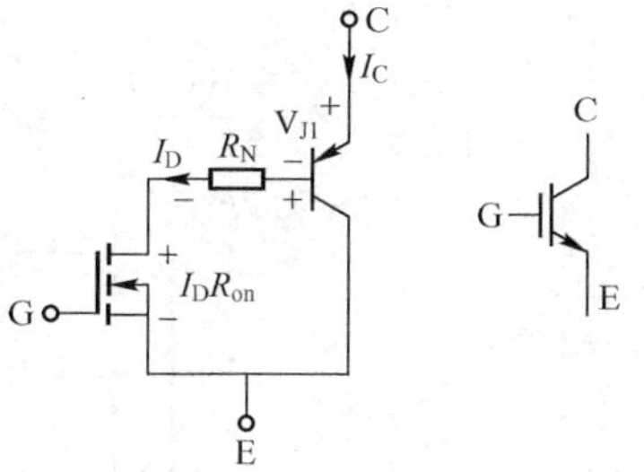

图1-17　IGBT原理

4）制动或回馈环节：由于制动形成的再生能量在电动机侧容易聚集到变频器的直流环节形成直流母线电压的泵升，需及时通过制动环节将能量以热能形式释放或者通过回馈环节转换到交流电网中去。

制动环节在不同的变频器中有不同的实现方式，通常小功率变频器都内置制动环节，即内置制动单元，有时还内置短时工作制的标配制动电阻；中功率段的变频器可以内置制动环节，但属于标配或选配需根据不同品牌变频器的选型手册而定；大功率段的变频器其制动环节大多为外置。至于回馈环节，则大多属于变频器的外置回路。

2. IGBT的类型

IGBT的类型主要有4种，包括一单元模块（图1-18a）、单桥臂二单元模块（图1-18b）、双桥臂四单元模块（图1-18c）、三相桥六单元模块（图1-18d）。

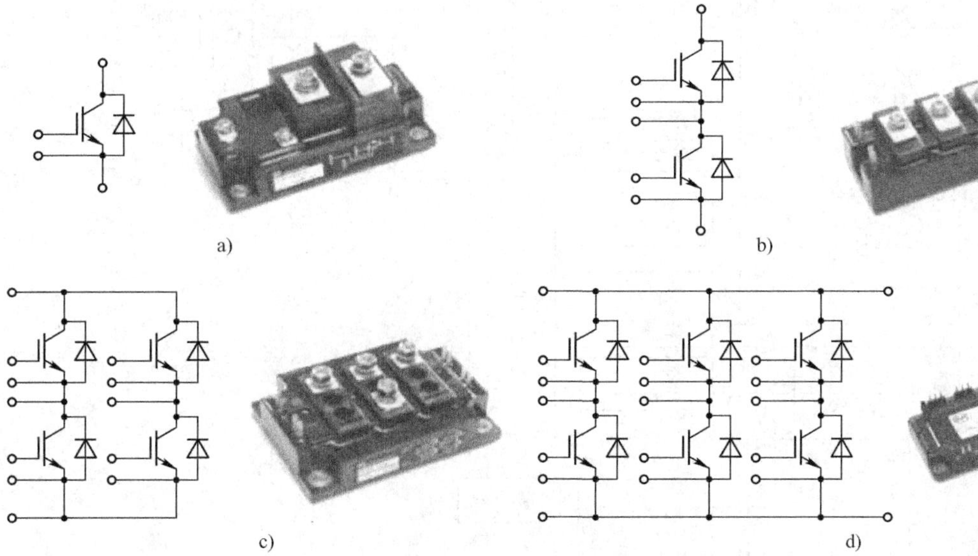

图1-18　IGBT类型

a）一单元模块　b）单桥臂二单元模块　c）双桥臂四单元模块　d）三相桥六单元模块

1.2.3　控制回路

控制回路包括变频器的核心软件算法电路、检测传感电路、控制信号的输入输出电路、驱动电路和保护电路组成。

现在以某通用变频器为例来介绍控制回路，如图1-19所示，它包括以下几个部分：

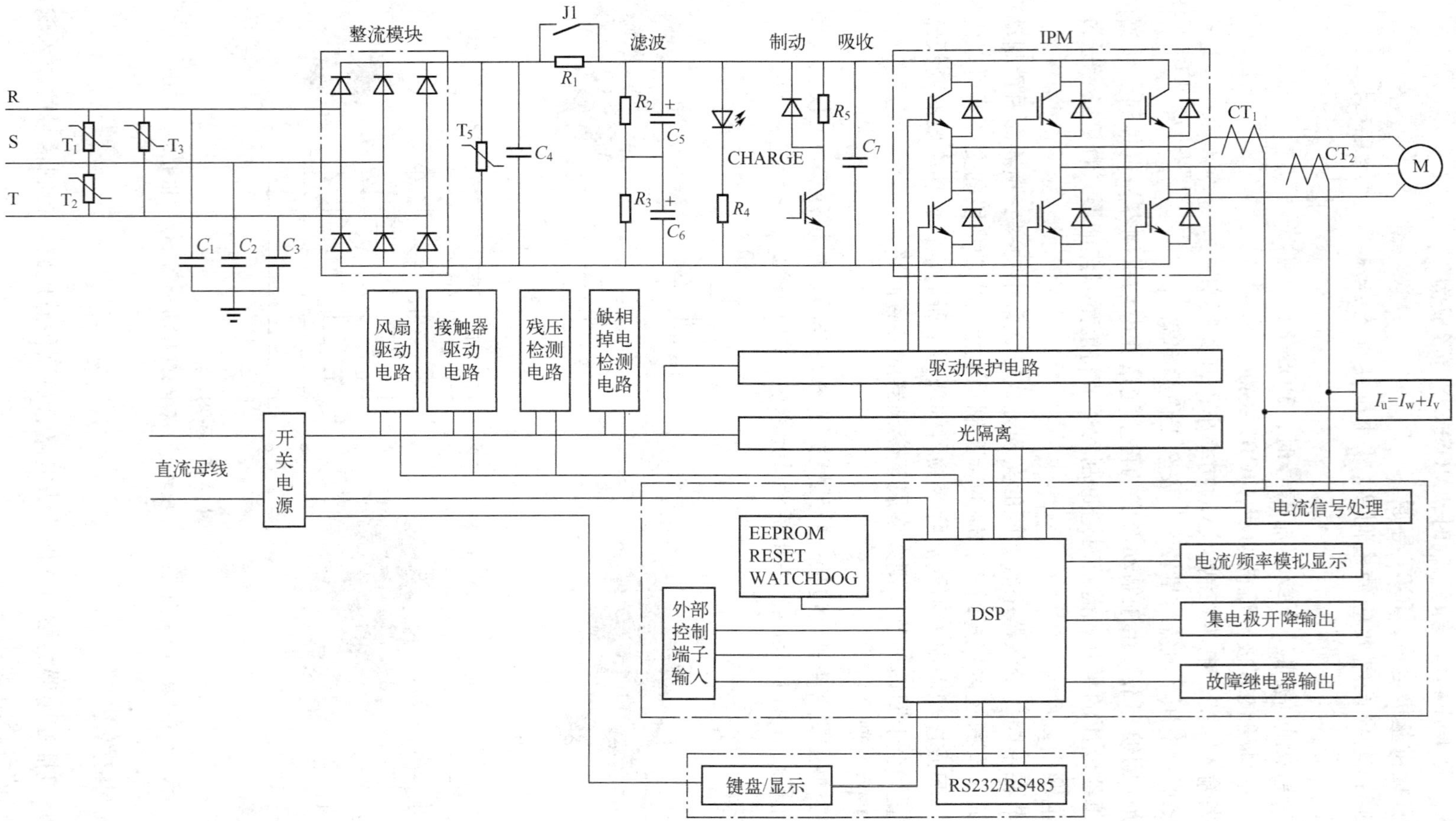

图1-19　通用变频器控制回路图

（1）开关电源

变频器的辅助电源采用开关电源，具有体积小、效率高等优点。电源输入为变频器主回路直流母线电压或将交流 380 V 整流。通过脉冲变压器的隔离变换和变压器二次侧的整流滤波可得到多路输出直流电压。其中 +15 V 、 −15 V 、 +5 V 共地， ± 15 V 给电流传感器、运放等模拟电路供电， +5 V 给 DSP 及外围数字电路供电。相互隔离的四组或六组 +15 V 电源给 IPM 驱动电路供电。 +24 V 为继电器、直流风机供电。

（2）DSP（数字信号处理器）

变频器采用的 DSP 通常为 TI 公司的产品，如 TMS320F240 系列等。它主要完成电流、电压、温度采样、六路 PWM 输出，各种故障报警输入，电流电压频率设定信号输入，还完成电动机控制算法的运算等功能。

（3）输入、输出端子

变频器控制电路输入、输出端子包括：

◆ 输入多功能选择端子、正反转端子、复位端子等；
◆ 继电器输出端子、开路集电极输出多功能端子等；
◆ 模拟量输入端子，包括外接模拟量信号用的电源（12 V、10 V 或 5 V）及模拟电压量频率设定输入和模拟电流量频率设定输入。
◆ 模拟量输出端子，包括输出频率模拟量和输出电流模拟量等，用户可以选择 0/4 ~ 20 mA 直流电流表或 0 ~ 10 V 的直流电压表，显示输出频率和输出电流，当然也可以通过功能码参数选择输出信号。

（4）SCI 口

TMS320F240 支持标准的异步串口通信，通信波特率可达 625 kbit/s。具有多机通信功能，通过一台上位机可实现多台变频器的远程控制和运行状态监视功能。

（5）操作面板部分

DSP 通过 SPI 口，与操作面板相连，完成按键信号的输入、显示数据输出等功能。

1.2.4 变频器输出波形

1. 交流输出的原理

变频器经整流回路后就形成了直流电源，再通过 IGBT，最后输出交流电。其中 IGBT 的 6 个开关 S_1 ~ S_6 如图 1-20 那样导通、关断，那么负载电压就成为矩形波交流电压，如图 1-21 所示，其大小等同于直流电压源电压。

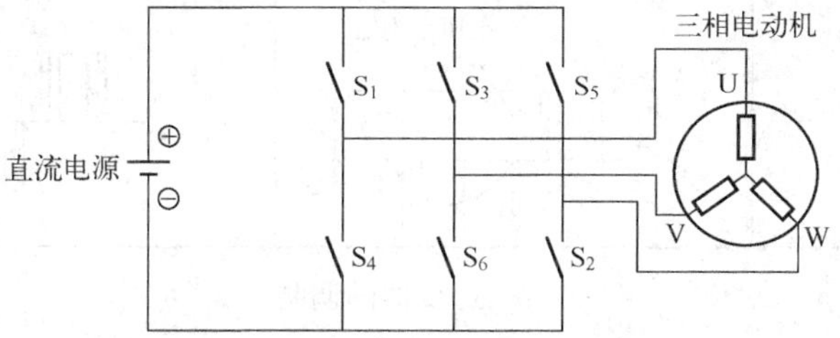

图 1-20 逆变的原理

需要注意的是，在 IGBT 导通过程中，上下桥不能同时导通，如 S_1 和 S_4 刚好隔半个周期出现，否则就会形成桥臂直通短路。

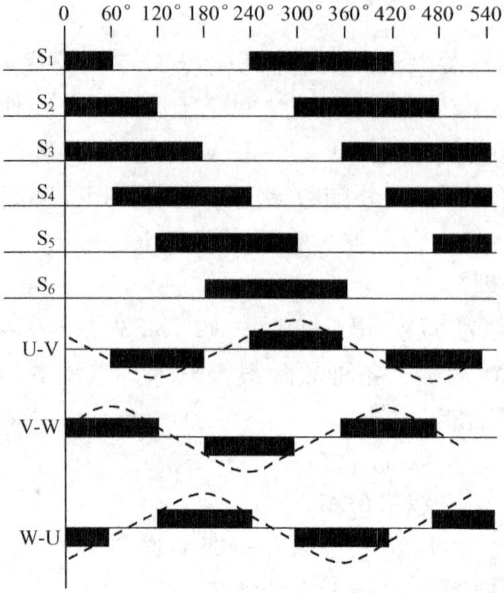

图 1-21　输出三相交流波形

2. 变频器输出波形的调制

变频器输出电压的控制，主要有 PAM、PWM 和 SPWM 三种方式。

（1）PAM（Pulse Amplitude Modulation）

PAM 即脉幅调制，是一种改变电压源电压的幅值进行输出控制的方式。采用 PAM 调节电压时，高电压及低电压时的输出电压波形如图 1-22 所示。

调制方式	输出低频（或低电压）	输出高频（或高电压）
PAM	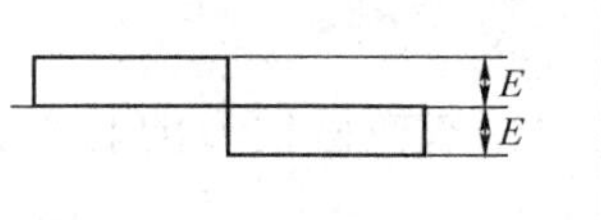	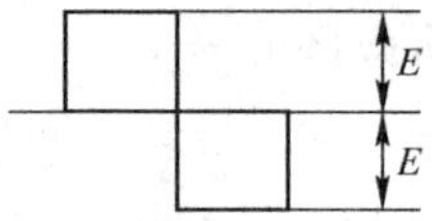
PWM	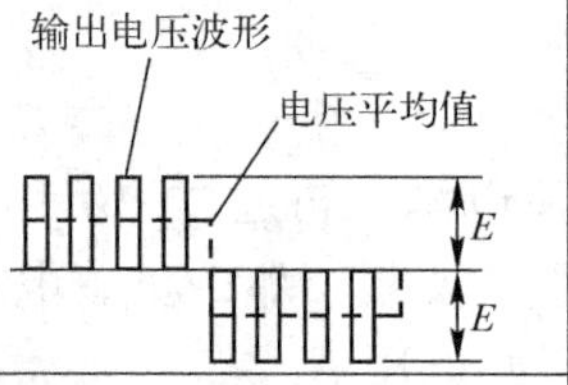	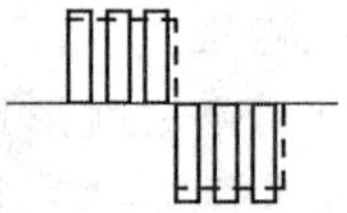
SPWM	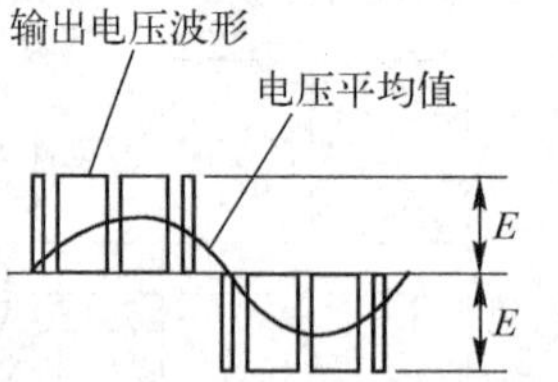	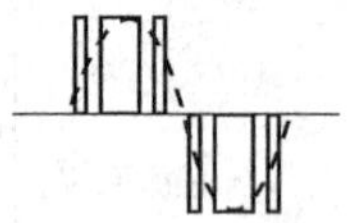

图 1-22　逆变器的调制方式

（2）PWM（Pulse Width Modulation）

PWM 即脉宽调制，是通过改变调制周期来控制其输出频率。以单极性调制为例，其输出波形正负半周对称，主电路中的 6 个 IGBT 开关器件以 $S_1-S_2-S_3-S_4-S_5-S_6-S_1$顺序轮流工作，每个开关器件都是半周工作，通、断6次输出6个等幅、等宽、等距脉冲列，另半周总处于阻断状态。

（3）SPWM（Sine Pulse Width Modulation）

SPWM即正弦波形脉宽调制。调制的基本特点是在半个周期内，中间的脉冲宽，两边的脉冲窄，各脉冲之间等距而脉宽和正弦曲线下的积分面积成正比，脉宽基本上成正弦分布，如图1-22所示。经倒相后正半周输出正脉冲列，负半周输出负脉冲列。由波形可见，SPWM比PWM的调制波形更接近于正弦波。

1.3 三菱E700系列变频器入门操作

1.3.1 三菱E700系列变频器的认识

三菱700系列变频器是从原先的500系列演变而来，共包括A700、D700、E700、F700个系列。700系列的变频器在端子排布和参数设置上具有共通性，因此，只要了解了其中一种类型的变频器，就可以触类旁通。这里以E740变频器为例进行介绍。

从包装箱取出三菱变频器E740，如图1-23a所示，检查正面盖板的容量铭牌和图1-23b所示的机身侧面额定铭牌，确认变频器型号，产品是否与订货单相符，机器是否有损坏。

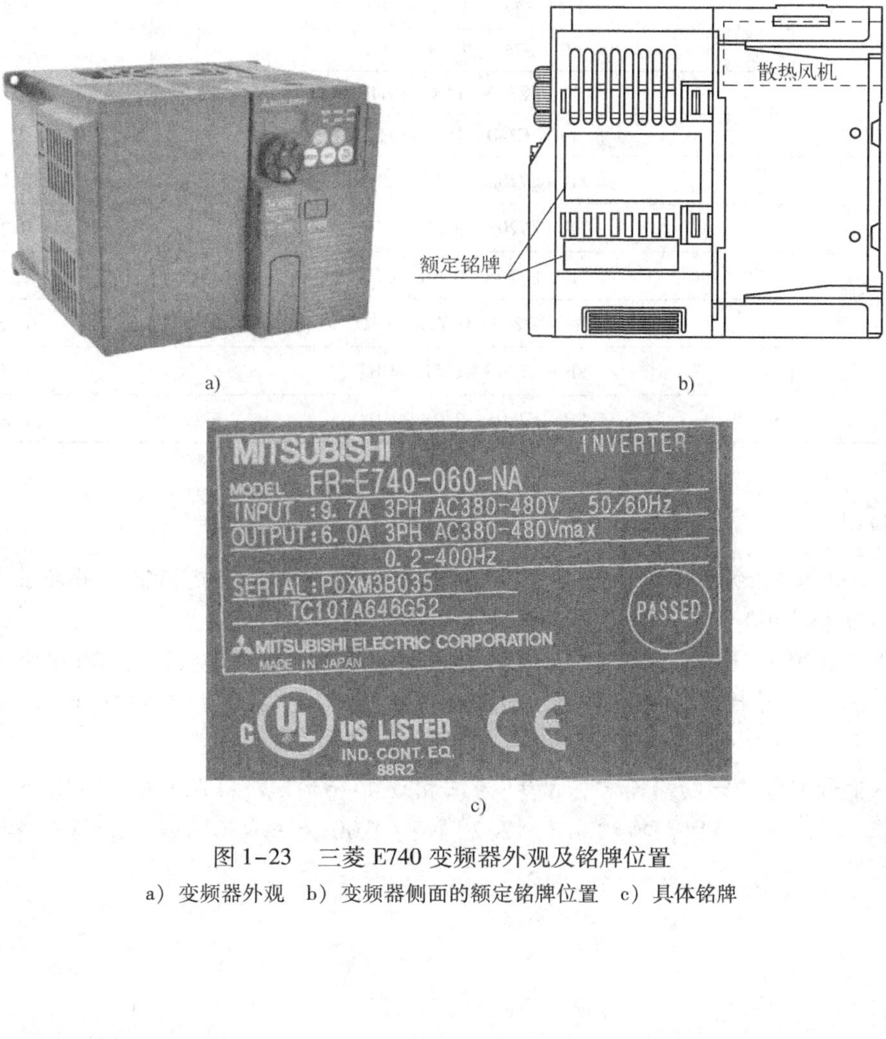

图1-23 三菱E740变频器外观及铭牌位置

a）变频器外观 b）变频器侧面的额定铭牌位置 c）具体铭牌

如图 1-24 所示，观察三菱 E740 变频器的铭牌，同时从铭牌中理解三菱变频器的命名规则，最后的字母 CHT 表示产地在中国、NA 表示产地在日本。从表 1-2 可以看出，E740 变频器为 E700 系列中的一种，为输入电压三相 400 V 级；另外一种为 E720S，为输入电压单相 200 V 级。从命名规则中可以知道，用于交流电动机传动的变频器其容量非常重要，在一般情况下，电动机容量与变频器容量必须匹配，否则会出现过流、过载等异常现象。

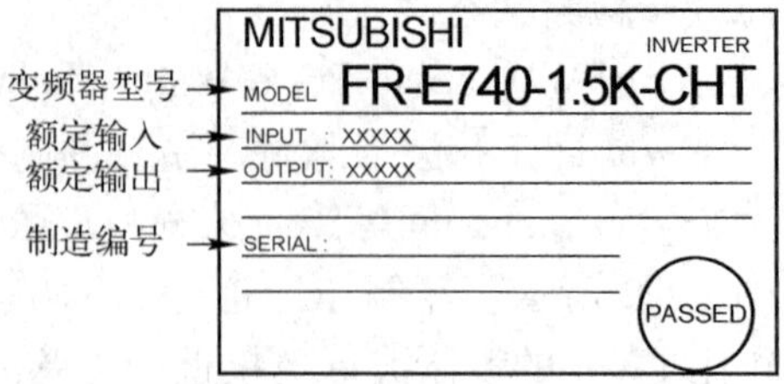

图 1-24　三菱 E740 变频器铭牌

表 1-2　三菱 E700 系列变频器命名规则

适用变频器		电动机输出/kW
三相 400 V	FR - E740 - 0. 4K - CHT	0. 4
	FR - E740 - 0. 75K - CHT	0. 75
	FR - E740 - 1. 5K - CHT	1. 5
	FR - E740 - 2. 2K - CHT	2. 2
	FR - E740 - 3. 7K - CHT	3. 7
	FR - E740 - 5. 5K - CHT	5. 5
	FR - E740 - 7. 5K - CHT	7. 5
	FR - E740 - 11K - CHT	11
	FR - E740 - 15K - CHT	15
单相 200 V	FR - E720S - 0. 1K - CHT	0. 1
	FR - E720S - 0. 2K - CHT	0. 2
	FR - E720S - 0. 4K - CHT	0. 4
	FR - E720S - 0. 75K - CHT	0. 75
	FR - E720S - 1. 5K - CHT	1. 5
	FR - E720S - 2. 2K - CHT	2. 2

小知识

三菱 700 系列的变频器已经完全替代了原先的 500 系列变频器，并推出了 D700、E700、F700 和 A700 系列，其主要区别在于以下几点：

① 从变频器的性能来区分，A700 为高性能矢量控制型变频器；F700 为节能通用型变频器，专用于风机、水泵等负载；E700 为轻巧通用型变频器；D700 为简易型变频器。

② 从变频器涵盖的功率而言，A700 为三相 0. 4 ~ 630 kW；F700 为三相 0. 75 ~ 630 kW；E700 为三相 0. 4 ~ 15 kW、单相 0. 1 ~ 2. 2 kW；D700 为三相 0. 4 ~ 7. 5 kW、单相 0. 1 ~ 2. 2 kW。

1.3.2　三菱 E700 系列变频器操作面板的按键与指示灯含义

三菱 E700 系列变频器的面板不可拆卸，如图 1-25 所示，图中（1）~（12）的说明如下。

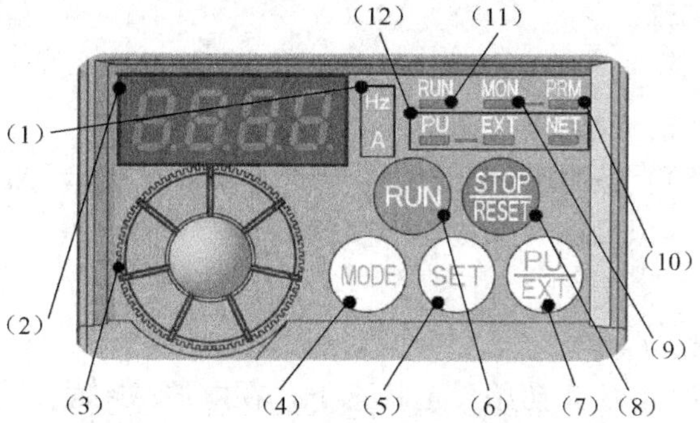

图 1-25　E700 系列变频器的操作面板

（1）单位显示

Hz：显示频率时亮灯（显示设定频率监视时闪烁）。

A：显示电流时亮灯（显示上述以外的内容时，Hz、A 一齐熄灭）。

（2）监视器（4 位 LED）

显示频率、参数编号等。

（3）M 旋钮

M 旋钮：三菱变频器的旋钮，M 是三菱英文 Mitsubishi 的首字母。

M 旋钮用于变更频率设定、参数的设定值。按该旋钮可显示以下内容：监视模式时的设定频率；校正时的当前设定值；错误历史模式时的顺序。

（4）模式切换

用于切换各设定模式。和PU/EXT同时按下也可以用来切换运行模式，长按此键（2 s）可以锁定操作。PU 表示操作面板控制方式，EXT 表示外部端子控制方式。

（5）各设定的确定

运行中按此键则监视器出现以下显示：

（6）起动指令

（7）运行模式切换

用于切换 PU/EXT 运行模式。使用外部运行模式（通过另接的频率设定旋钮和启动信号启动的运行）时请按此键，使表示运行模式的 EXT 处于亮灯状态。

PU 表示 PU 运行模式；EXT 表示外部运行模式；也可以解除 PU 停止。

（8）停止运行

停止运转指令。保护功能（严重故障）生效时，也可以进行报警复位。

（9）监视器显示

监视模式时亮灯。

（10）参数设定模式显示

参数设定模式时亮灯。

（11）运行状态显示

变频器动作中亮灯/闪烁。

亮灯：正转运行中；

缓慢闪烁（1.4 s 循环）：反转运行中；

快速闪烁（0.2 s 循环）：按 RUN 键或输入起动指令都无法运行时，或有起动指令但频率指令在启动频率以下时，以及输入了 MRS 信号时。

（12）运行模式显示

PU：PU 运行模式时亮灯。

EXT：外部运行模式时亮灯（初始设定状态下，在电源 ON 时点亮。）

NET：网络运行模式时亮灯。

PU、EXT：在外部/PU 组合运行模式时点亮。

操作面板无指令权时，全部熄灭。

1.3.3　三菱 E700 系列变频器的面板操作

1. 改变参数 Pr. 7

在各类手册或说明书中，三菱变频器的参数号通常用 Pr. xx 表示，其中“Pr. ”为英文单词 Parameter 的简写。在 E700 的操作面板中经常是以 P. 或 Pr. 来出现，表 1-3 所示为改变参数 Pr. 7（加速时间）的具体步骤。

表 1-3　改变参数 Pr. 7

操作步骤		显示结果
1	按(PU/EXT)键，选择 PU 操作模式	PU显示灯亮。 0.00 PU
2	按(MODE)键，进入参数设定模式	PRM显示灯亮。 P. 0 PRM
3	拨动设定用旋钮，选择参数号码 P7	P. 7
4	按(SET)键，读出当前的设定值	3.0
5	拨动设定用旋钮，把设定值变为 4	4.0
6	按(SET)键，完成设定	4.0 P. 7 闪烁

2. 改变参数 Pr. 160

三菱 E700 系列变频器的参数非常多，在默认情况下，有些参数不可见，这时候可以改变参数 Pr. 160，如表 1-4 所示。

表 1-4　改变参数 Pr. 160

操作步骤		显示结果
1	按(PU/EXT)键，选择 PU 操作模式	PU显示灯亮。 0.00 PU
2	按(MODE)键，进入参数设定模式	PRM显示灯亮。 P. 0 PRM
3	拨动设定用旋钮，选择参数号码 P160	P.160
4	按(SET)键，读出当前的设定值	0
5	拨动设定用旋钮，把设定值变为 1	1
6	按(SET)键，完成设定	1 P.160 闪烁

3. 参数初始化

参数初始化是非常重要的步骤，它能将所有的参数都恢复到出厂设定值。在调试变频器的参数过程中，经常会出现控制失常的现象，这时候最好的办法就是“参数初始化”，以确认到底是变频器本身原因，还是参数设置原因。表 1-5 所示为参数初始化的步骤。如果设定 Pr. 77 参数写入选择“1”，则无法清除。

表 1-5　参数初始化

操作步骤		显示结果
1	按(PU/EXT)键，选择 PU 操作模式	PU显示灯亮。 0.00 PU
2	按(MODE)键，进入参数设定模式	PRM显示灯亮。 P. 0 PRM
3	拨动设定用旋钮，选择参数号码 ALLC	ALLC 参数全部清除
4	按(SET)键，读出当前的设定值	0
5	拨动设定用旋钮，把设定值变为 1	1
6	按(SET)键，完成设定	1 ALLC 闪烁

无法显示 ALLC 时，将 Pr. 160 设为“1”，无法清零时将 Pr. 79 改为“1”。

4. 用操作面板设定频率运行

用变频器操作面板运行是比较常见的工作方式，表 1-6 所示为用操作面板设定频率运行的步骤。

表 1-6　用操作面板设定频率运行

操 作 步 骤		显 示 结 果
1	按(PU/EXT)键，选择 PU 操作模式	PU显示灯亮。 0.00 PU
2	旋转设定用旋钮，把频率改为设定值	50.00 闪烁约5s
3	按(SET)键，设定频率值	50.00 F 闪烁
4	闪烁 3 s 后显示回到 0. 0，按 RUN 键运行	3s后 0.00 → 50.00 Hz
5	按(STOP/RESET)键，停止	50.00 → 0.00 Hz

按下设定按钮，显示设定频率。

5. 查看输出电流

为了正确了解变频器在运行时的输出电流，可以通过操作面板来查看（表 1-7）。

表 1-7　查看输出电流

操 作 步 骤		显 示 结 果
1	按(MODE)键，显示输出频率	50.00
2	按住(SET)键，显示输出电流	1.00 A A灯亮
3	放开(SET)键，回到输出频率显示模式	50.00

小知识

问：在 E700 系列变频器的参数设置过程中，经常会出现一些错误信息，比如 Er 1 ~ Er 4，该如何解决呢？

答：错误信息的出现仅仅表示操作上的故障，并不对变频器的输出造成影响，这几个错误信息表示的含义如下。

Er 1 表示是禁止写入错误；Er 2 表示是运行中写入错误；Er 3 表示是校正错误；Er 4 表示是模式指定出错。

这些故障的出现，必须要进行 Pr. 77 参数确认不等于 2，且操作模式不是 EXT，而是在 PU 状态下。

参数锁定功能对防止参数值被意外改写具有保护作用，因此，可以在调试结束后对 Pr. 77 进行相应设置，具体为：Pr. 77 = 0 表示仅限于停止时可以写入参数；Pr. 77 = 1 表示不可写入参数；Pr. 77 = 2 表示可以在所有运行模式中不受运行状态限制而写入参数。

1.3.4 用E700系列变频器对电动机进行面板点动控制与无级调速

【任务要求】

1）正确设置变频器输出的额定频率、额定电压、额定电流、额定功率和额定转速。

2）通过操作面板点动控制电动机起动/停止。

3）运用操作面板改变电动机的运行频率和加减速时间。

【实训步骤】

1）检查实训设备中器材是否齐全。

2）按照变频器外部接线图完成变频器的接线（图1-26），认真检查，确保正确无误。

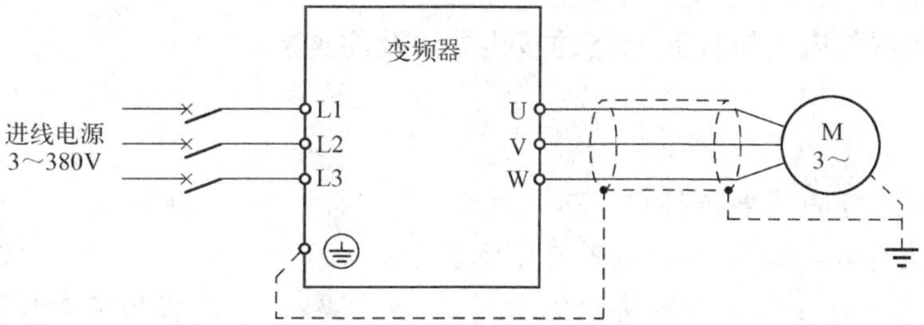

图1-26　变频器接线图

3）打开电源开关，进行参数初始化之后，按照参数功能表（表1-8）正确设置变频器参数。

表1-8　参数功能表

序　　号	变频器参数	出　厂　值	设　定　值	功能说明
1	Pr. 79	0	1	操作模式选择
2	Pr. 1	120	50	上限频率（50 Hz）
3	Pr. 2	0	5	下限频率（0 Hz）
4	Pr. 7	5	5	加速时间（5 s）
5	Pr. 8	5	5	减速时间（5 s）
6	Pr. 9	0	0. 35	电子过电流保护（0. 35 A）
7	Pr. 160	9999	0	扩张功能显示选择
8	Pr. 13	0. 5 Hz	0. 5 ~50 Hz	设置在起动信号 ON 时的开始频率
9	Pr. 15	5 Hz	10 Hz	点动频率之上（必须设置在 P13 设置值之上）
10	Pr. 16	0. 5 s	5 s	点动加减速时间
11	Pr. 161	0	1	频率设定操作选择

4）按下模式键“MODE”键，在指示灯“MON”亮起时，按下切换键“PU/EXT”，切换到屏显“ JOG”，此时为点动操作模式 。

5）快按快松。按下操作面板按钮 RUN，进行点动起动变频器，此时默认低频点动；按则动，松则停。注意观察监示窗和电动机。

6）分别重新设置点动频率 Pr. 15 =20 Hz、30 Hz、40 Hz，将点动加减时间 Pr. =10 s，点动训练，观察记录。

7）按下切换键“PU/EXT”，切换到 PU 操作模式，按下运行键“RUN”，观察电动机是否连续运行，同时观察监示窗为电流、电压、频率之中的哪种状态。在运行中屏显，通过“SET”键和调节旋钮，使此时为频率监示。

8）旋转频率设定旋钮，增加、减小变频器输出频率。

9）按下操作面板按钮 STOP RESET，停止变频器。

10）断电总结，整理器材。

【实训总结】

1）总结变频器操作面板的功能及使用方法。

2）记录变频器与电动机控制电路的接线方法及注意事项。

小知识

在变频器试运行的简单接线中，必须注意：

① 电源及电动机接线需要使用带有绝缘套管的端子。

② 电源一定不能接到变频器输出端上（U、V、W），否则将损坏变频器。

③ 接线后，零碎线头必须清除干净。零碎线头可能造成异常、失灵和故障，必须始终保持变频器清洁。如在电气柜上打孔安装时，请注意不要使碎片粉末等进入变频器中。

1.3.5 三菱 E700 系列变频器 *U/f* 曲线设定及测定

【训练要求】

对三菱 E700 系列变频器进行基本 *U/f* 曲线的选择与测定。

【训练步骤】

1）恢复出厂设定值，查阅 E700 系列变频器的功能参数码表，按下列要求完成功能参数码的设定：频率指令由键盘旋钮设定；上限频率设为 65 Hz；下限频率设为 0 Hz；显示频率；显示输出电压。

其中设置上限和下限的频率指令的参数如表 1–9 所示。

表 1–9 上限与下限频率参数含义

参数编号	名 称	初 始 值	设定范围	内 容
Pr. 1	上限频率	120 Hz	0 ~ 120 Hz	设定输出频率的上限
Pr. 2	下限频率	0 Hz	0 ~ 120 Hz	设定输出频率的下限

2）万用表实测电压，并读出此时的 PU 显示电压。

选择一种指针式万用表或者带滤波型的智能数字万用表，按照图 1–27 所示的方式进行测量变频器输出电压。

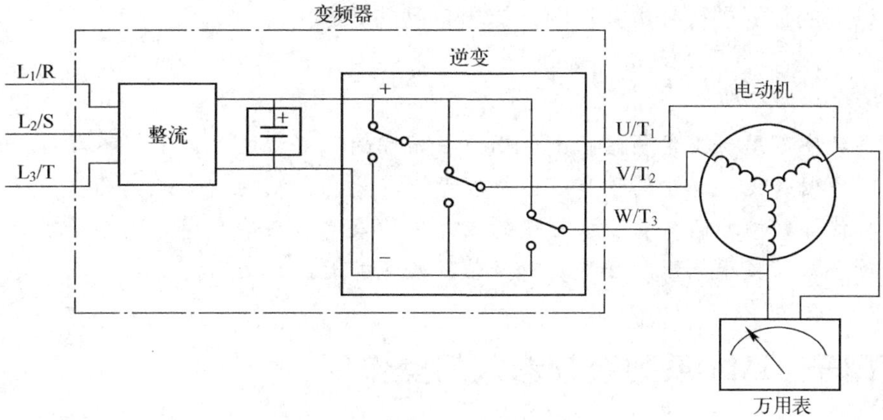

图 1-27　用万用表测量变频器输出电压

给出运行指令，调节键盘旋钮，逐渐升高运行频率，测出在不同的输出频率值 f 下的万用表实测电压与 PU 显示电压，填入以下基本 U/f 曲线测定表一（表 1-10）。

表 1-10　基本 U/f 曲线测定表一

Pr. 0 \ f/Hz \ U/V	2. 5	5	10	15	20	25	30	35	40	45	50	55
万用表实测/V												
PU 显示/V												

3）不同转矩提升值时的输出电压值。

给出运行指令，调节键盘旋钮，逐渐升高运行频率，测出 Pr. 0（转矩提升）设定值不同时的输出电压 U 与对应的输出频率 f 的值，填入以下基本 U/f 曲线测定表二（表 1-11）。图 1-28 所示为 Pr. 0 转矩提升变化的示意图。

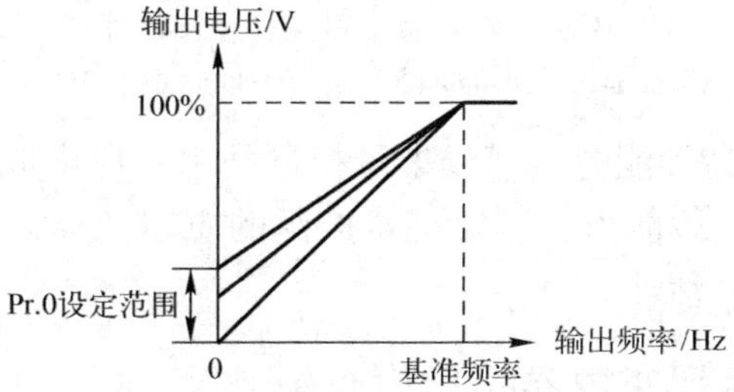

图 1-28　转矩提升

表 1-11　基本 U/f 曲线测定表二

Pr. 0 \ f/Hz \ U/V	2. 5	5	10	15	20	25	30	35	40	45	50	55
0												
1												
4												
6												

4）对以上的数据进行分析并作图，提出自己的问题。

小知识

用普通数字万用表测变频器输出电压，数值比输入电压还大，不仅不准确，还容易烧坏数字表。原因是交流电量属于非线性物理量。它要求检测的是交流电的真有效值，需要对检测电路作非线性的运算处理，一般的数字万能表都只在某个固定的频率段做硬件的数据处理，对很宽的频率范围做交流真有效值的检测就无能为力了。

1.4　西门子 MM4 系列变频器入门操作

1.4.1　概述

西门子 MM4 系列变频器功能强大、应用广泛，是全新一代可以广泛应用的多功能标准变频器。它共有 MM410、MM420、MM430 和 MM440 等多个型号，其外观如图 1-29 所示。MM4 系列变频器在国内应用最多的是 MM420 通用型、MM430 风机水泵型和 MM440 矢量型变频器。

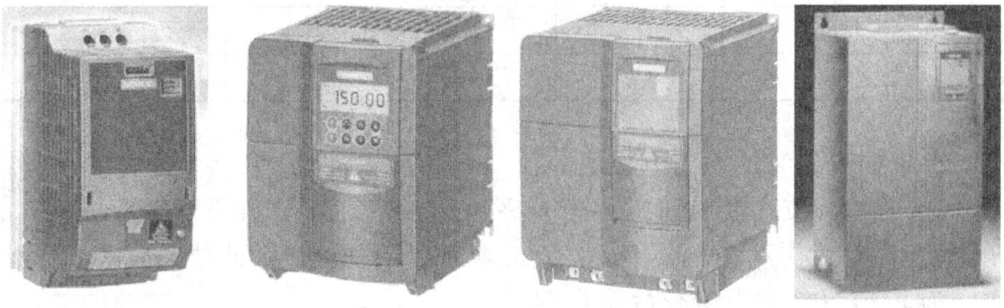

a)　　b)　　c)　　d)

图 1-29　MM4 系列各型号变频器外观

a）MM410　b）MM420　c）MM430　d）MM440

MM4 系列变频器采用高性能的 *U/f* 或矢量控制技术，提供低速高转矩输出和良好的动态特性，同时具备超强的过载能力，能够满足广泛的应用场合，其创新的 BiCo（内部功能互联）功能有无可比拟的灵活性。

1.4.2　西门子 MM4 系列变频器的操作面板

1. 操作面板 AOP/BOP

西门子 MM4 系列变频器在标准供货方式时装有状态显示板 SDP（图 1-30a），对于很多用户来说利用 SDP 和制造厂的默认设置值就可以使变频器成功地投入运行。如果工厂的缺省设置值不适合用户设备情况，可以利用基本操作面板 BOP（图 1-30b）或高级操作面板 AOP（图 1-30c）修改参数使之匹配。当然，用户也可以用 PC IBN 工具 Drive Monitor 或 STARTER 来调整工厂的设置值。

BOP 具有 5 位数字的七段显示，用于显示参数的序号和数值、报警和故障信息以及该参数的设定值和实际值。

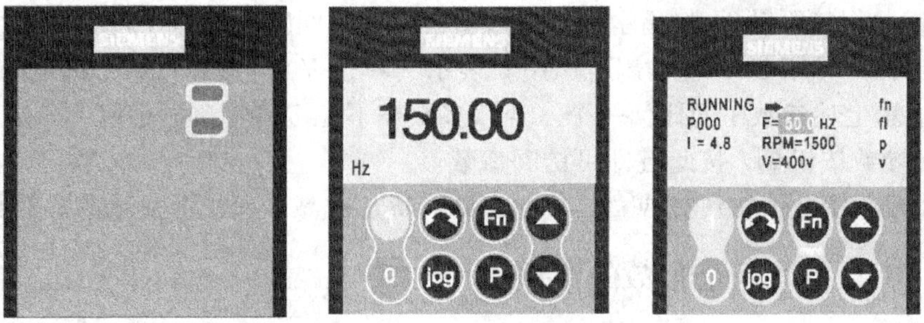

a)　　b)　　c)

图 1-30　操作面板类型
a）SDP　b）BOP　c）AOP

在 MM4 系列变频器中，参数号以 Pxxx 或 rxxx 来表示，这与三菱 Pr. xxx 参数号略有不同。在参数号的前面冠以一个小写字母“r”时表示该参数是只读的参数，它显示的是特定的参数数值，而且不能用与该参数不同的值来更改它的数值；其他所有参数号的前面都冠以一个大写字母“P”。这些参数的设定值可以直接在最小值和最大值范围内进行修改。

在默认设置时，用 BOP 控制电动机的功能是被禁止的，如果要用 BOP 进行控制，参数 P0700 应设置为 1，参数 P1000 也应设置为 1。变频器加上电源时也可以把 BOP 装到变频器上或从变频器上将 BOP 拆卸下来。如果 BOP 已经设置为 I/O 控制 P0700 = 1，在拆卸 BOP 时变频器驱动装置将自动停车。

2. 基本操作面板 BOP 上的显示、按钮及其含义

图 1-31 所示为基本操作面板 BOP 的外观。

BOP 的一些主要显示与按钮含义如下。

1）LCD 显示 r0000，其作用是状态显示，显示变频器当前的设定值。

2）起动电动机按钮，按此键起动变频器。默认值运行时此键是被封锁的，为了使此键的操作有效应设定 P0700 = 1。

3）停止电动机按钮，在 OFF1 模式时，按此键变频器将按选定的斜坡下降速率减速停车，默认值运行时此键被封锁，为了允许此键操作应设定 P0700 = 1；在 OFF2 模式时，按此键两次或一次，但时间较长，电动机将在惯性作用下自由停车。此功能总是使能的。

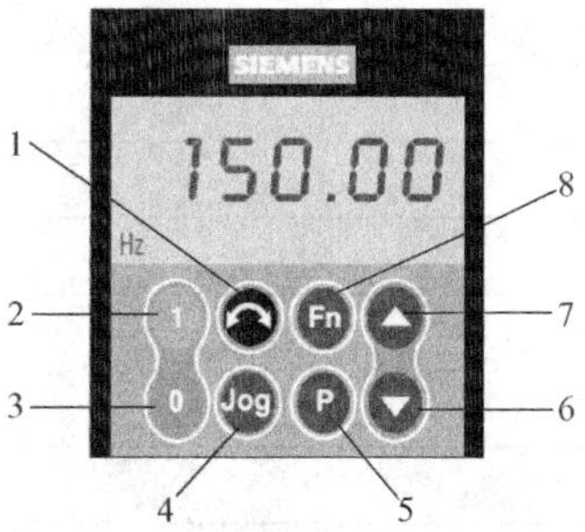

图 1-31　BOP 外观显示
1—更改方向　2—启动　3—停止
4—点动　5—编程（设置参数）
6—向下或减　7—向上或加　8—功能按钮

4）改变电动机的转动方向按钮，按此键可以改变电动机的转动方向。电动机的反向用负号（－）表示或用闪烁的小数点表示，默认值运行时此键是被封锁的。为了使此键的操作有效应设定 P0700 = 1。

5）电动机点动按钮，在变频器无输出的情况下，按此键将使电动机起动并按预设定的点动。频率运行释放此键时变频器停车，如果变频器/电动机正在运行，按此键将不起作用。

6）功能按钮，此键用于浏览辅助信息。变频器运行过程中，在显示任何一个参数时，按下此键并保持不动2 s将显示以下参数值：①直流回路电压用d表示（单位V）；②输出电流A；③输出频率Hz；④输出电压用o表示（单位V）；⑤由P0005选定的数值，如果P0005选择显示上述参数中的任何一个。连续多次按下此键将轮流显示以上参数。

7）访问参数按钮，按此键即可访问参数。

8）增加或减少数值按钮或，按此键即可增加或减少面板上显示的参数数值。

1.4.3 用BOP更改一个参数的案例

这里介绍更改MM4变频器参数P0004数值的步骤，并以P0719为例说明如何修改参数的数值。按照这个图表中说明的类似方法，可以用BOP操作面板更改任何一个MM4变频器参数。

（1）P0004参数的格式与含义

图1-32所示为参数P0004的格式，其值从0～22分别代表不同的含义（表1-12所示），按功能的要求筛选过滤出与该功能有关的参数，这样可以更方便地进行调试。

P0004	参数过滤器			参数组：0	访问级：
	CStat：　CUT	数据类型：U16	单位：-	参数组：0	1
	参数组：常用	使能有效：确认	快速调试：否-	参数组：22	

图1-32　P0004的格式

表1-12　P0004的具体含义

P0004 = 参数值	含　　义
0	全部参数
2	变频器参数
3	电动机参数
4	速度传感器
5	工艺应用对象/装置
7	命令，二进制I/O
8	ADC模-数转换和DAC数-模转换
10	设定值通道/RFG斜坡函数发生器
12	驱动装置的特征
13	电动机的控制
20	通信
21	报警/警告/监控
22	工艺参量控制器例如PID

MM4系列变频器参数的格式说明如下：

① 参数号P0004：是指该参数的编号参数号，用0000到9999的4位数字表示。

② 参数的调试状态CStat：它可能有三种状态，即调试C、运行U、准备运行T。这是表示该参数在什么时候允许进行修改，对于一个参数可以指定一种、两种或全部三种状态。如果三种状态都指定了，就表示这一参数的设定值，在变频器的上述三种状态下都可以进行修改。

③ 数据类型：有效的数据类型如表1-13所示。

表 1-13　有效的数据类型

符　　号	说　　明
U16	16－位无符号数
U32	32－位无符号数
I16	16－位整数
I32	32－位整数
Float	浮点数

④ 使能有效：表示该参数是否立即有效或者确认有效。如“立即有效”，表示可以对该参数的数值在输入新的参数后立即进行修改；如“确认有效”，则表示面板 BOP 或 AOP 上的 P 键被按下以后才能使新输入的数值有效地修改。

⑤ 最小值、最大值和默认值：是指该参数可能设置的最小数值、最大数值和出厂设定值。

⑥ 访问级：是指允许用户访问变频器参数的等级。它共有四个访问等级，标准级、扩展级、专家级和维修级。每个功能组中包含的参数号取决于参数 P0003 用户访问等级设定的访问等级（图 1-33 和表 1-14 所示）。

⑦ 参数组：是指具有特定功能的一组参数。参数 P0004 参数过滤器的作用是根据所选定的一组功能对参数进行过滤或筛选，并集中对过滤出的一组参数进行访问。

P0003	参数过滤器			参数组：0	访问级：
	CStat：　CUT	数据类型：U16	单位：-	参数组：1	1
	参数组：常用	使能有效：确认	快速调试：否-	参数组：4	

图 1-33　参数 P0003 的格式

表 1-14　P0003 的具体含义

P0003＝参数值	含　　义
0	用户定义的参数表（有关使用方法的详细情况请参看 P0013 的说明）
1	标准级，可以访问最经常使用的一些参数
2	扩展级，允许扩展访问参数的范围，例如变频器的 I/O 功能
3	专家级，只供专家使用
4	维修级，只供授权的维修人员使用－具有密码保护

（2）P0719 参数的格式

如图 1-34 所示为 P0719 参数的格式，它可以设定从 0 到 65 之间的无符号 16 位整数值（即 U16），其参数组为“命令”，最小值为 0，最大值为 66，访问级为 3。与 P0004 不同的是，P0719 还有一个下标［3］，表示该参数是一个带下标的参数，并且指定了下标的有效序号。

P0719[3]	命令和频率设定值的选择			最小值：0	访问级：
	CStat：　CT	数据类型：U16	单位：-	默认值：0	3
	参数组：命令	使能有效：确认	快速调试：否-	最大值：66	

图 1-34　P0719 的参数格式

(3) 修改步骤

步骤一：改变参数过滤功能 P0004 参数为“7”。

操 作 步 骤	显示的结果
① 按Ⓟ访问参数	r0000
② 按▲直到显示出 P0004	P0004
③ 按Ⓟ进入参数值访问级	0
④ 按▲或▼	7
⑤ 按Ⓟ确认并存储参数的数值	P0004
⑥ 使用者只能看到电动机的参数	

步骤二：改变 P0719 参数为“5”。

操 作 步 骤	显示的结果
① 按Ⓟ访问参数	r0000
② 按▲直到显示出 P019	P0719
③ 按Ⓟ进入参数数值访问级	in000
④ 按Ⓟ显示当前的设定值	0
⑤ 按▲或▼选择运行所需要的数值	12
⑥ 按Ⓟ确认和存储这一数值	P0719
⑦ 按▼直到显示出 r0000	r0000
⑧ 按Ⓟ返回标准的变频器显示（由用户定义）	

1.4.4 用 AOP 操作面板调试 MM4 系列变频器

如图 1-35 所示的高级操作面板 AOP 是可选件，它具有以下特点：清晰的多种语言文本显示；多组参数组的上装和下载功能；可以通过 PC 编程；具有连接多个站点的能力，最多可以连接 30 台变频器。

在用 AOP 高级操作面板来替代 BOP 或 SDP 的过程中，一定要注意按照如图 1-36 所示的四个步骤进行更换。

为了快速修改参数的数值，在确认已处于某一参数数值的访问级可以参看并能用 BOP 修改参数的情况下，可以一个个地单独修改显示出的每个数字，其操作步骤如下：

图 1-35　AOP 高级操作面板

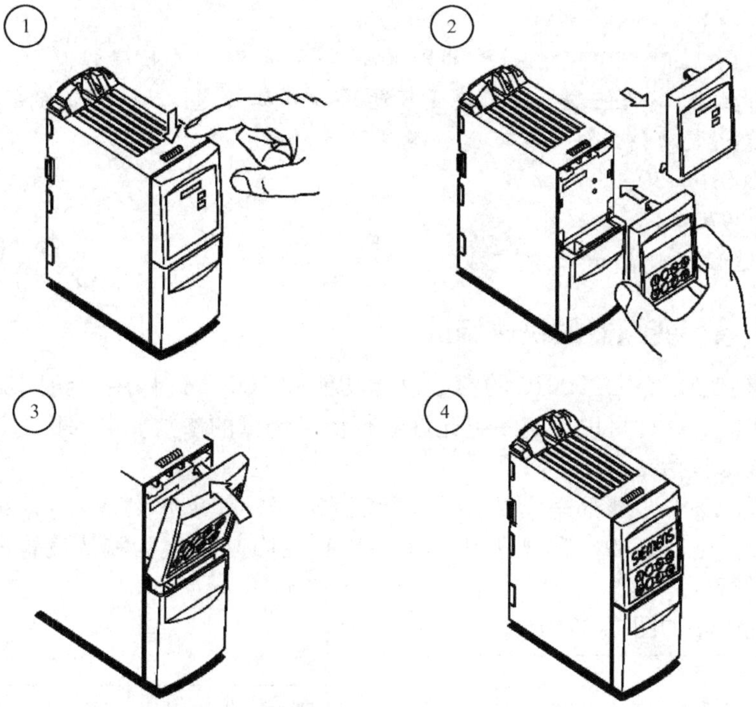

图 1-36　更换操作面板的四个步骤

1）按Fn功能键最右边的一个数字闪烁；

2）按▲或▼修改这位数字的数值；

3）再按Fn功能键相邻的下一位数字闪烁；

4）执行 2 至 4 步直到显示出所要求的数值；

5）按P退出参数数值的访问级。

1.4.5　MM420 变频器的上电运行

对于 MM420 变频器应用来说，首先要上电进行面板操作，即在变频器上电后直接采用操作面板 BOP 进行操作。以下就是用▲和▼键来设定频率运行的方法。当然前提条件是变频器所有的参数进行了初始化。

步骤 1. 供给电源时的画面监视器显示。

步骤 2. 按P键访问参数。

步骤 3. 按▲直到出现 P0010。

步骤 4. 按P进入参数数值访问级。并按▲或▼达到所需要的数值。

步骤 5. 按P确认并存储参数的数值。

步骤 6. 并依次将 P0700 变更为“1”，P1000 变更为“1”最后将 P0010 变更为“0”。

步骤 7. 参数设置好后，先按Fn，再按P。

步骤 8. 按I启动，按▲或▼，可对频率进行设定。

小知识

修改参数的数值时，MM4 系列的 BOP 有时会显示 P---- "忙碌信息"。这表明变频器正忙于处理优先级更高的任务。为了把变频器的所有参数复位为出厂时的缺省设置值，需使用 BOP 或 AOP 或通信选件，按下面的数值设置参数：

1）设置 P0010 = 30；

2）设置 P0970 = 1。

整个复位过程约需 3 min 才能完成。

1.4.6 MM4 系列变频器的快速调试

在 MM4 系列变频器中，P0010 的参数过滤功能和 P0003 选择用户访问级别的功能在调试时是十分重要的。由此可以选定一组允许进行快速调试的参数。电动机的设定参数和斜坡函数的设定参数都包括在内。

在快速调试的各个步骤都完成以后，应选定 P3900，如果它设置为 1，将执行必要的电动机计算，并使其他所有的参数（P0010 = 1 不包括在内）恢复为默认设置值。只有在快速调试方式下才进行这一操作。

快速调试的流程如图 1-37 所示。

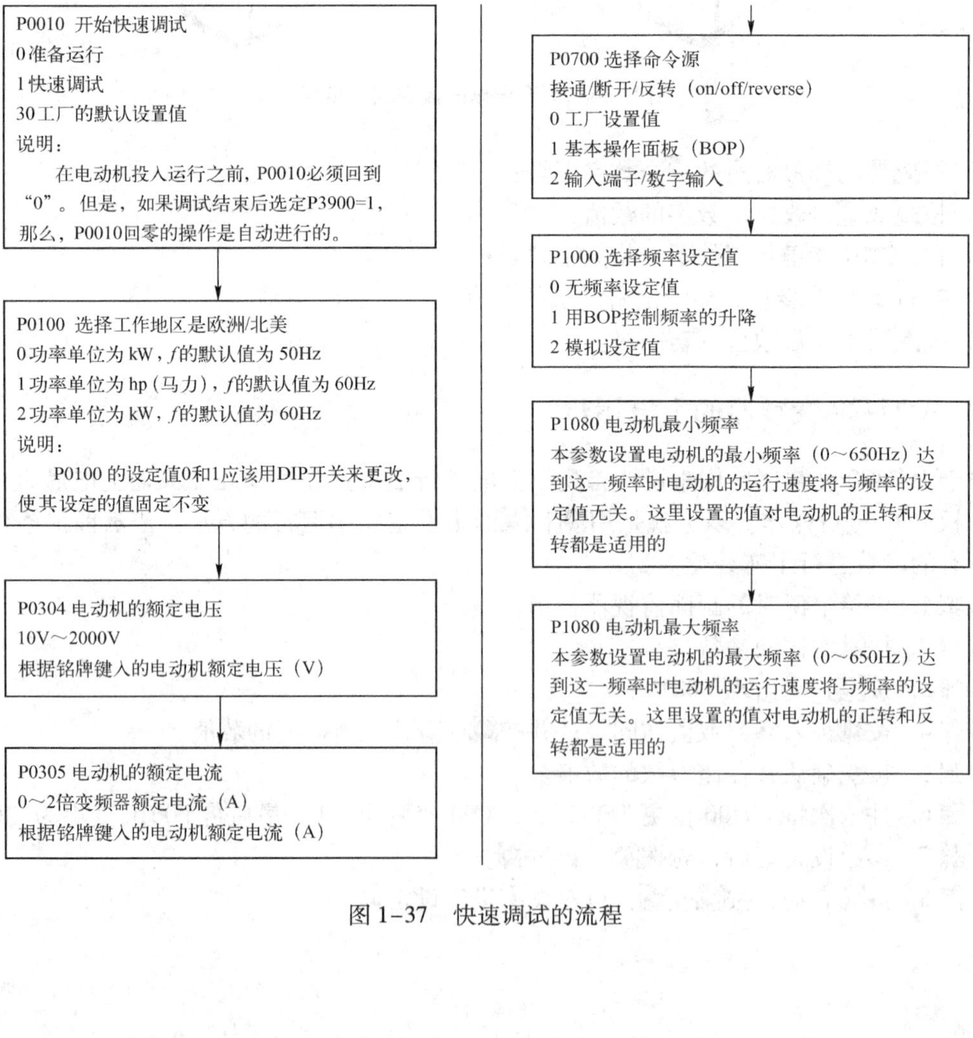

图 1-37　快速调试的流程

P307 电动机的额定功率
0kW～2000kA
根据铭牌键入的电动机额定功率（kW）
如果P0100=1，功率单位应是 hp

P0310 电动机的额定频率
12Hz～650Hz
根据铭牌键入的电动机额定频率（Hz）

P0311 电动机的额定速度
0～40000 r/min
根据铭牌键入的电动机额定速度（r/min）

P1120 斜坡上升时间
0～650s
电动机从静止停车加速到最大电动机频率所需的时间

P1121 斜坡上升时间
0～650s
电动机从其最大频率减速到静止停车所需的时间

P3900 结束快速调试
0 结束快速调试，不进行电动机计算或复位为工厂默认设置值
1 结束快速调试，进行电动机计算和复位为工厂默认设置值（推荐的方式）
2 结束快速调试，进行电动机计算和I/O复位
3 结束快速调试，进行电动机计算，但不进行I/O复位

图 1-37　快速调试的流程（续）

注：功率单位 hp 为英制马力，1 hp = 0. 746 kW。

1. 4. 7　MM420 变频器的无级调速

【任务要求】

1）正确设置 MM420 变频器输出的额定频率、额定电压、额定电流、额定功率和额定转速。

2）通过操作面板（BOP）控制电动机起动/停止、正转/反转。

3）运用操作面板改变电动机的运行频率和加减速时间。

【实训步骤】

1）检查实训设备中器材是否齐全。

2）按照变频器外部接线图完成变频器的接线（图 1-38），认真检查，确保正确无误。

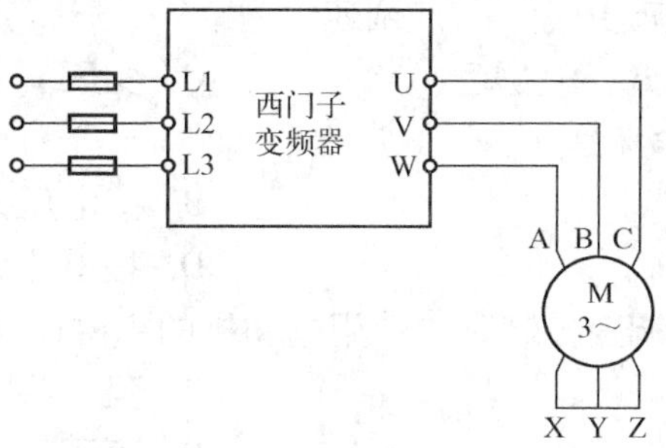

图 1-38　MM4 变频器外部接线图

3）打开电源开关，按照参数功能表正确设置变频器参数（表 1-15）。设定电动机参数时先设定 P0010 = 1（快速调试），电动机参数设置完成设定 P0010 = 0（准备）。

表 1-15　MM4 变频器参数功能表

序　　号	变频器参数	出　厂　值	设　定　值	功 能 说 明
1	P0010		1	调试参数设定
2	P0304	230	380	电动机的额定电压（380 V）
3	P0305	3.25	0.30	电动机的额定电流（0.60 A）
4	P0307	0.75	0.09	电动机的额定功率（0.09 kW）
5	P0310	50.00	50.00	电动机的额定频率（50 Hz）
6	P0311	0	1395	电动机的额定转速（1395 r/min）
7	P1000	2	1	用操作面板（BOP）控制频率的升降
8	P1080	0	0	电动机的最小频率（0 Hz）
9	P1082	50	50.00	电动机的最大频率（50 Hz）
10	P1120	10	10	斜坡上升时间（10 s）
11	P1121	10	10	斜坡下降时间（10 s）
12	P0700	2	1	BOP（键盘）设置
13	P0010		0	运行准备

4）按下操作面板按钮，起动变频器。

5）按下操作面板按钮/，增加、减小变频器输出频率。

6）按下操作面板按钮，改变电动机的运转方向。

7）按下操作面板按钮，停止变频器。

【实训总结】

1）总结变频器操作面板的功能及使用方法。

2）记录变频器与电动机控制电路的接线方法及注意事项。

1.5　思考与练习

1. 判断题

（1）基频以下变频调速属于（　　）调速。

A. 恒功率　　B. 恒转矩　　C. 变压　　D. 变转矩

（2）PWM 控制方式的含义是（　　）

A. 脉冲幅值调制方式　　B. 按电压大小调制方式

C. 脉冲宽度调制方式　　D. 按电流大小调制方式

（3）对异步电动机进行调速控制时，希望电动机的主磁通（　　）

A. 弱一些　　B. 强一些

C. 保持额定值不变　　D. 可强可弱，不影响

（4）变频器驱动恒转矩负载时，对于 U/f 控制方式的变频器而言，应有低速下的（　　）

提升功能。

A. 电流　　B. 功率　　C. 转速　　D. 转矩

（5）正弦波脉冲宽度调制英文缩写是（　　）。

A. PWM　　B. PAM　　C. SPWM　　D. SPAM

2. 简要回答以下问题

（1）举例说明交流电动机的调速方式种类及它们之间的区别。

（2）请阐述变频调速的优点和控制难点。

（3）请阐述恒压频比控制方式下的变频器控制原理。

（4）变频器的电路结构由哪些部分组成？

（5）如何检测 IGBT 的好与坏？

3. 有一车床用三菱 E740 变频器控制主轴电动机转动，要求用操作面板进行频率和运行控制。已知电动机功率为 2.2 kW，转速范围 200 ~ 1450 r/min，请设定功能参数。如果采用西门子 MM420 变频器，该如何设置参数？

4. 请进行如下技能训练

（1）将三菱 E740 变频器（或西门子 MM420 变频器）设定在 30 Hz 状态下运行；

（2）将频率斜坡下降时间改为 10 s。

第2章　变频器的基本控制与应用

【导读】

变频器在实际使用中，电动机经常要根据各类机械的某种状态而进行正转、反转、点动等运行，变频器的给定频率信号、电动机的起动信号等都是通过变频器控制端子给出的，即变频器的外部运行操作，大大提高了生产过程的自动化程度。比如在物料输送系统中，用户可以根据原材料大小或材质来控制输送带速度，保证生产效率；同时根据不同的输送系统间的速度配比要求来实现速度同步和微调等功能。本章主要介绍了频率给定方式的种类及其特点、模拟量给定方式的特点、外部运行指令的种类等，并通过三菱 E700 和西门子 MM4 系列变频器来实现调速系统的基本控制。

知识目标

※ 了解频率给定方式的种类及其特点；
※ 熟悉模拟量给定方式的特点；
※ 掌握运行指令的种类及其特点；
※ 掌握外部端子的控制方式及设计方法。

能力目标

☆ 能在三菱 E700 和西门子 MM4 系列变频器输入侧/输出侧增加接触器；
☆ 能对三菱 E700 和西门子 MM4 系列变频器多功能输入端子接线并设置参数；
☆ 能对三菱 E700 和西门子 MM4 系列变频器不同的运行模式接线并进行参数设定；
☆ 能对变频器进行多段速控制。

2.1　变频器的频率给定方式

2.1.1　频率给定方式概述

在使用一台变频器的时候，目的是通过改变变频器的输出频率，即改变变频器驱动电动机的供电频率从而改变电动机的转速。如何调节变频器的输出频率呢？关键是首先向变频器提供改变频率的信号，这个信号，就称之为“频率给定信号”。所谓频率给定方式，就是调节变频器输出频率的具体方法，也就是提供给定信号的方式。

变频器常见的频率给定方式主要有：操作面板键盘给定、接点信号给定、模拟信号给定、脉冲信号给定和通信方式给定等。这些频率给定方式各有优缺点，必须按照实际的需要进行选择设置，同时也可以根据功能需要选择不同频率给定方式之间的叠加和切换。

2.1.2 操作面板键盘给定

操作面板键盘给定是变频器最简单的频率给定方式，用户可以通过变频器的操作面板键盘上的电位器、数字键或上升、下降键来直接改变变频器的设定频率。

操作面板键盘给定的最大优点就是简单、方便、醒目（可选配 LED 数码显示或中英文 LCD 液晶显示），同时又兼具监视功能，即能够将变频器运行时的电流、电压、实际转速、母线电压等实时显示出来。图 2-1 所示为三菱 E700 系列的 LCD 液晶操作面板 FR-PU07。

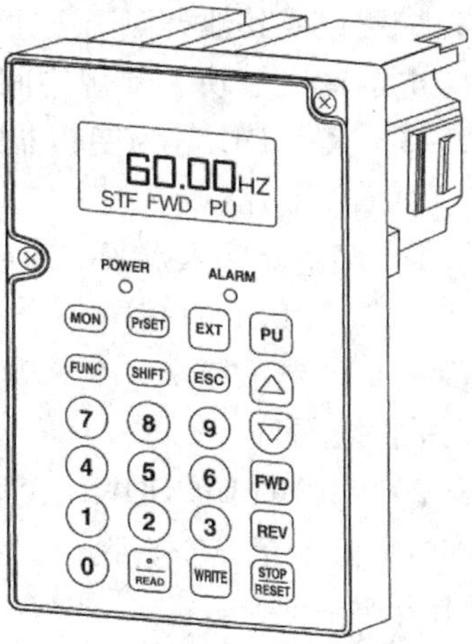

图 2-1 三菱 FR-PU07 操作面板

如果选择键盘数字键或上升、下降键给定，则由于是数字量给定，精度和分辨率非常高，其中精度可达最高频率×（±0.01%）、分辨率为 0.01Hz。如果选择操作面板上的电位器给定，则属于模拟量给定，精度稍低，但由于无须像外置电位器的模拟量输入那样另外接线，实用性非常高。

变频器的操作面板键盘通常可以取下或者另外选配，再通过延长线安置在用户操作和使用方便的地方，如图 2-2 所示三菱 E700 系列变频器通过连接线与 FR-PU07 操作面板相连。

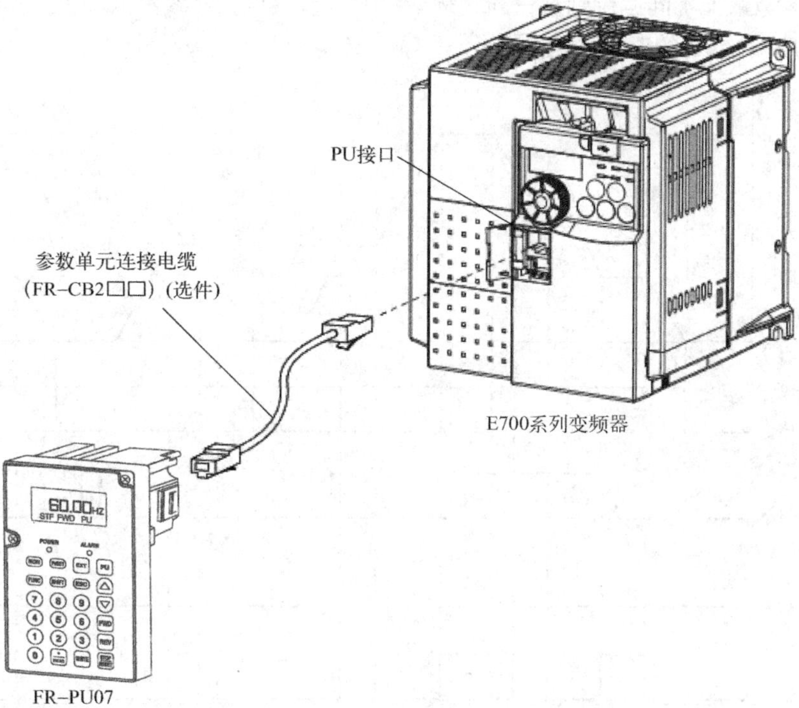

图 2-2 三菱 E700 系列变频器通过连接线与 FR-PU07 操作面板相连

2.1.3 接点信号给定

接点信号给定就是通过变频器的多功能输入端子的UP和DOWN接点来改变变频器的设定频率值。该接点可以外接按钮或其他类似于按钮的开关信号（如PLC或DCS的继电器输出模块、常规中间继电器等）。具体接线可见图2-3，其中DI1等为变频器的数字量输入。

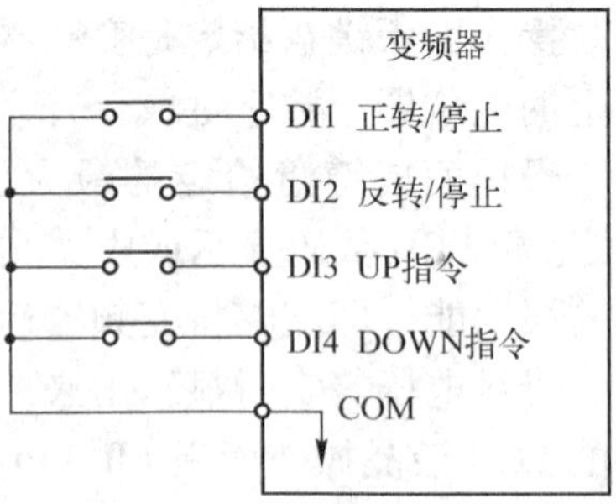

图2-3 接点信号给定

注意以下几点：

1）多功能输入端子DI3或DI4需分别设置为UP指令或DOWN指令中的其中一个，不能重复设置，也不能只设置一个，更不能将UP/DOWN指令和保持加减速停止指令被同时分配。

2）端子的UP/DOWN速率必须被正确设置，速率单位为Hz/s。有了正确的速率设置，即使UP上升接点一直吸合，变频器的频率上升也不会一下子窜到最高输出频率，而是按照其上升速率上升。

3）是否断电保持频率功能必须设置，如设置为“断电保持有效”时，当变频器电源切断后频率指令被记忆，接通电源运行指令再次输入时，变频器自动加速运行到被记忆的频率为止。如设置“断电保持无效”时，当变频器电源切断后频率指令不被记忆，接通电源运行指令再次输入时，变频器按参数数值不同运行到某一固定频率（0 Hz或其他，该参数依赖于变频器的型号）。

图2-4为接点给定的时序示意图。

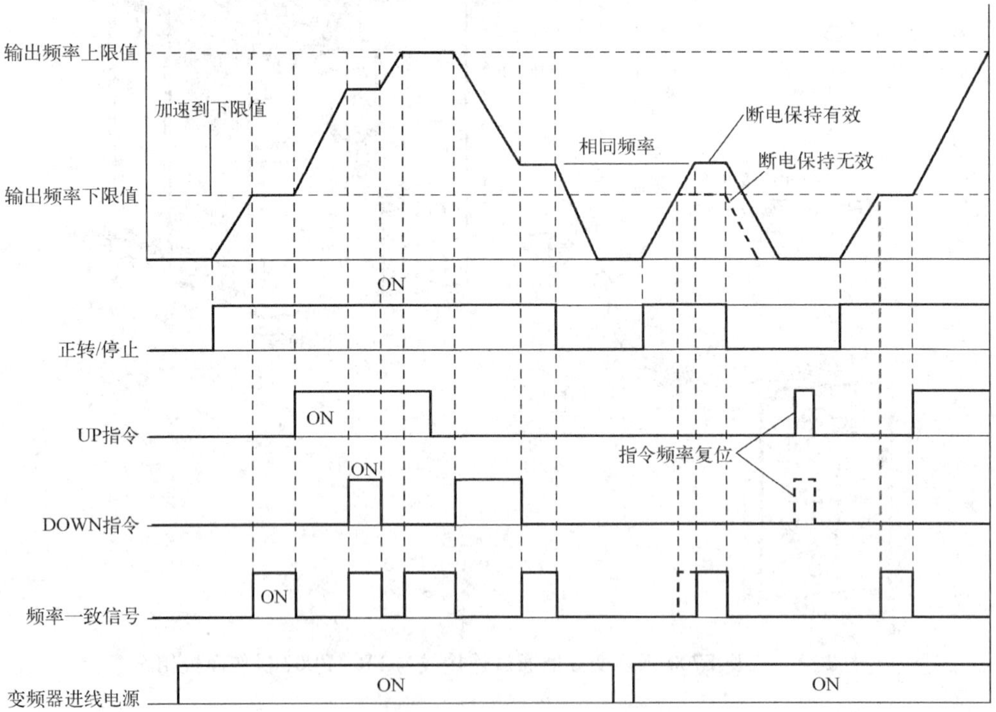

图2-4 接点信号给定变频器运行时序

2.1.4 模拟量给定

1. 基本概念

模拟量给定方式即通过变频器的模拟量端子从外部输入模拟量信号（电流或电压）进行给定，并通过调节模拟量的大小来改变变频器的输出频率（图 2-5）。

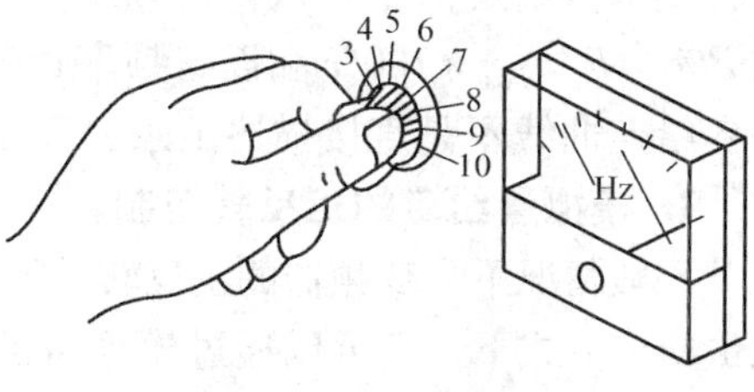

图 2-5 模拟量给定

模拟量给定中通常采用电流或电压信号，常见于电位器、仪表、PLC 和 DCS 等控制回路。电流信号一般指 0 ~ 20 mA 或 4 ~ 20 mA。电压信号一般指0 ~ 10 V、2 ~ 10 V、0 ~ ±10 V、0 ~5 V、1 ~5 V、0 ~ ±5 V 等。

电流信号在传输过程中，不受电路电压降、接触电阻及其压降、杂散的热电效应以及感应噪声等影响，抗干扰能力较电压信号强。但由于电流信号电路比较复杂，故在距离不远的情况下，仍以选用电压给定为模拟量信号的居多。

变频器通常都会有 2 个及以上的模拟量端子（或扩展模拟量端子），有些端子可以同时输入电压和电流信号（但必须通过跳线或短路块进行区分），因此对变频器已经选择好模拟量给定方式后，还必须按照以下步骤进行参数设置：

1）选择模拟量给定的输入通道；

2）选择模拟量给定的电压或者电流方式及其调节范围，同时设置电压/电流跳线，注意必须在断电时进行操作；

3）选择模拟量端子多个通道之间的组合方式（叠加或者切换）；

4）选择模拟量端子通道的滤波参数、增益参数线性调整参数。

2. 频率给定曲线

所谓频率给定曲线，就是指在模拟量给定方式下，变频器的给定信号 P 与对应的变频器输出频率 $f(x)$ 之间的关系曲线 $f(x)=f(P)$。这里的给定信号 P，既可以是电压信号，也可以是电流信号，其取值范围在 10 V 或 20 mA 之内。

一般的电动机调速都是线性关系，因此频率给定曲线可以简单地通过定义首尾两点的坐标（模拟量，频率）即可确定该曲线。如图 2-6a 所示，定义首坐标为 (P_{min}, f_{min}) 和尾坐标 (P_{max}, f_{max})，可以得到设定频率与模拟量给定值之间的正比关系。如果在某些变频器运行工况需要频率与模拟量给定成反比关系的话，也可以定义首坐标为 (P_{min}, f_{max}) 和尾坐标 (P_{max}, f_{min})，如图 2-6b 所示。

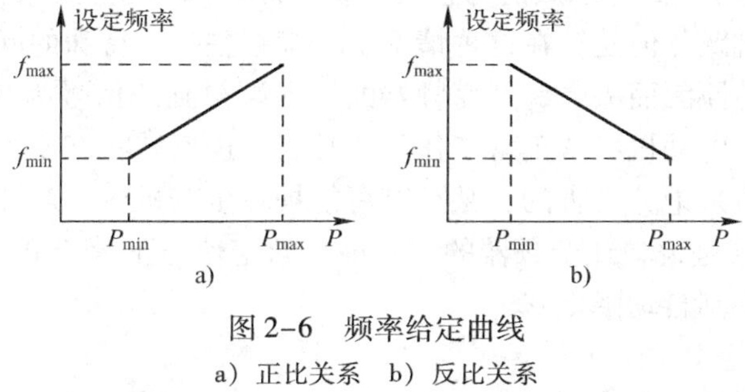

图 2-6 频率给定曲线

a）正比关系 b）反比关系

这里必须注意以下几点：①如果根据频率给定曲线计算出来的设定频率超出频率上下限范围的话，只能取频率上下限值，因此，频率上下限值优先考虑。②在一些变频器参数定义中，模拟量给定信号 P 或设定频率 f 是采用百分比赋值，其百分比的定义为模拟量给定百分比 $P\% = P/P_{max} \times 100\%$ 和设定频率百分比 $f\% = f/f_{max} \times 100\%$。③在一些变频器参数定义中，频率给定曲线不是直接描述出来，而是通过最大频率、偏置频率和频率增益表达。

3. 模拟量给定的正反转控制

一般情况下，变频器的正反转功能都可以通过正转命令端子或反转命令端子来实现。在模拟量给定方式下，还可以通过模拟量的正负值来控制电动机的正反转，即正信号（0～10 V）时电动机正转、负信号（－10 V～0）时电动机反转。如图 2-7 所示，10V 对应的频率值为 f_{max}，－10 V 对应的频率值为 $-f_{max}$。

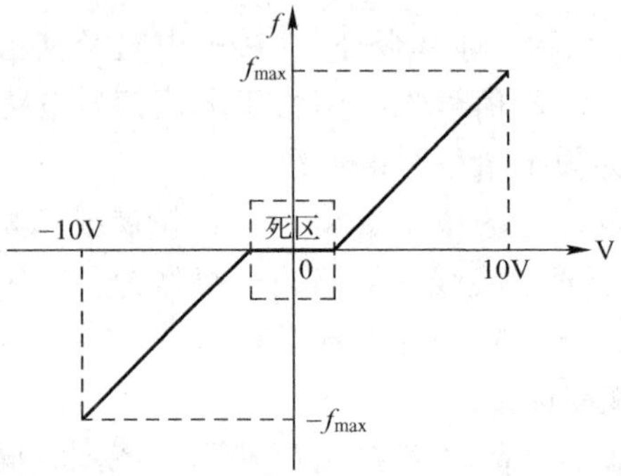

图 2-7　模拟量的正反转控制和死区功能

在用模拟量控制正反转时，临界点即 0 V 时应该为 0 Hz，但实际上真正的 0 Hz 很难做到，且频率值很不稳定，在频率 0 Hz 附近时，常常出现正转命令和反转命令共存的现象，并呈“反反复复”状。为了克服这个问题，预防反复切换现象，就定义在零速附近为死区，如图 2-7 所示。

对于死区，不同类型的变频器定义都会有所不同。一般有以下两种：①线段型。如定义（－1 V，＋1 V）为死区，则模拟量信号在（－1 V，＋1 V）范围时按零输入处理。②滞环回线型。在变频器的输出频率定义一个频率死区（$-f_{dead}$，$+f_{dead}$），这样一来配合着电压死区（$-U_{dead}$，$+U_{dead}$）就围成了滞环回线。

模拟量的正反转控制功能还有一种就是在模拟量非双极性功能的情况下（也就是说电压不为负的单极性模拟量）也可以实现，即定义在给定信号中间的任意值作为正转和反转的临界点（相当于原点），高于原点的为正转，低于原点的为反转。同理，也可以相应设置死区功能，实现死区跳跃。但是，在这种情况下，却存在一个特殊的问题，即万一给定信号因电路接触问题或其他原因而丢失，则变频器的输入端得到的信号为 0 V，其输出频率将跳变为反转的最大频率，电动机将从正常工作状态转入高速反转状态。十分明显，在生产过程中，这种情况的出现将是十分有害的，甚至有可能损坏生产机械。对此，变频器设置了一个有效的“零”功能。就是说，让变频器的实际最小给定信号不等于 0，而当给定信号等于 0 时，变频器的输出频率则自动降至 0。

小知识

问：在变频器模拟量输入中，其滤波与增益参数是什么含义？

答：模拟量的滤波是为了保证变频器获得的电压或电流信号能真实地反映实际值，消除干扰信号对频率给定信号的影响。滤波的工作原理是数字信号处理，即数字滤波。滤波时间常数就是特指模拟量给定信号上升至稳定值的63%所需要的时间（单位为s）。

滤波时间的长短必须根据不同的数学模型和工况进行设置，滤波时间太短，当变频器显示“给定频率”时有可能不够稳定而呈闪烁状；滤波时间太长，当调节给定信号时，给定频率跟随给定信号的响应速度会降低。一般而言，出于对抗干扰能力的考虑，需要增加滤波时间常数；出于对响应速度快的考虑，需要降低滤波时间常数。

模拟量通道的增益参数与上面的频率增益不一样，后者主要是为定义频率给定曲线的坐标值，前者则是在频率给定曲线既定的前提下，降低或者提高模拟量通道的电压值或者电流值。

2.1.5 脉冲给定

脉冲给定方式即通过变频器的特定的高速开关端子从外部输入脉冲序列信号进行频率给定，并通过调节脉冲频率来改变变频器的输出频率，如图2-8所示。

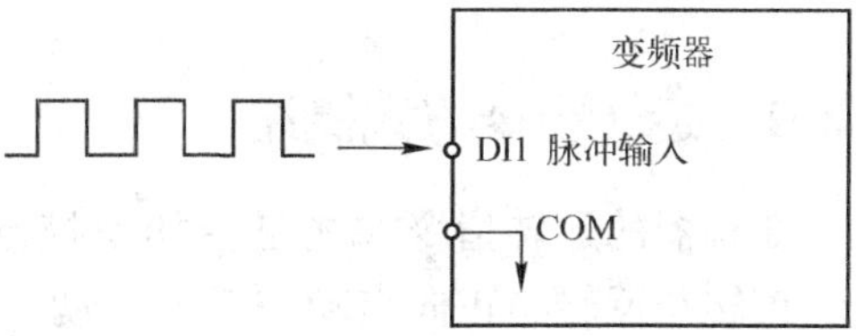

图2-8 脉冲输入

不同的变频器对于脉冲序列输入都有不同的定义，如某变频器是这样定义的：脉冲频率为0~32 kHz，低电平电压为0~0.8 V，高电平电压为3.5~13.2 V，占空比为30%~70%。

脉冲给定首先要定义100%时的脉冲频率，然后就可以与模拟量给定一样定义脉冲频率给定曲线。该频率给定曲线也是线性的，通过首坐标和尾坐标两点的数值来确定。因此，其频率给定曲线可以是正比线性关系，也可以是反比线性关系。一般而言，脉冲给定值通常用百分比来表示。

2.1.6 通信给定

通信给定方式就是指上位机通过通信口按照特定的通信协议、特定的通信介质将数据传输到变频器，以改变变频器设定频率的方式。上位机一般指计算机（或工控机）、PLC、DCS、人机界面等主控制设备。如图2-9所示。

上位机和变频器之间传输数据的方式主要有两种：①串行方式。它每次只传送二进制的一位，主要优点是连线少，一般只有2根或3根，缺点是传送速度较低。②并行方式。它每次可传送一个完整的字符，传送速度快，但所需的连线较多，一般需要8根或16根，成本相应就高了许多。由于上位机与变频器之间的距离一般不会太远，对传输速度的要求也不是很高，因此在通常情况下都采用串行传输方式。具体的通信方式将在第5章进行详细介绍。

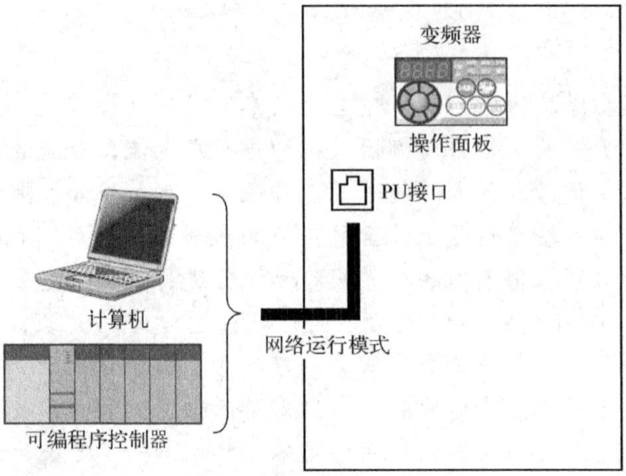

图 2-9　通信给定

2.2　变频器的运转指令方式

2.2.1　运转指令方式概述

变频器的运转指令方式是指如何控制变频器的基本运行功能，这些功能包括起动、停止、正转与反转、正向点动与反向点动、复位等。

与变频器的频率给定方式一样，变频器的运转指令方式也有操作面板控制、端子控制和通信控制三种。这些运转指令方式必须按照实际的需要进行选择设置，同时也可以根据功能进行相互之间的方式切换。

2.2.2　操作面板控制

操作面板控制是变频器最简单的运转指令方式，用户可以通过变频器的操作面板键盘上的运行键、停止键、点动键和复位键来直接控制变频器的运转。

操作面板控制的最大特点就是方便实用，同时又能起到报警故障功能，即能够将变频器是否运行、故障或报警都能告知给用户，因此用户无须配线就能真正了解到变频器是否确实在运行中、是否在报警（过载、超温、堵转等）以及通过 LED 数码和 LCD 液晶显示故障类型。

按照前面一节的内容，变频器的操作面板键盘通常可以通过延长线放置在用户容易操作的 5 m 以内的空间里。同理，距离较远时则必须需要使用远程操作面板键盘。

在操作面板控制下，变频器的正转和反转可以通过正反转键切换和选择。如果键盘定义的正转方向与实际电动机的正转方向（或设备的前行方向）相反时，可以通过修改相关的参数来更正，如有些变频器参数定义是“正转有效”或“反转有效”，有些变频器参数定义则是“与命令方向相同”或“与命令方向相反”。

某些生产设备是不允许反转的，如泵类负载，变频器则专门设置了禁止电动机反转的功能参数。该功能对端子控制、通信控制都有效。

2.2.3 端子控制

1. 基本概念

端子控制是变频器的运转指令通过其外接输入端子从外部输入开关信号（或电平信号）来进行控制的方式。

这时这些由按钮、选择开关、继电器、PLC 或 DCS 的继电器模块就替代了操作面板键盘上的运行键、停止键、点动键和复位键，可以在远距离控制变频器的运转。

在图 2-10 中，正转 DI1、反转 DI2、点动 DI3、复位 DI4、使能 DI5 在实际变频器的端子中有三种具体表现形式：①上述几个功能都是由专用的端子组成，即每个端子固定为一种功能。在实际接线中，非常简单，不会造成误解，这在早期的变频器中较为普遍。②上述几个功能都是由通用的多功能端子组成，即每个端子都不固定，可以通过定义多功能端子的具体内容来实现。在实际接线中，非常灵活，可以大量节省端子空间。目前的小型变频器都有这个趋向。③上述几个功能除正转和反转功能由专用固定端子实现，其余如点动、复位、使能融合在多功能端子中来实现。在实际接线中，能充分考虑到灵活性和简单性于一体。现在大部分主流变频器都采用这种方式。

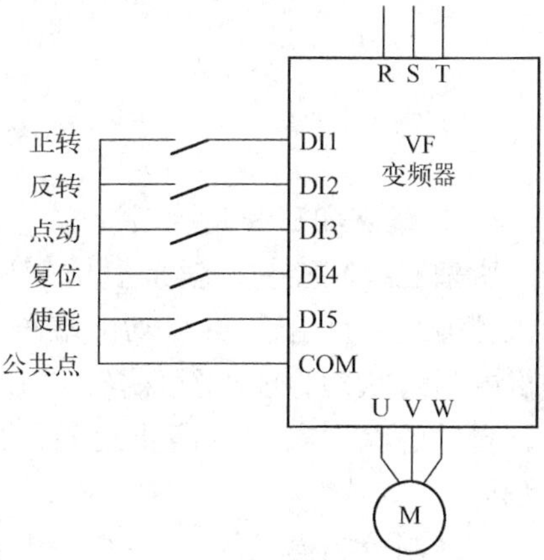

图 2-10 端子控制原理

2. 正转和反转

由变频器拖动的电动机负载实现正转和反转功能非常简单，只需改变控制回路（或激活正转和反转）即可，而无须改变主回路。

常见的正反转控制有两种方法，如图 2-11 所示。DI1 代表正转端子，DI2 代表反转端子，K_1、K_2代表正反转控制的接点信号（“0” 表示断开、“1” 表示吸合）。图 2-11a 的方法中，接通 DI1 和 DI2 的其中一个就能正反转控制，即 DI1 接通后正转、DI2 接通后反转，若两者都接通或都不接通，则表示停机。图 2-11b 的方法中，接通 DI1 才能正反转控制，即 DI2 不接通表示正转、DI2 接通表示反转，若 DI1 不接通，则表示停机。

K_2	K_1	运行指令
0	0	停止
1	0	反转
0	1	正转
1	1	停止

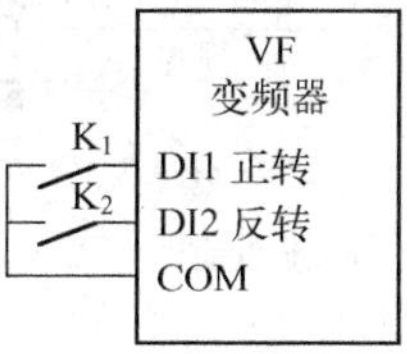

a)

K_2	K_1	运行指令
0	0	停止
1	0	停止
0	1	正转
1	1	反转

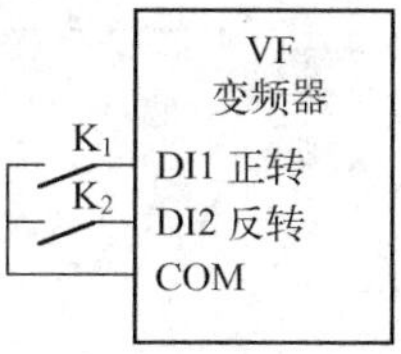

b)

图 2-11 正反转控制原理
a）控制方法一 b）控制方法二

这两种方法在不同的变频器里有些只能选择其中的一种，有些可以通过功能设置来选择任意一种。但是如变频器定义为“反转禁止”时，则反转端子无效。

变频器由正向运转过渡到反向运转，或者由反向运转过渡到正向运转的过程中，中间都有输出零频的阶段，在这个阶段中，设置一个等待时间，即称为“正反转死区时间”，如图 2-12所示。

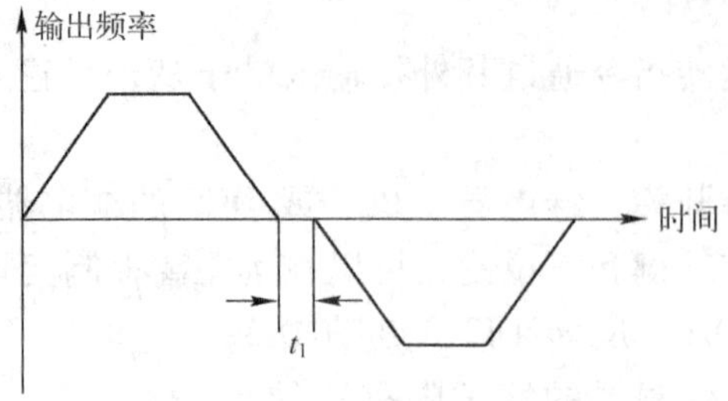

图 2-12　正反转死区时间

3. 二线制和三线制控制模式

所谓三线制控制，就是模仿普通的接触器控制电路模式，当按下常开按钮 SB2 时，电动机正转起动，由于 DI 多功能端子自定义为保持信号（或自锁信号）功能，松开 SB2，电动机的运行状态将能继续保持下去；当按下常闭按钮 SB1 时，DI3 与 COM 之间的联系被切断，自锁解除，电动机停止运行。如要选择反转控制，只需将 K 吸合，即 DI2 功能作用（反转）。

三线制控制模式的“三线”是指自锁控制时需要将控制线接入到三个输入端子，与此相对应的就是以上讲述的“二线制”控制模式。

三线制控制模式共有两种类型，如图 2-13a 和图 2-13b 所示。两者的唯一区别是右边一种可以接收脉冲控制，即用脉冲的上升沿来替代 SB2（起动），下降沿来替代 SB1（停止）。在脉冲控制中，要求 SB1 和 SB2 的指令脉冲能够保持时间达 50ms 以上，否则为不动作。

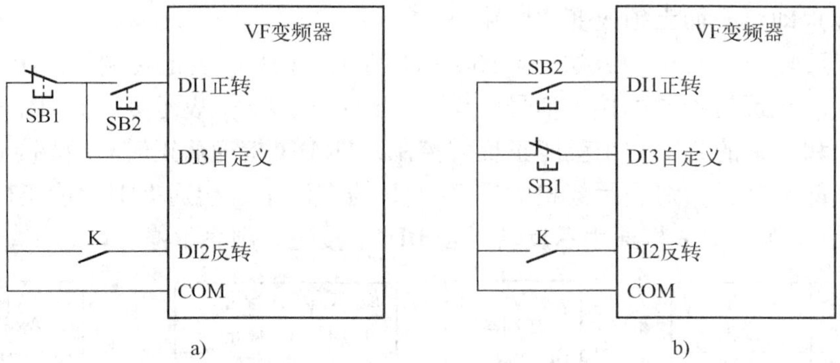

图 2-13　三线制端子控制

a）控制方法一　b）控制方法二

4. 点动

端子控制的点动命令将比键盘更简单，它只要在变频器运行的情况下（无论正转还是反转），都能设置单独的两个端子来实现正向点动和反向点动，其点动运行频率、点动间隔时间以及点动加减速时间跟键盘控制和通信控制方式下相同，均可在参数内设置。

5. 操作面板 STOP 键的功能

在进行端子控制时，变频器的操作面板键盘的大部分运转功能键都没有作用，但对于

"STOP"键却还可以选择是否有效。至于"STOP"键是否有效必须基于用户的具体情况：①如果变频器拖动的电动机在其运行过程中不允许随意停机，只能通过现场停止按钮由现场人员进行停机操作时，则需定义操作面板"STOP"键无效；②如果现场控制按钮离开变频器本体较远，而一旦出现变频器异常情况或电动机异常，用户可以从变频器的操作面板键盘直接停机的话，或者需要定义操作面板键盘"STOP"键为紧急停止按钮，则需定义操作面板"STOP"键有效；③许多变频器的操作面板"STOP"键与"RESET"常常为同一个键，而且用户需要在变频器异常停机后，需要在故障出现时直接从操作面板键盘复位，则同样需定义操作面板"STOP"键有效。

6. 数字量输入端子

数字量输入端子是用于控制输入变频器运行状态的信号，这些信号包括待机准备、运行、故障以及其他与变频器频率有关的内容。这些数字开关量信号，除固定端子（比如正转、反转和点动等）外，其余均为多功能数字量输入端子。

常见的数字量输入端子都采用光电耦合隔离方式，且应用了全桥整流电路，如图2-14所示，COM是数字量输入DI多功能输入端子的公共端子，流经PL端子的电流可以是拉电流，也可以是灌电流。

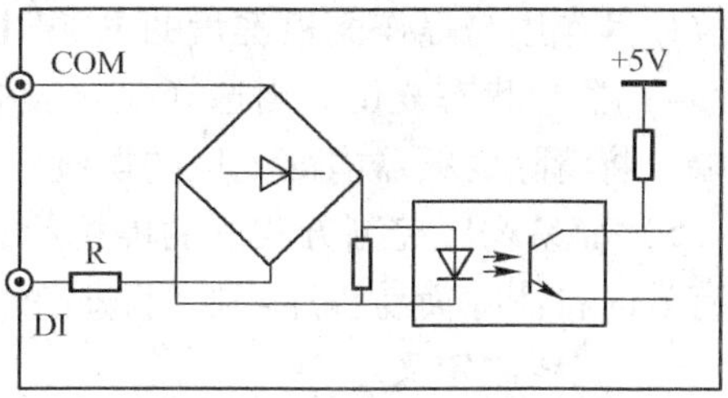

图2-14　数字量输入结构示意

数字量输入端子与外部接口方式非常灵活，主要有以下几种：

1）干接点方式。它可以使用变频器内部电源，也可以使用外部电源DC 9～30V。这种方式常见于按钮、继电器等信号源。

2）源极方式。当外部控制器为NPN型的共发射极输出的连接方式时，为源极方式。这种方式常见于接近开关或旋转脉冲编码器输入信号，用于测速、计数或限位动作等。

3）漏极方式。当外部控制器为PNP型的共发射极输出的连接方式时，为源极方式。这种方式的信号源与源极相同。

多功能数字量输入端子的信号定义包括多段速度选择、多段加减速时间选择、频率给定方式切换、运转命令方式切换、复位和计数输入等。综合各类变频器的输入定义，具体有以下主要参数：

（1）带切换或选择功能的输入信号

1）多段速选择。通过选择这些功能的端子ON/OFF组合，最多可以定义4种（2个输入端子）或8种（2个输入端子）或16种（4个输入端子）速度的运行曲线。

2）多种加减速时间的选择。通过选择相应数字量输入端子的ON/OFF组合，最多可以定义2种（1个输入端子）或4种（2个输入端子）的加减速时间值。

3）多种频率给定方式的选择。通过选择相应数字量输入端子的ON/OFF组合，可以选择操作面板键盘给定、接点给定、模拟量给定、脉冲给定和通信给定的一种，或者进行运行时的切换选择。有些变频器还增加了提供同一种给定方式下不同通道的选择功能，如一台变频器通常有2～3个模拟量通道、2个脉冲输入通道以及几个接点通道，为了在同一频率给定方式下不同通道的输入选择，就必须进行第二次选择。

4）运转命令方式的选择。通过选择相应数字量输入端子的ON/OFF组合，可以选择操作面板控制、端子控制和通信控制的切换或选择。有些变频器还能提供强制信号电平，保证运行命令的及时性。

5）多段闭环PID给定值的选择。通过选择相应数字量输入端子的ON/OFF组合，最多可以定义2种（1个输入端子）或4种（2个输入端子）或8种（3个输入端子）的闭环给定值。

（2）计数或脉冲输入信号

多功能输入端子能够接受脉冲输入信号，这些脉冲信号可以用以计数，也可以用于复位等命令，具体可定义为以下内容：

1）计数器清零信号。即对变频器的内置计数器进行清零操作。

2）计数器触发信号。该使能信号允许变频器对该数字量输入端子进行计数，脉冲的最高频率大约在几百赫兹左右，掉电时可以存储记忆当前计数值。

3）外部复位输入。当变频器发生故障报警后，通过该端子的定义，对变频器故障进行复位，其作用与操作面板键盘的RESET复位键一致。

4）摆频状态复位。当选择变频器的摆频功能时，无论是自动投入还是手动投入，闭合该端子将清除变频器内部记忆的摆频状态信息。断开该端子，摆频重新开始。

5）简易程序控制方式下的停机状态复位。在简易程序控制下的停机状态中，该功能端子有效时将清除简易程序停机时记忆的运行阶段、运行时间、运行频率等信息。

6）三线制定义。

7）接点给定方式。可以在定义频率给定方式为接点给定后，定义两个端子为UP或DOWN功能。

（3）其他运行输入信号

1）变频器运行禁止。该端子有效时，运行中的变频器自由停车，若是在待机状态，则禁止起动。本功能主要用于需要安全联动的场合。

2）外部停机命令。该端子有效时，则无论变频器处于什么运转模式状态或是什么运转给定通道中，都会按照预先定义的停机方式进行停机。它与（1）的区别在于停机方式不同，后者只能是自由停车。

3）外部设备故障的常开或常闭信号输入。通过该端子可以输入外部设备的故障信号，便于变频器对外部设备进行故障监视。变频器在接到外部设备故障信号后，可显示“外部故障”。该故障信号可以是常开，也可以是常闭输入方式。

4）外部中断的常开或常闭信号输入。变频器在运行过程中，接到外部中断信号后，封锁输出，以零频运行。一旦外部中断信号解除，变频器自动转速跟踪起动，恢复运行。其输入信号也可以是常开和常闭两种输入方式。

5）停机直流制动输入指令。用外部控制端子对停机过程中的电动机实施直流制动，实现电动机的紧急停车和精确定位。

6）简易程序控制暂停指令。用于对运行中的简易程序控制实现暂停控制，该端子有效时则以零频运行，简易程序控制不计时；该端子命令无效后，变频器自动转速跟踪起动，继续简易程序运行。

7）加减速禁止指令。保持电动机部受任何外来信号的影响，除停机命令外，维持当前转速运转。

8）正转点动和反向点动。通过端子的 ON/OFF 动作，让变频器按点动频率运行的功能，按照运行方式的演变逻辑，点动功能优先于其他运行方式。

常见的数字量输入信号是继电器触点、按钮开关等，这些触点在闭合时容易发生颤动。又由于变频器内部接收信号的都是晶体管电路，反应速度极快。因此，输入触点的颤动有可能使变频器内部的接收电路反复接收信号而导致误动作。为此，有的变频器设置了防止输入信号颤动的功能。

2.2.4 通信控制

通信控制的方式与通信给定的方式相同，在不增加电路的情况下，只需对上位机给变频器的传输数据改一下即可对变频器进行正反转、点动、故障复位等控制。当然，在通信控制方式下，操作面板 STOP 键的功能设置可以参照端子控制方式。

2.2.5 运转指令方式之间的切换

为了增加运转指令方式的可靠性，几乎所有的变频器都有操作面板按键来对上述几种方式进行切换，如三菱 E700 系列变频器可以通过 PU/EXT 键来切换。

除了按键切换之外，还有一种就是通过多功能输入端子的组合来实现运转指令方式的切换。如图 2-15 所示，将多功能端子 DI1、DI2 定义为运转指令方式切换 1 和运转指令方式切换 2，根据表 2-1 中的逻辑方式组合就能在操作面板控制、端子控制和通信控制之间切换。

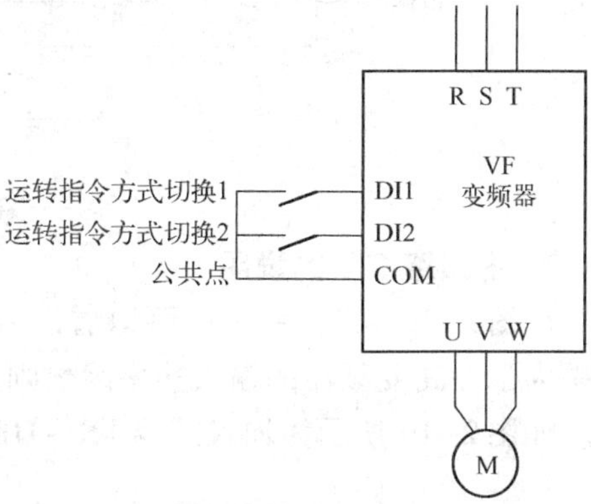

图 2-15　运转指令方式间的切换

表 2-1　运转指令方式的切换

多功能输入端子 DI2	多功能输入端子 DI1	运转指令方式
OFF	OFF	运转指令方式保持
OFF	ON	操作面板控制
ON	OFF	端子控制
ON	ON	通信控制

2.3 三菱 E740 变频器的基本控制

2.3.1 E700 系列变频器主电路端子的接线

1. 单相与三相变频器的输入接线端子

三菱 E700 系列变频器有单相输入与三相输入两种，其中 E720S 为单相、E740 为三相，进线接法如图 2-16 和图 2-17 所示。

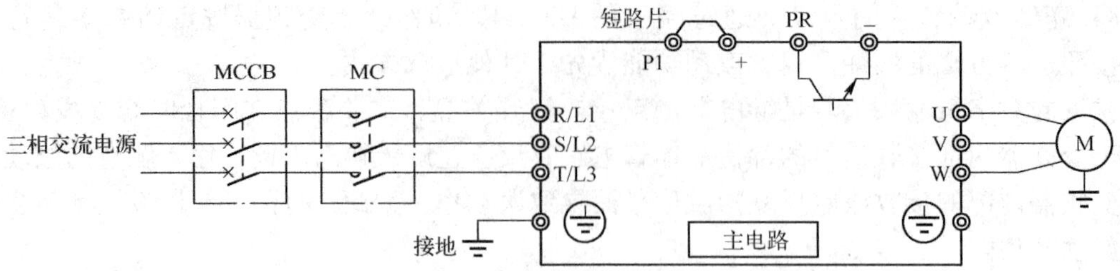

图 2-16　三相输入

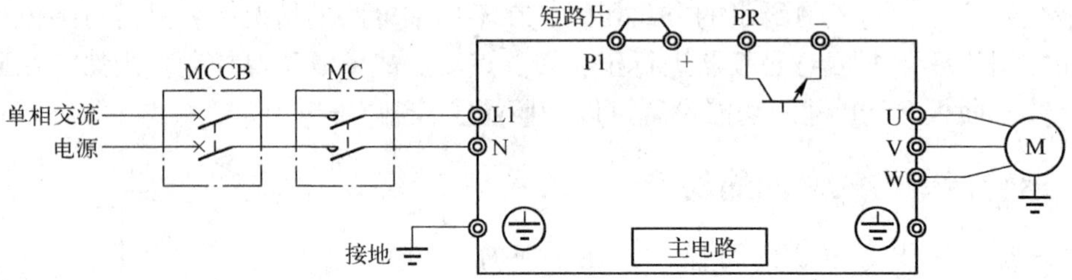

图 2-17　单相输入

2. 主回路端子的说明

从图 2-16 和图 2-17 中可以看出，连接在“P1”和“+”之间的默认配置为短路片，如果为了提高变频器的输入功率因数则可以改为图 2-18 所示的直流电抗器，即将短路片取下。如图 2-19 所示为加入三菱 FR－HEL 直流电抗器的示意图。

图 2-18　直流电抗器外观

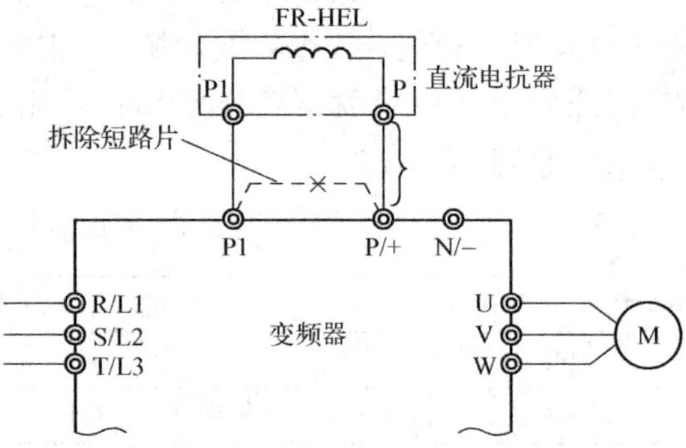

图 2-19　加入三菱 FR－HEL 直流电抗器

直流电抗器（又称平波电抗器）主要用于变流器的直流侧，电抗器中流过的具有交流分量的直流电流。主要用途是将叠加在直流电流上的交流分量限定在某一规定值，保持整流电流连续，减小电流脉动值，改善输入功率因数。

2.3.2　在三菱 E740 变频器输入侧/输出侧增加接触器

【任务要求】

现有一台三菱 E740 变频器用于某安全设备上，控制要求如下：

（1）如果外部“切除电源”OFF 按钮动作时，变频器必须断电，上电则先通过“投入电源”ON按钮进行动作。在正常运行时，都是通过“运行”或“停止”按钮来起停电动机。

（2）考虑在变频器损坏的情况，能够用工频方式来起动电动机，该如何设计电路图。

【实训步骤】

1）按照图2-20接线要求，先按ON按钮使得KM接触器吸合，才能按“运行”按钮，使KA动作，从而变频器才能开始运行。

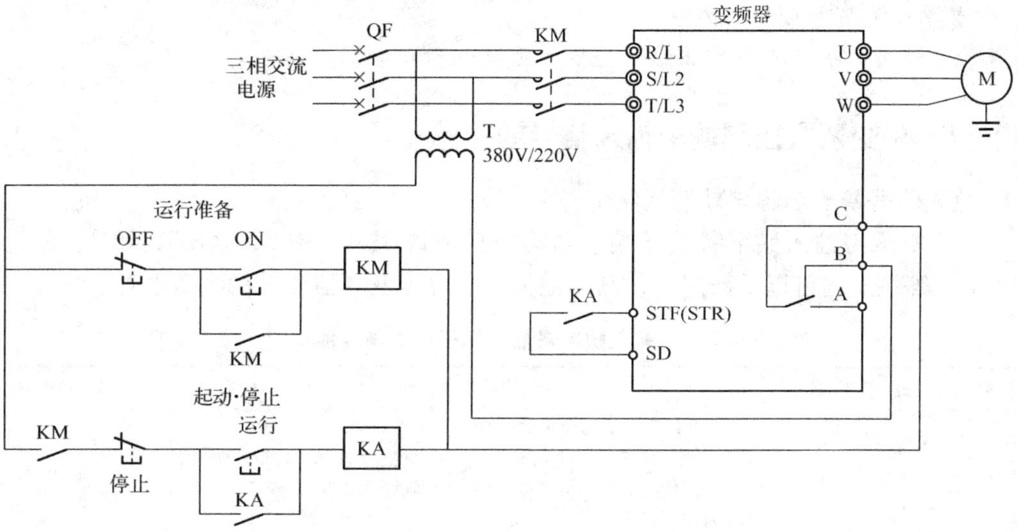

图2-20　变频器输入侧增加接触器

2）在有工频供电与变频器切换的操作中，请确保用于工频切换的KM1和KM2可以进行电气和机械互锁（图2-21）。

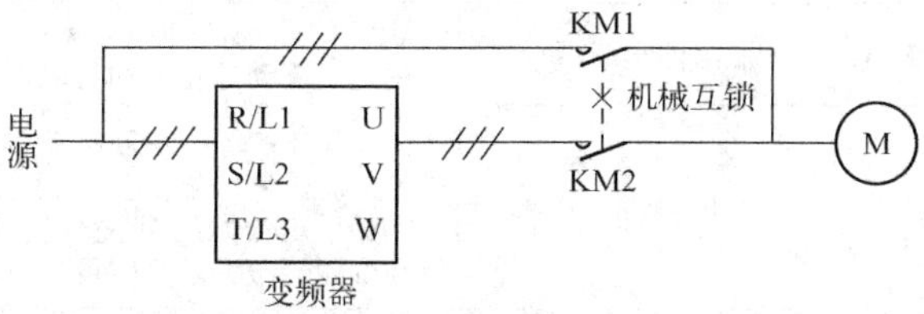

图2-21　输出接触器

【实训总结】

变频器和电动机间的电磁接触器请在变频器和电动机都停止时切换。变频器运行中进行OFF→ON时，变频器的过电流保护等将会动作。为了切换至外部电源而安装MC时，请在变频器和电动机都停止后再切换MC。除了误接线，在工频供电与变频器切换电路时，有时也会因切换时的电弧或顺控错误时造成的振荡最终损坏变频器。

小知识

由于电源接通时浪涌电流的反复入侵会导致变频器主回路模块的寿命（开关寿命为100万次左右）缩短，因此应避免通过输入侧接触器频繁开关变频器。可以通过变频器起动控制用端子（STF、STR）来使变频器运行或停止。

而在下列使用目的下，建议在变频器输入侧设置 KM：

1）变频器保护功能动作时，或驱动装置异常时（紧急停止操作等）需要把变频器与电源断开的情况下。例如在连接制动电阻器选件后，即使实施循环运行或条件恶劣的运行时，在因制动用放电电阻器的热容量不足、再生制动器使用率过大等导致再生制动器用晶体管损坏时，希望能够防止放电电阻器的过热、烧损。

2）为防止变频器因停电结束后恢复供电时自然再起动而引起事故时。

3）变频器用控制电源始终运转，因此会消耗若干电力。长时间停止变频器时切断变频器的电源可节省一定的电力。

4）为确保维护、检查作业的安全性，需要切断变频器电源时。

2.3.3 E740 变频器控制端子输入信号的熟悉

1. 输入信号端子名称与功能说明

表 2-2 所示为输入数字量信号端子名称与功能说明。其中 STF、STR、RH、RM、RL、MRS、RES 等端子均可以重新定义，其助记符只不过是变频器参数的默认设置。

表 2-2 输入数字量信号端子名称与功能说明

<table>
<tr><th>端子记号</th><th>端子名称</th><th colspan="2">端子功能说明</th><th>额定规格</th></tr>
<tr><td>STF</td><td>正转起动</td><td>SFT 信号 ON 时为正转、OFF 时为停止指令</td><td rowspan="2">STF、STR 信号同时 ON 时变成停止指令</td><td rowspan="5">输入电阻 4.7 kΩ
开路时电压
DC 21～26V
短路时
DC 4～6 mA</td></tr>
<tr><td>STR</td><td>反转起动</td><td>STR 信号 ON 时为反转、OFF 时为停止指令</td></tr>
<tr><td>RH、RM、RL</td><td>多段速度选择</td><td colspan="2">用 RH、RM 和 RL 信号的组合可以选择多段速度</td></tr>
<tr><td>MSR</td><td>输出停止</td><td colspan="2">MRS 信号 ON（20 ms 以上）时，变频器输出停止。
用电磁制动停止电动机时用于断开变频器的输出</td></tr>
<tr><td>RES</td><td>复位</td><td colspan="2">复位用于解除保护回路动作时的报警输出。使 RES 信号处于 ON 状态 0.1 s 或以上，然后断开。
初始设定为始终可进行复位。但进行了 Pr.75 的设定后，仅在变频器报警发生时可进行复位。复位所需时间约为 1 s</td></tr>
<tr><td rowspan="3">SD</td><td>接点输入公共端（漏型）（初始设定）</td><td colspan="2">接点输入端子（漏型逻辑）</td><td rowspan="3">—</td></tr>
<tr><td>外部晶体管公共端（源型）</td><td colspan="2">源型逻辑时当连接晶体管输出（即集电极开路输出），例如可编程序控制器（PLC）时，将晶体管输出用的外部电源公共端接到该端子时，可以防止因漏电引起的误动作</td></tr>
<tr><td>DC 24 V 电源公共端</td><td colspan="2">DC 24 V、0.1 A 电源（端子 PC）的公共输出端子与端子 5 及端子 SE 绝缘。</td></tr>
<tr><td rowspan="3">PC</td><td>外部晶体管公共端（漏型）（初始设定）</td><td colspan="2">漏型逻辑时当连接晶体管输出（即集电极开路输出），例如可编程序控制器（PLC）时，将晶体管输出用的外部电源公共端接到该端子时，可以防止因漏电引起的误动作</td><td rowspan="3">电源电压范围 DC 22～26.5 V 容许负载电流 100 mA</td></tr>
<tr><td>接点输入公共端（源型）</td><td colspan="2">接点输入端子（源型逻辑）的公共端子</td></tr>
<tr><td>DC 24 V 电源</td><td colspan="2">可作为 DC 24 V、0.1 A 的电源使用</td></tr>
</table>

表 2-3 所示为输入模拟量信号端子名称、功能说明和额定规格。

表 2-3　输入模拟量信号端子名称、功能说明和额定规格

端子记号	端子名称	端子功能说明	额定规格
10	频率设定用电源	作为外接频率设定（速度设定）用电位器时的电源使用	DC 5 V/容许负载电流 10 mA
2	频率设定（电压）	如果输入 DC 0～5 V（或 0～10 V），在 5 V（10 V）时为最大输出频率，输入输出成正比。通过 Pr. 73 进行 DC 0～5 V（初始设定）和 DC 0～10 V 输入的切换操作	输入电阻 10 kΩ ± 1kΩ 最大容许电压 DC 20 V
4	频率设定（电流）	如果输入 DC 4～20 mA（或 0～5 V，0～10 V），在 20 mA 时为最大输出频率，输入输出成比例。只有 AU 信号为 ON 时端子 4 的输入信号才会有效（端子 2 的输入将无效）。通过 Pr. 267 进行 4～20 mA（初始设定）和 DC 0～5 V、DC 0～10 V 输入的切换操作。电压输入(0～5 V/0～10 V）时，请将电压/电流输入切换开关切换至“V”	电流输入的情况下： 输入电阻 233 Ω ± 5 Ω 最大容许电流 30 mA 电压输入的情况下： 输入电阻 10 kΩ ± 1 kΩ 最大容许电压 DC 20 V 电流输入（初始状态）　电压输入 
5	频率设定公共端	是频率设定信号（端子 2 或 4）及端子 AM 的公共端子。请不要接大地	—

请正确设定 Pr. 267 和电压/电流输入切换开关，输入与设定相符的模拟信号。请将电压/电流输入切换开关设为“I”（电流输入规格）进行电压输入，若将开关设为“V”（电压输入规格）进行电流输入，可能导致变频器或外部设备的模拟电路发生故障。

2. 接线原理

三菱 E740 变频器的多功能输入端子可以选择漏型逻辑和源型逻辑两种方式。所谓漏型逻辑，就是当信号端子接通时，电流是从相应的输入端子流出，此时 E740 变频器端子 SD 是触点输入信号的公共端端子，如图 2-22 所示。而源型逻辑模式指信号输入端子中有电流流入时信号为 ON 的逻辑模式，端子 PC 是触点输入信号的公共端端子，如图 2-23 所示。

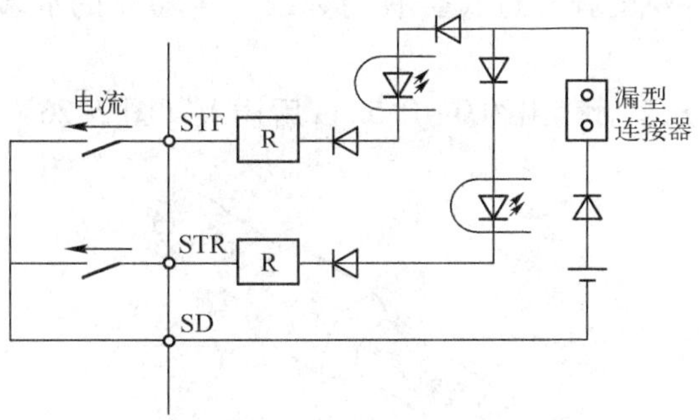

图 2-22　漏型逻辑下的输入端子接线

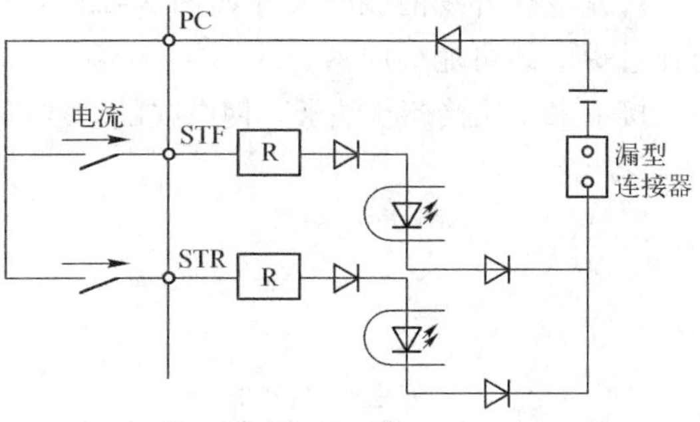

图 2-23　源型逻辑下的输入端子接线

2.3.4　三菱 E740 变频器的控制逻辑切换与控制端子接线

【任务要求】

现有一台三菱 E740 变频器用于某安全设备上，控制要求如下：

1）控制逻辑切换。

2）控制端子接线。

【实训步骤】

1）控制逻辑切换。

为了切换控制逻辑，需要切换控制端子上方的跨接器。如图 2-24 所示使用镊子或尖嘴钳将漏型逻辑（SINK）上的跨接器转换至源型逻辑（SOURCE）上。跨接器的转换请在未通电的情况下进行。漏型、源型逻辑的切换跨接器请务必只安装在其中一侧。若两侧同时安装，可能会导致变频器损坏。

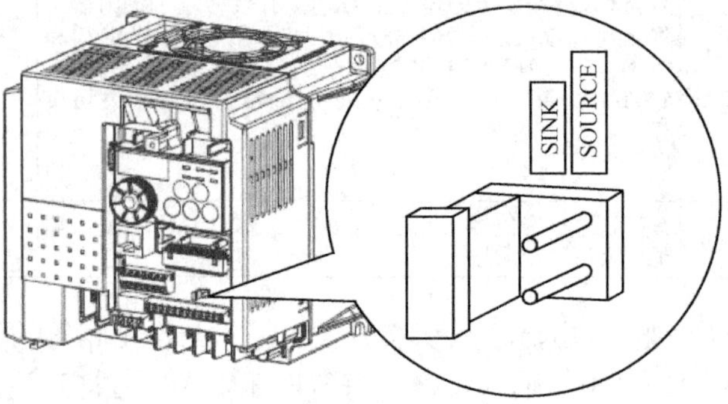

图 2-24　控制逻辑切换

2）控制端子接线。

控制线推荐电线规格 0. 3 mm^2 ~0. 75 mm^2。

控制电路接线时请剥开电线外皮，使用棒状端子接线。单线时可剥开外皮直接使用。将棒状端子或单线插入接线口进行接线。

首先电线外皮的剥开尺寸如图 2-25 所示。外皮剥开过长会有与邻线发生短路的危险。剥开过短电线可能会脱落。

接下来，压接棒状端子。使电线的芯线部分从套管露出约 0 ~0. 5mm 后插入（图 2-26）。

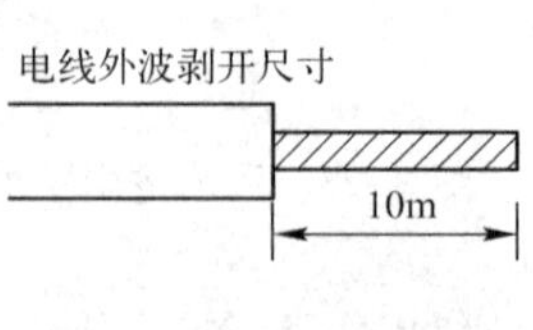

图 2-25　电线外皮的剥开尺寸

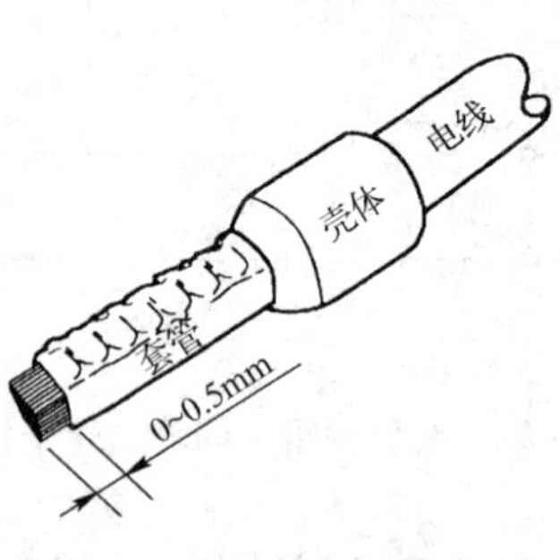

图 2-26　压接棒状端子

压接后，确认棒状端子的外观。未正确压接或侧面有损伤的棒状端子请不要使用（图 2-27）。

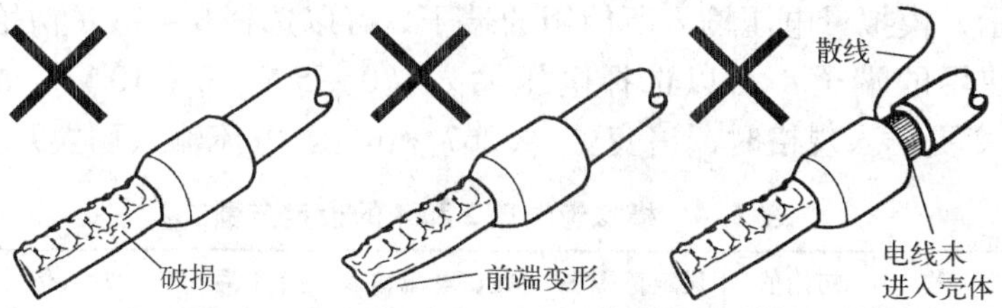

图 2-27　确认棒状端子的外观

最后，将电线插入端子，如图 2-28 所示。绞线状态且未使用棒状端子时，请用一字螺钉旋具将开关按钮按入深处，然后再插入电线，如图 2-29 所示。

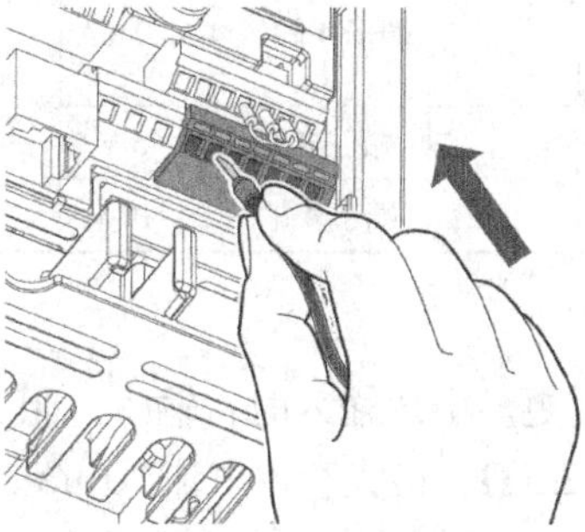

图 2-28　将电线插入端子

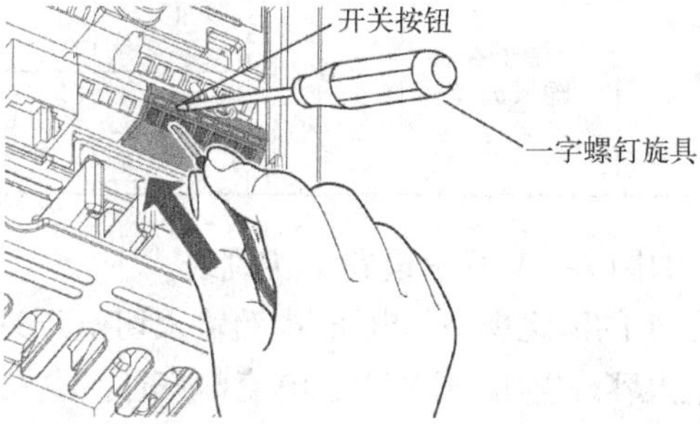

图 2-29　未使用棒状端子时的接线

如果要将电线进行拆卸，请用一字螺钉旋具将开关按钮按入深处，然后再拔出电线，如图 2-30 所示。

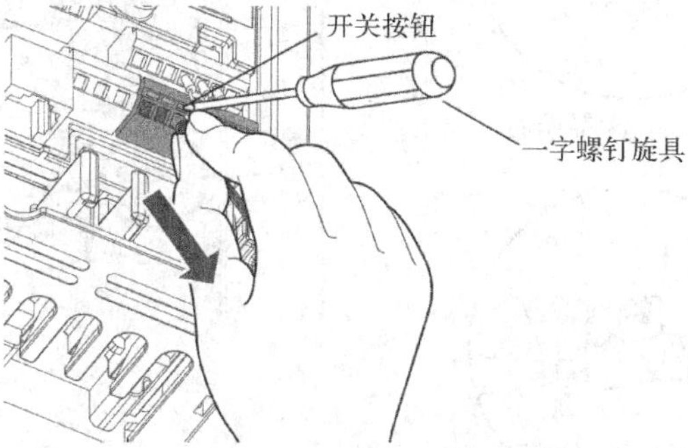

图 2-30　电线的拆卸

2.3.5　三菱 E740 变频器的模拟量输入跳线的设置

【任务要求】

对三菱 E740 变频器进行模拟量端子进行输入跳线的设置。

【实训步骤】

1）了解端子 2 和 4 的区别。

如表 2-4 所示，模拟量电压输入所使用的端子 2 可以选择 0 ~ 5 V（初始值）或 0 ~ 10 V。而模拟量输入所使用的端子 4 可以选择电压输入（0 ~ 5 V、0 ~ 10 V）或电流输入（4 ~ 20 mA 初始值）。变更输入规格时，请变更 Pr. 267 和电压/电流输入切换开关。

表 2-4　模拟量端口 2 和 4 的设定范围

参数编号	名　称	初始值	设定范围	电压/电流输入切换开关	输入信号类型	可逆运行
Pr. 73	模拟量输入选择	1	0	无	端子 2 输入 0 ~ 10 V	无
			1	无	端子 2 输入 0 ~ 5 V	
			10	无	端子 2 输入 0 ~ 10 V	有
			11	无	端子 2 输入 0 ~ 5 V	
Pr. 267	端子 4 输入选择	0	0	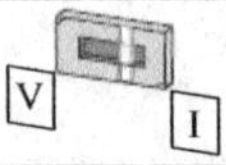	端子 4 输入 4 ~ 20 mA	跟 Pr. 73 相关
			1	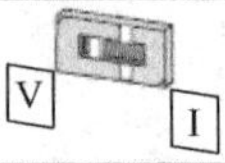	端子 4 输入 0 ~ 5 V	
			2		端子 4 输入 0 ~ 10 V	

2）如图 2-31 所示设置 *V/I* 跳线。

端子 4 的额定规格随电压/电流输入切换开关的设定而变更。电压输入时：输入电阻 10 kΩ ± 1 kΩ，最大容许电压 DC 20 V；电流输入时：输入电阻 233 Ω ± 5 Ω，最大容许电流 30 mA。

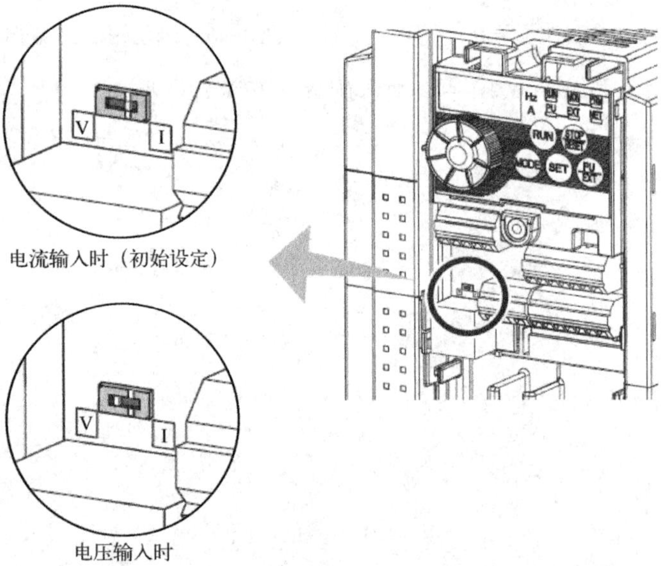

图 2-31　电压/电流输入切换开关

【实训总结】

请正确设定 Pr. 267 和电压/电流输入切换开关，并输入与设定相符的模拟量信号。要使端子 4 有效，请将 AU 信号设置为 ON。

需要注意在 Pr. 73 参数设定为可逆运行后，没有模拟量输入时（仅输入启动信号）会以反转运行。设定为可逆运行后，在初始状态下端子 4 也为可逆运行（0 ~ 4 mA 为反转，4 mA

~20 mA 为正转）。

2.3.6 运行模式功能与参数 Pr. 79 的设置

运行模式通常包括频率给定方式和运转指令方式两个方面。对于 E740 变频器来说，运行模式的切换是通过参数 Pr. 79 来实现的。一般来讲，参数 Pr. 79 可以实现以下三种功能。

1. 外部/PU 切换模式

表 2-5 所示为参数 Pr. 79 =0、1、2 时的功能，其默认参数为 0。

表 2-5 外部/PU 切换模式

<table>
<tr><th>参数编号</th><th>名称</th><th>设定范围</th><th>内容</th><th>LED 显示
▬：灭灯
▭：亮灯</th></tr>
<tr><td rowspan="3">79</td><td rowspan="3">运行模式选择</td><td>0</td><td>外部/PU 切换模式
通过 PU/EXT 可切换 PU、外部运行模式
电源接通时为外部运行模式</td><td>外部运行模式
EXT
PU运行模式
PU</td></tr>
<tr><td>1</td><td>PU 运行模式固定</td><td>PU</td></tr>
<tr><td>2</td><td>外部运行模式固定
可以切换外部、网络运行模式进行运用</td><td>外部运行模式
EXT
网络运行模式
NET</td></tr>
</table>

2. 组合运行模式

表 2-6 所示为参数 Pr. 79 =3、4 时的功能。

表 2-6 组合运行模式

<table>
<tr><th>参数编号</th><th>名称</th><th>设定范围</th><th colspan="2">内容</th><th>LED 显示
▬：灭灯
▭：亮灯</th></tr>
<tr><td rowspan="6">79</td><td rowspan="6">运行模式选择</td><td rowspan="3">3</td><td colspan="2">外部/PU 组合运行模式 1</td><td rowspan="6">PU EXT</td></tr>
<tr><td>频率指令</td><td>启动指令</td></tr>
<tr><td>用操作面板、PU（FR-PU04-CH/FR-PU07）设定或外部信号输入（多段速设定，端子 4~5 间（AU 信号 ON 时有效））*1</td><td>外部信号输入
（端子 STF、STR）</td></tr>
<tr><td rowspan="3">4</td><td colspan="2">外部/PU 组合运行模式 2</td></tr>
<tr><td>频率指令</td><td>启动指令</td></tr>
<tr><td>外部信号输入
（端子 2、4、JOG、多段速选择等）</td><td>通过操作面板的 RUN 键、PU（FR-PU04-CH/FR-PU07）的 FWD、REV 键输入</td></tr>
</table>

3. 其他模式

当 Pr. 79 =6 时表示可以一边继续运行状态，一边实施 PU 运行、外部运行、网络运行三者之间的切换。当 Pr. 79 = 7 时表示外部运行模式（PU 操作互锁），即当 X12 信号 ON 时，可切换到 PU 运行模式（正在外部运行时输出停止）；X12 信号 OFF 时，禁止切换到 PU 运行模式。表 2-7 所示为其他模式。

表 2-7　其他模式

参数编号	名　称	设定范围	内　容	LED 显示 ▬：灭灯 ▭：亮灯
79	运行模式选择	6	切换模式 可以一边继续运行状态，一边实施 PU 运行、外部运行、网络运行的切换	 PU运行模式 PU 外部运行模式 EXT 网络运行模式 NET
		7	外部运行模式（PU 运行互锁） X12 信号 ON＊2 可切换到 PU 运行模式（外部运行中输出停止） 禁止切换到 PU 运行模式	 PU运行模式 PU 外部运行模式 EXT

2.3.7　E740 变频器控制电动机正反转

【训练要求】

1）正确设置变频器输出的额定频率、额定电压、额定电流、额定功率和额定转速。

2）通过外部端子控制电动机起动/停止、正转/反转，按下按钮“S1”电动机正转，按下按钮“S2”电动机反转。

3）运用操作面板改变电动机起动的点动运行频率和加减速时间。

【实训步骤】

1）检查实训设备中器材是否齐全。

2）按照图 2-32 变频器外部接线图完成变频器的接线，认真检查，确保正确无误。

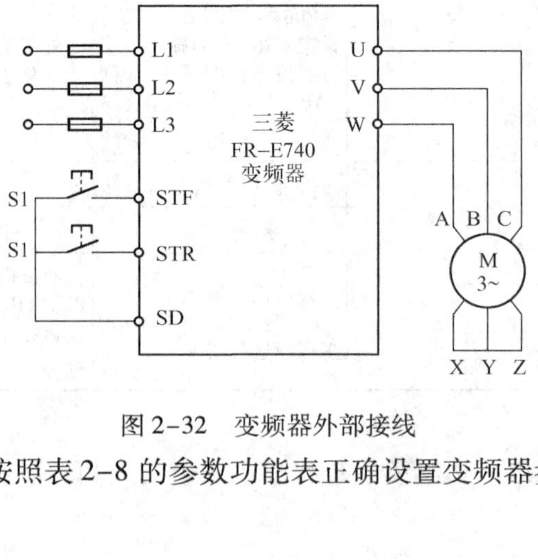

图 2-32　变频器外部接线

3）打开电源开关，按照表 2-8 的参数功能表正确设置变频器参数。

表 2-8　参数功能表

序　　号	变频器参数	出　厂　值	设　定　值	功能说明
	Pr. 1	50	50	上限频率（50 Hz）
	Pr. 2	0	0	下限频率（0 Hz）
	Pr. 7	5	10	加速时间（10 s）
	Pr. 8	5	10	减速时间（10 s）
	Pr. 9	0	0. 35	电子过电流保护（0. 35 A）
	Pr. 160	9999	0	扩张功能显示选择
	Pr. 79	0	3	操作模式选择
	Pr. 178	60	60	STF 正向起动信号
	Pr. 179	61	61	STR 反向起动信号
	Pr. 161	1	1	频率设定/键盘锁定操作选择

4）用旋钮设定变频器运行频率。

5）按下按钮 S1，观察并记录电动机运转情况。

6）松开按钮 S1，按下按钮 S2，观察并记录电动机的运转情况。

7）改变 Pr. 7、Pr. 8 的值，重复 4、5、6，观察电动机运转状态有什么变化。

【实训总结】

1）成绩评价见表 2-9，该表可以作为变频器实训操作平时考核分。

表 2-9　成绩评价表

序　　号	主要内容	考核要求	评分标准	配　分	扣　分	得　分
1	接线	能正确使用工具和仪表，按照电路图正确接线	1. 接线按照不规范，每处扣 5～10分 2. 接线错误，扣 20 分	30		
2	参数设置	能根据任务要求正确设置变频器参数	1. 参数设置不全，每处扣 5 分 2. 参数设置错误，每处扣 5 分	30		
3	操作调试	操作调试过程正确	1. 变频器操作错误，扣 10 分 2. 调试失败，扣 20 分	20		
4	安全文明生产	操作安全规范、环境整洁	违反安全文明生产规程，扣 5～10分	20		
总计				100		

2）总结使用变频器外部端子控制电动机正反转的操作方法。

3）总结变频器外部端子的不同功能及使用方法。

2. 3. 8　E740 变频器的组合运行与多段速度控制

【任务要求】

对三菱 E740 变频器进行合理接线来完成如下控制要求：

（1）如图 2-33 所示，通过操作面板的 M 旋钮来调节电动机运行频率，并通过外部端子 STF/STR 来正反转起/停；

（2）如图 2-34 所示，通过开关 K1 来起/停电动机，并以 SB1/SB2/SB3 的组合来设定三段频率调节电动机运行速度（Pr. 4 ~ Pr. 6、Pr. 24 ~ Pr. 27）。

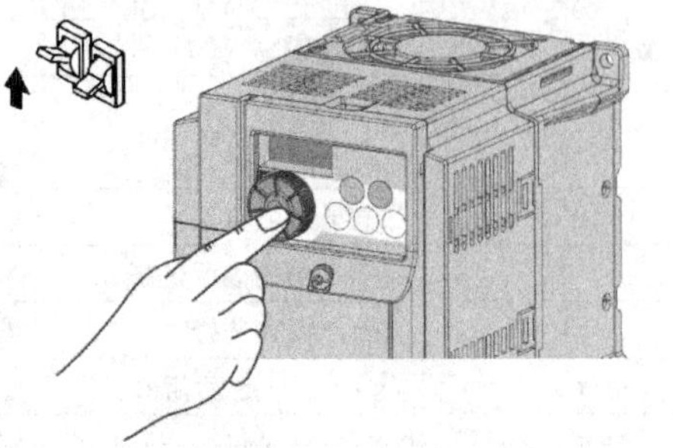

图 2-33　M 旋钮来调节电动机运行频率

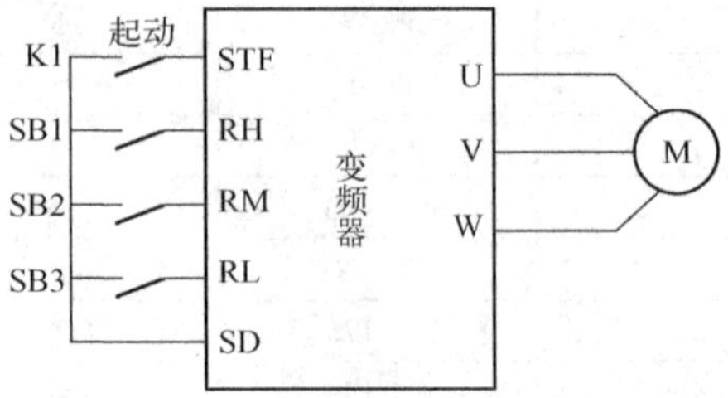

图 2-34　外部端子起动变频器

【实训步骤】

1）按照图 2-35 接线要求，即起动命令由外部端子 STF/STR 发出，频率命令由 M 旋钮设定。变频器参数请根据要求进行填写入表 2-10 中。

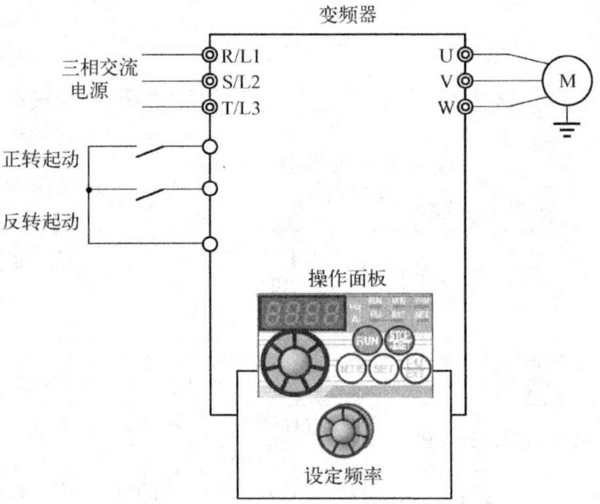

图 2-35　组合运行接线一

表 2-10　参数功能表

序　　号	变频器参数	出　厂　值	设　定　值	功 能 说 明

2）多段速操作时，先按照表 2-11 进行参数设定，其中 9999 值表示未选择该功能。图 2-36为多段速参数值对应的端子组合和频率曲线。

表 2-11　多段速参数设定

参数编号	名　称	初始值	设定范围
Pr. 4	多段速设定（高速）	50 Hz	0 ~ 400 Hz
Pr. 5	多段速设定（中速）	30 Hz	0 ~ 400 Hz
Pr. 6	多段速设定（低速）	10 Hz	0 ~ 400 Hz
Pr. 24	多段速设定（4 速）	9999	0 ~ 400 Hz、9999
Pr. 25	多段速设定（5 速）	9999	0 ~ 400 Hz、9999
Pr. 26	多段速设定（6 速）	9999	0 ~ 400 Hz、9999
Pr. 27	多段速设定（7 速）	9999	0 ~ 400 Hz、9999

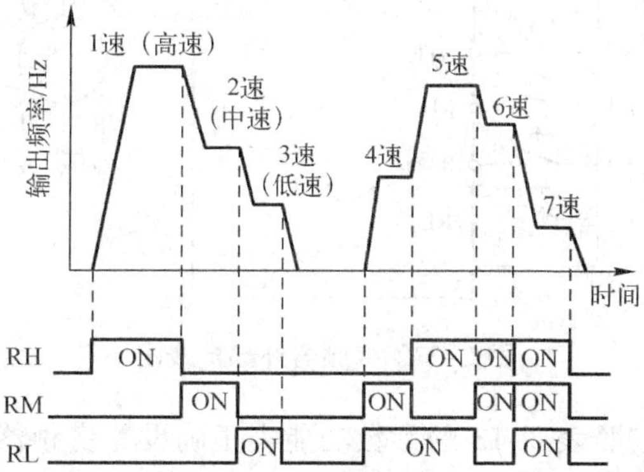

图 2-36　多段速参数值对应的端子组合和频率曲线

【实训总结】

填写以下表格（表 2-12），总结出变频器的多段速运行规律。

表 2-12　多段速运行

RH 状态	OFF	OFF	OFF	ON	OFF	ON	ON	ON
RM 状态	OFF	OFF	ON	OFF	ON	OFF	ON	ON
RL 状态	OFF	ON	OFF	OFF	ON	ON	OFF	ON
设定频率								
对应 Pr. 值								
实际运行频率								

2.3.9　E740 变频器的 15 段速度控制

【任务要求】

1）正确设置变频器输出的额定频率、额定电压、额定电流、额定功率和额定转速。

2）通过外部端子控制电动机多段速度运行，开关“K2”“K3”“K4”“K5”按不同的方式组合，可选择 15 种不同的输出频率。

3）运用操作面板设定电动机运行频率、加减速时间。

【实训步骤】

1）检查实训设备中器材是否齐全。

2）按照图 2–37 所示的变频器外部接线图完成变频器的接线，认真检查，确保正确无误。

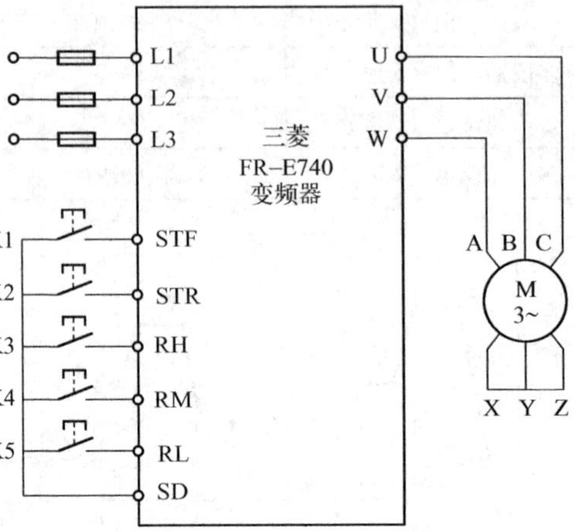

图 2–37　变频器外部接线图

3）打开电源开关，按照表 2–13 的参数功能表正确设置变频器参数。

表 2–13　参数功能表

序　　号	变频器参数	出　厂　值	设　定　值	功 能 说 明
1	Pr. 1	120	50	上限频率（50 Hz）
2	Pr. 2	0	0	下限频率（0 Hz）
3	Pr. 7	5	5	加速时间（5 s）
4	Pr. 8	5	5	减速时间（5 s）
5	Pr. 9	0	1. 0	电子过电流保护（1. 0）
6	Pr. 160	9999	0	扩张功能显示选择
7	Pr. 79	0	3	操作模式选择
8	Pr. 179	61	8	8：15 速选择　STR 端子
9	Pr. 180	0	0	0：低速运行指令　RL 端子
10	Pr. 181	1	1	1：中速运行指令　RM 端子
11	Pr. 182	2	2	2：高速运行指令　RH 端子
12	Pr. 4	50	50	固定频率 1
13	Pr. 5	30	30	固定频率 2
14	Pr. 6	10	10	固定频率 3
15	Pr. 24	9999	18	固定频率 4

（续）

序　号	变频器参数	出　厂　值	设　定　值	功 能 说 明
16	Pr. 25	9999	20	固定频率 5
17	Pr. 26	9999	23	固定频率 6
18	Pr. 27	9999	26	固定频率 7
19	Pr. 232	9999	29	固定频率 8
20	Pr. 233	9999	32	固定频率 9
21	Pr. 234	9999	35	固定频率 10
22	Pr. 235	9999	38	固定频率 11
23	Pr. 236	9999	41	固定频率 12
24	Pr. 237	9999	44	固定频率 13
25	Pr. 238	9999	47	固定频率 14
26	Pr. 239	9999	5	固定频率 15

注：设置参数前先将变频器参数复位为工厂的缺省设定值

4）打开开关“K1”，起动变频器。

5）切换开关“K2”“K3”“K4”“K5”的通断，观察并记录变频器的输出频率。

【实训总结】

请根据实训结果进行表 2-14 的数据填写。

表 2-14　15 段速的输出频率与开关组合

K5	K4	K3	K2	输出频率
OFF	OFF	OFF	OFF	
ON	OFF	OFF	OFF	
OFF	ON	OFF	OFF	
OFF	OFF	ON	OFF	
ON	ON	OFF	OFF	
ON	OFF	ON	OFF	
OFF	ON	ON	OFF	
ON	ON	ON	OFF	
OFF	OFF	OFF	ON	
ON	OFF	OFF	ON	
OFF	ON	OFF	ON	
ON	ON	OFF	ON	
OFF	OFF	ON	ON	
ON	OFF	ON	ON	
OFF	ON	ON	ON	
ON	ON	ON	ON	

小知识

三菱 E700 需要记忆的变频器常用参数口诀，你记住了吗？

1 上 2 下 3 基准，4、5、6 高中低；
7 加 8 减 9 保护，15 点 16 动 22 防失速； →
38 电阻 39 电流，77 防写入 79 设参数。

24、25、26、27 组合八段速，
232～239、Pr183 由 6 变成 8，
MRS 成 REX 变出 15 段速

2.3.10 外部模拟量方式的变频调速控制

【任务要求】

1）正确设置变频器输出的额定频率、额定电压、额定电流、额定功率和额定转速。

2）通过操作面板控制电动机起动/停止。

3）通过调节电位器改变输入电压来控制变频器的频率。

【实训步骤】

1）检查实训设备中器材是否齐全。

2）按照图 2-38 所示的变频器外部接线图完成变频器的接线，认真检查，确保正确无误。

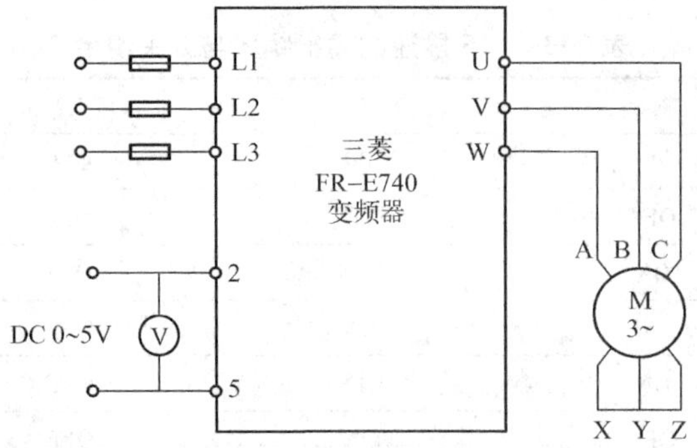

图 2-38 变频器外部接线图

3）打开电源开关，按照表 2-15 的参数功能表正确设置变频器参数。

表 2-15 参数功能表

序号	变频器参数	出厂值	设定值	功能说明
1	Pr. 1	50	50	上限频率（50 Hz）
2	Pr. 2	0	0	下限频率（0 Hz）
3	Pr. 7	5	5	加速时间（5 s）
4	Pr. 8	5	5	减速时间（5 s）
5	Pr. 9	0	0.35	电子过电流保护（0.35 A）

（续）

序号	变频器参数	出厂值	设定值	功能说明
6	Pr. 160	9999	0	扩张功能显示选择
7	Pr. 79	0	4	操作模式选择
8	Pr. 73	1	1	0～5 V 输入

4）按下操作面板按钮(RUN)，起动变频器。

5）调节输入电压，观察并记录电动机的运转情况。

6）按下操作面板按钮(RUN)，停止变频器。

【实训总结】

1）总结使用变频器外部端子控制电动机点动运行的操作方法。

2）总结通过电压控制电动机运行频率的方法。

3）如何通过电流控制电动机运行频率的方法。

小知识

问：在 E740 变频器中的端子 4 接线时，经常会出现故障信号“E. AIE”，如何处理？

答：“E. AIE”意味着变频器模拟输入异常，即端子 4 设定为电流输入，但输入 30 mA 以上的电流或有 7.5 V 电压信号输入。

处理方法：需要确认 Pr. 267 端子 4 选择为合适值。如果为电压输入，则必须将 *V/I* 跳线设置为 *V* 侧（即电压侧）。

2.4 西门子 MM4 系列变频器的基本控制

2.4.1 MM440 变频器的外部接线

1. 主回路

如图 2-39 所示为 MM440 变频器的主回路，它根据单相变频器或三相变频器的不同在进线上有所区别；根据尺寸不同，在制动单元上的配置有所不同，分为内置制动单元和外置制动单元两种。

2. MM440 的控制回路

如图 2-40 所示为 MM440 变频器的控制回路，它包括共计 2 个模拟量输入、6 个数字量输入、1 个 PTC 电阻输入、2 个模拟量输出、3 个数字量输出、1 个 RS－485 端口。

（1）模拟量输入类型的选择

模拟输入 1（即 AIN1）可以用于 0～10 V、0～20 mA 和 －10 V～10 V；模拟输入 2（即 AIN2）可以用于 0～10 V 和 0～20 mA。这些输入类型可以通过如图 2-41 所示的 DIP 开关进行拨码设定。

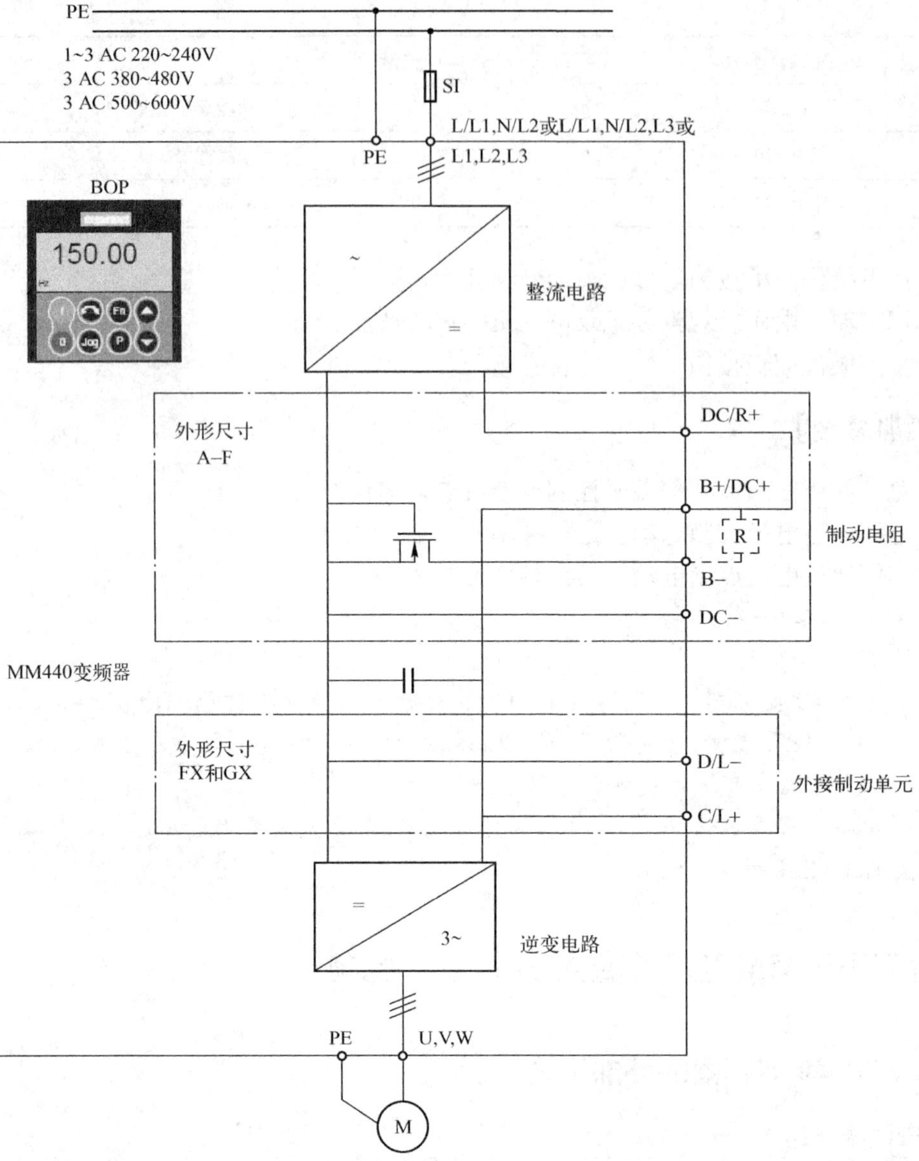

图 2-39　MM440 变频器主回路

（2）模拟量输入当作开关量输入

模拟输入回路可以另行配置用于提供两个附加的数字输入 DIN7 和 DIN8，如图 2-42 所示。

当模拟输入作为数字输入时电压门限值如下：

1.75 V DC = OFF；

3.70 V DC = ON。

端子 9（24 V）在作为数字输入使用时也可用于驱动模拟输入端子 2 和 28（0V）必须连接在一起。

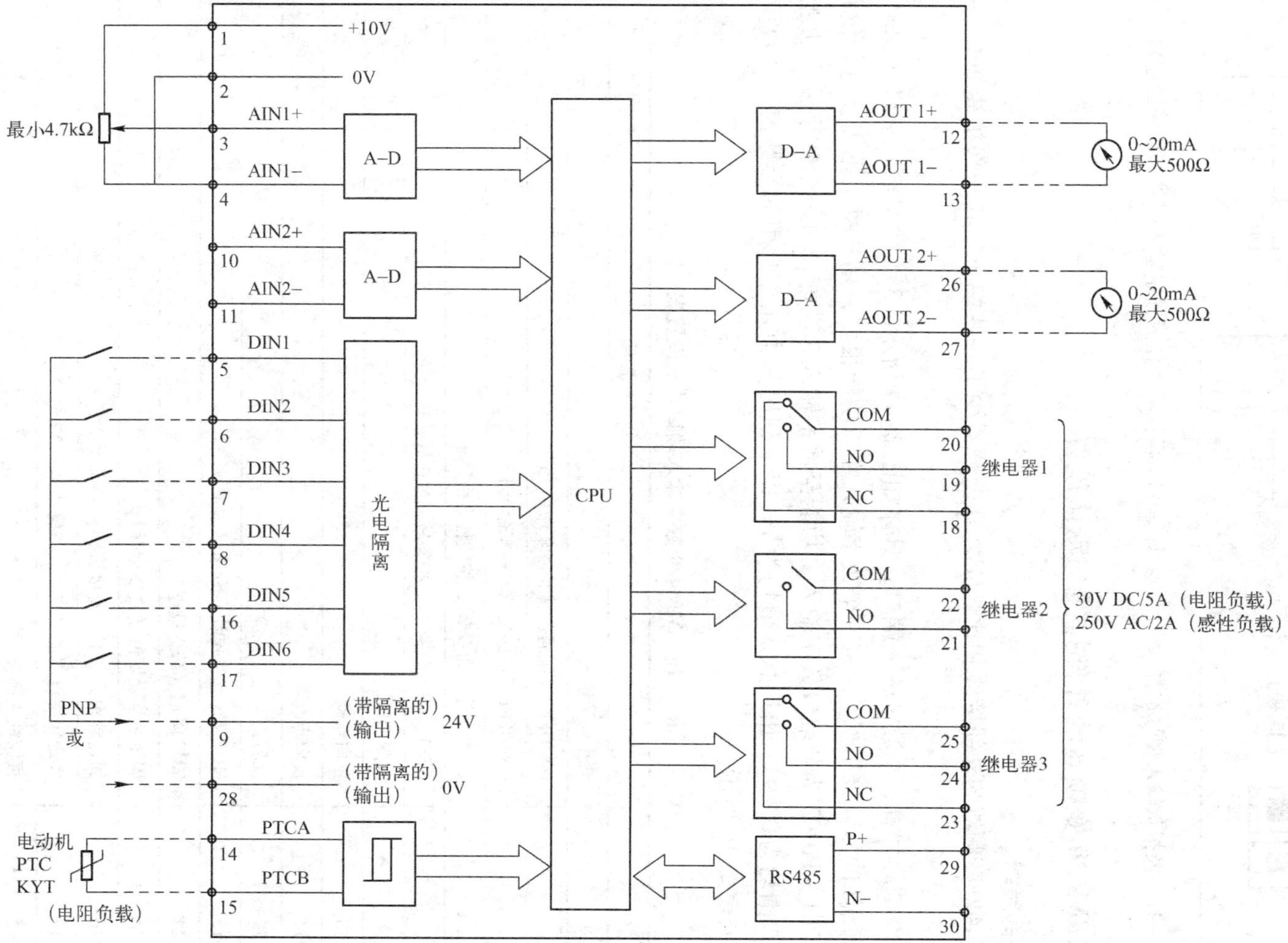

图2−40　MM440的控制回路

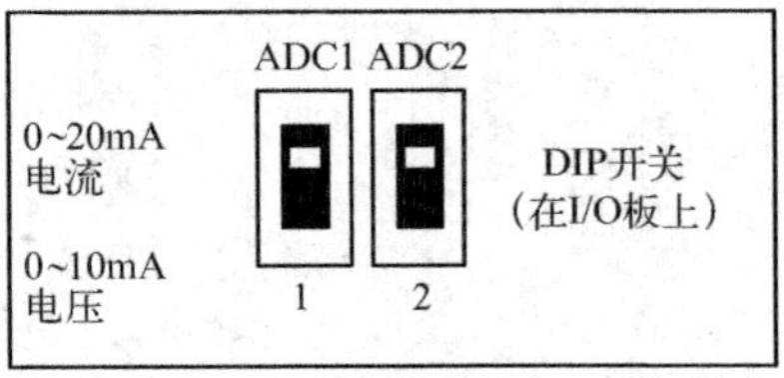

图 2-41　模拟量输入型号选择

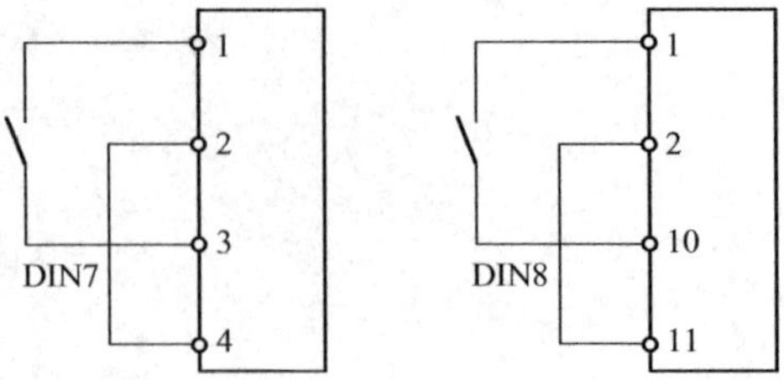

图 2-42　模拟输入作为数字输入时外部线路的连接

2.4.2　MM420 变频器的外部接线与默认设置

1. 外部接线

与 MM440 变频器的外部接线相比，MM420 变频器少了一些端子，其外部接线如图 2-43 所示。

MM420 变频器有 3 个数字输入端口，具体如图 2-44 所示。3 个数字输入端口（DIN1 ~ DIN3），即端口“5”“6”“7”，每一个数字输入端口功能很多，用户可根据需要进行设置。参数号 P0701 ~ P0703 为与端口数字输入 1 功能至数字输入 3 功能，每一个数字输入功能设置参数值范围均为 0 ~ 99，出厂默认值均为 1。以下列出其中几个常用的参数值，各数值的具体含义如表 2-16 所示。

表 2-16　MM420 数字输入端口功能设置表

参 数 值	功 能 说 明
0	禁止数字输入
1	ON/OFF1（接通正转、停车命令 1）
2	ON/OFF1（接通反转、停车命令 1）
3	OFF2（停车命令 2），按惯性自由停车
4	OFF3（停车命令 3），按斜坡函数曲线快速降速
9	故障确认
10	正向点动
11	反向点动
12	反转
13	MOP（电动电位计）升速（增加频率）
14	MOP 降速（减少频率）
15	固定频率设定值（直接选择）
16	固定频率设定值（直接选择 + ON 命令）
17	固定频率设定值（二进制编码选择 + ON 命令）
25	直流注入制动

2. 默认设置

图 2-45 所示为 MM420 变频器参数默认设置所对应的外部接线示意。表 2-17 所示为 MM420 的参数默认设置。

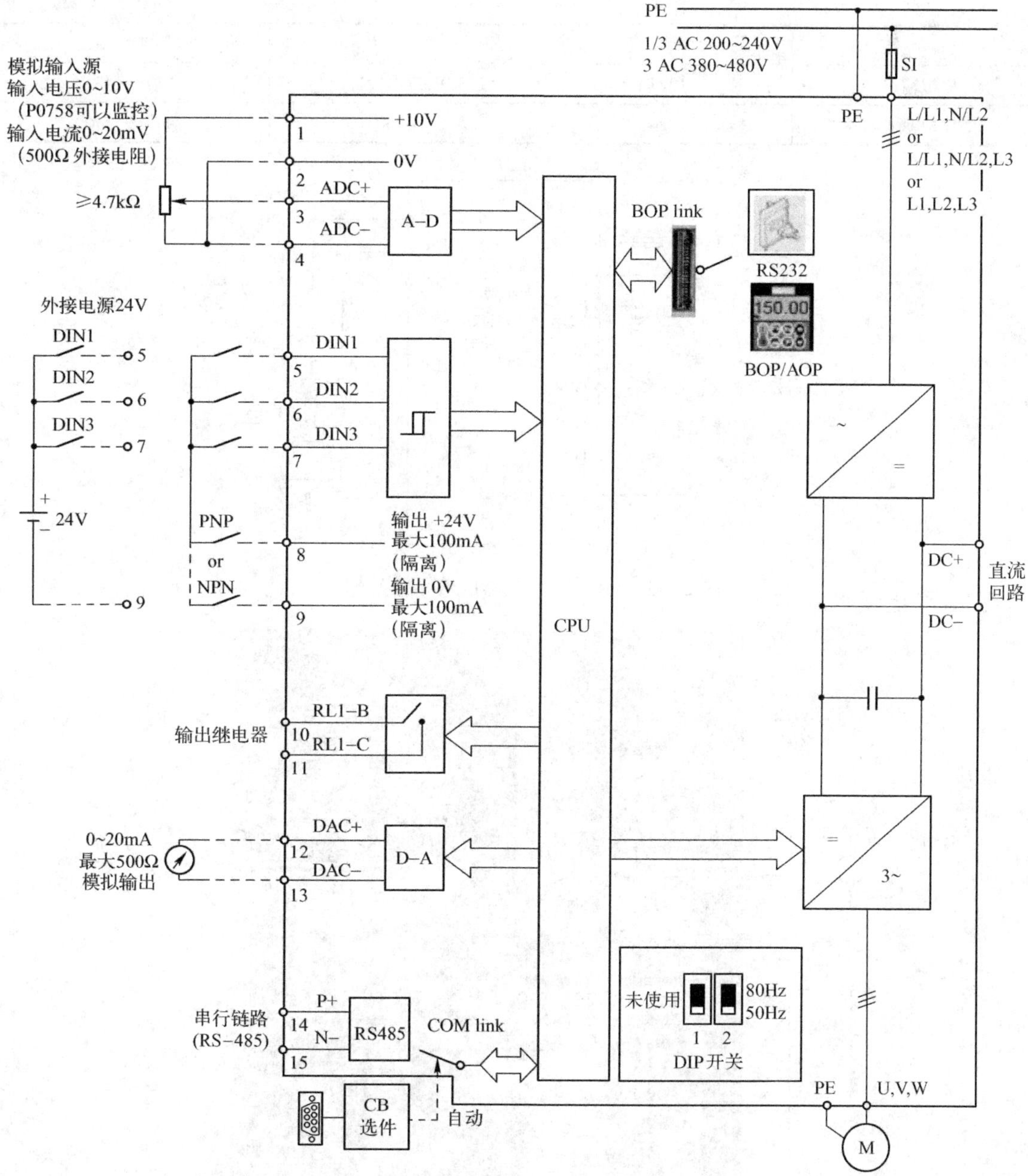

图 2–43 MM420 变频器的外部接线

表 2–17 MM420 的参数默认设置

功 能	端 子	参 数	缺省操作
数字输入 1	5	P0701 = ‘1’	ON，正向运行
数字输入 2	6	P0702 = ‘12’	反向运行
数字输入 3	7	P0703 = ‘9’	故障复位
输出继电器	10/11	P0731 = ‘52. 3’	故障识别

（续）

功　能	端　子	参　数	缺省操作
模拟输出	12/13	P0771 = 21	输出频率
模拟输入	3/4	P0700	频率设定值

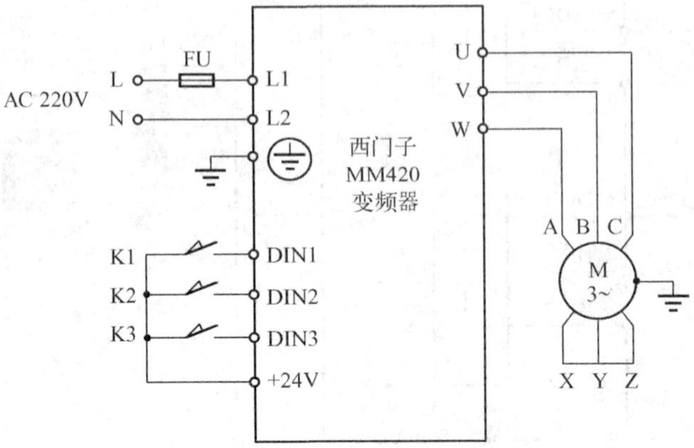

图 2-44　MM420 变频器的数字输入端口

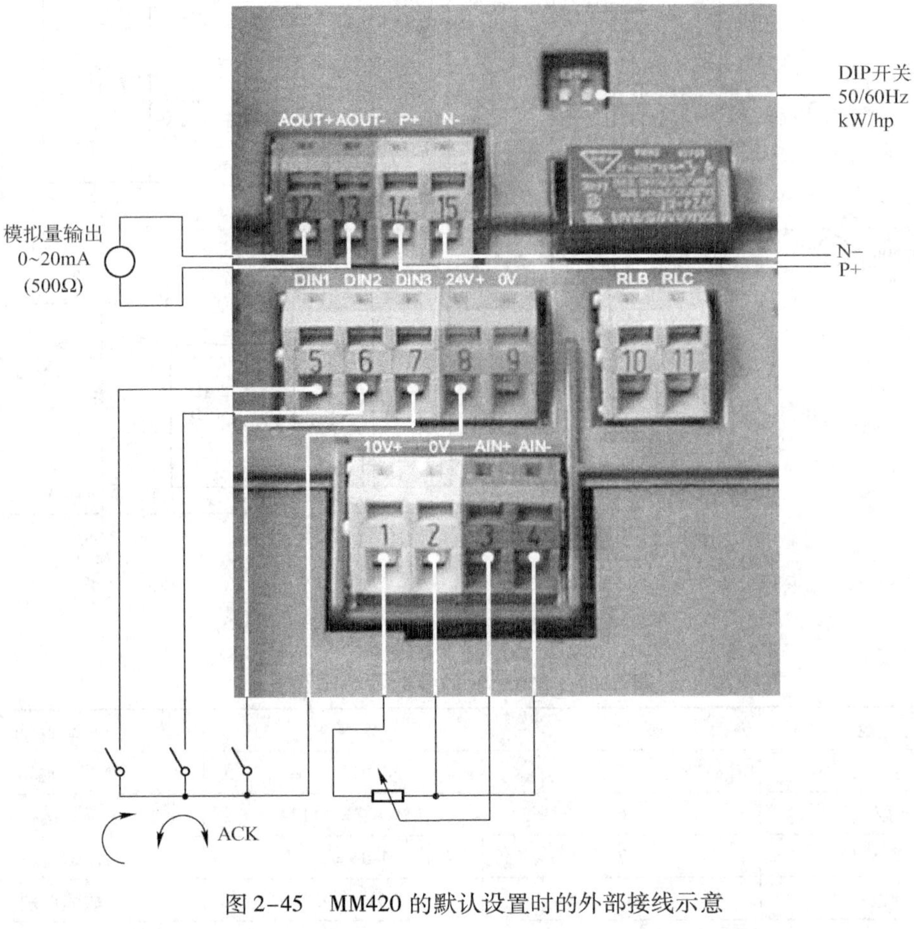

图 2-45　MM420 的默认设置时的外部接线示意

2.4.3 MM420 变频器的外部端子运行操作

【任务要求】

用自锁按钮 SB1 和 SB2，外部线路控制 MM420 变频器的运行，实现电动机正转和反转控制。其中端口“5”（DIN1）设为正转控制，端口“6”（DIN2）设为反转控制。对应的功能分别由 P0701 和 P0702 的参数值设置。

【实训步骤】

（1）按要求接线

变频器外部运行操作接线如图 2-46 所示。

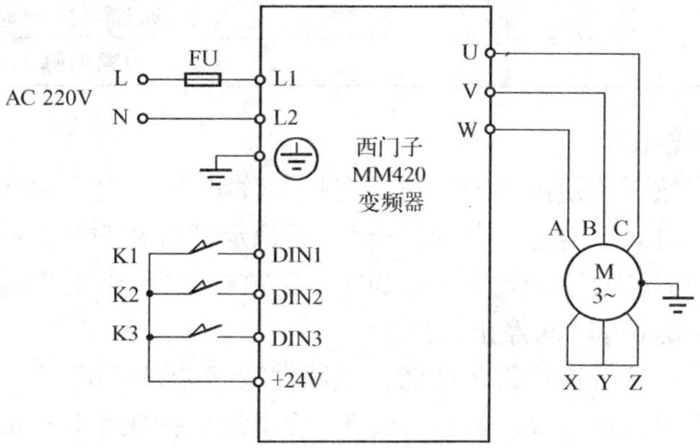

图 2-46 外部运行操作接线图

（2）参数设置

接通断路器 QS，变频器在通电的情况下，完成相关参数设置，具体设置见表 2-18。

表 2-18 变频器参数设置

参 数 号	出 厂 值	设 置 值	说 明
P0003	1	1	设用户访问级为标准级
P0004	0	7	命令和数字 I/O
P0700	2	2	命令源选择“由端子排输入”
P0003	1	2	设用户访问级为扩展级
P0004	0	7	命令和数字 I/O
* P0701	1	1	ON 接通正转，OFF 停止
* P0702	1	2	ON 接通反转，OFF 停止
* P0703	9	10	正向点动
P0003	1	1	设用户访问级为标准级
P0004	0	10	设定值通道和斜坡函数发生器
P1000	2	1	由键盘（电动电位计）输入设定值

（续）

参数号	出厂值	设置值	说明
* P1080	0	0	电动机运行的最低频率（Hz）
* P1082	50	50	电动机运行的最高频率（Hz）
* P1120	10	5	斜坡上升时间（s）
* P1121	10	5	斜坡下降时间（s）
P0003	1	2	设用户访问级为扩展级
P0004	0	10	设定值通道和斜坡函数发生器
* P1040	5	20	设定键盘控制的频率值
* P1058	5	10	正向点动频率（Hz）
* P1059	5	10	反向点动频率（Hz）
* P1060	10	5	点动斜坡上升时间（s）
* P1061	10	5	点动斜坡下降时间（s）

（3）变频器运行操作

1）正向运行：当按下带锁按钮 SB1 时，变频器数字端口“5”为 ON，电动机按 P1120 所设置的 5 s 斜坡上升时间正向起动运行，经 5 s 后稳定运行在 560 r/min 的转速上，此转速与 P1040 所设置的 20 Hz 对应。放开按钮 SB1，变频器数字端口“5”为 OFF，电动机按 P1121 所设置的 5 s 斜坡下降时间停止运行。

2）反向运行：当按下带锁按钮 SB2 时，变频器数字端口“6”为 ON，电动机按 P1120 所设置的 5 s 斜坡上升时间正向起动运行，经 5 s 后稳定运行在 560 r/min 的转速上，此转速与 P1040 所设置的 20 Hz 对应。放开按钮 SB2，变频器数字端口“6”为 OFF，电动机按 P1121 所设置的 5 s 斜坡下降时间停止运行。

3）电动机的点动运行

正向点动运行：当按下带锁按钮 SB3 时，变频器数字端口“7”为 ON，电动机按 P1060 所设置的 5 s 点动斜坡上升时间正向起动运行，经 5 s 后稳定运行在 280 r/min 的转速上，此转速与 P1058 所设置的 10 Hz 对应。放开按钮 SB3，变频器数字端口“7”为 OFF，电动机按 P1061 所设置的 5 s 点动斜坡下降时间停止运行。

4）电动机的速度调节

分别更改 P1040 和 P1058、P1059 的值，按上步操作过程，就可以改变电动机正常运行速度和正、反向点动运行速度。

5）电动机实际转速测定

电动机运行过程中，利用激光测速仪或者转速测试表，可以直接测量电动机实际运行速度，当电动机处在空载、轻载或者重载时，实际运行速度会根据负载的轻重略有变化。

【实训总结】

1）电动机正转运行控制，要求稳定运行频率为 40 Hz，DIN3 端口设为在正转控制。画出变频器外部接线图，并进行参数设置、操作调试。

2）利用变频器外部端子实现电动机正转、反转和点动的功能，电动机加减速时间为 4 s，点动频率为 10 Hz。DIN5 端口设为正转控制，DIN6 端口设为反转控制，进行参数设置、操作调试。

2.4.4 西门子 MM420 变频器的 3 段速控制

【任务要求】

实现 3 段固定频率控制，连接电路，设置功能参数，操作 3 段固定速度运行。

【实训步骤】

（1）按要求接线

按图 2-47 连接电路，检查电路正确后，合上变频器电源空气开关 QS。

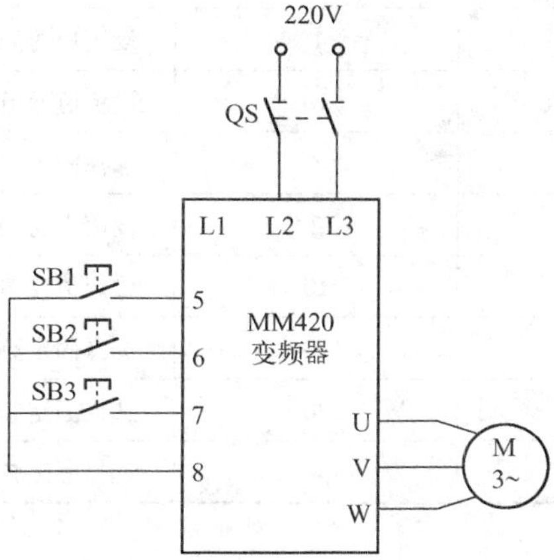

图 2-47 三段固定频率控制接线图

（2）参数设置

1）恢复变频器工厂默认值，设定 P0010 = 30，P0970 = 1。按下“P”键，变频器开始复位到工厂默认值。

2）设置电动机参数，见表 2-19。电动机参数设置完成后，设 P0010 = 0，变频器当前处于准备状态，可正常运行。

表 2-19 电动机参数设置

参数号	出厂值	设置值	说明
P0003	1	1	设用户访问级为标准级
P0010	0	1	快速调试
P0100	0	0	工作地区：功率以 kW 表示，频率为 50 Hz
P0304	230	230	电动机额定电压（V）
P0305	3.25	0.9	电动机额定电流（A）
P0307	0.75	0.4	电动机额定功率（kW）
P0308	0	0.8	电动机额定功率因数（COS ¢）
P0310	50	50	电动机额定频率（Hz）
P03111	0	1400	电动机额定转速（r/min）

3）设置变频器 3 段固定频率控制参数，见表 2-20。

表 2-20　变频器 3 段固定频率控制参数设置

参 数 号	出 厂 值	设 置 值	说　　明
P0700	2	2	命令源选择由端子排输入
P0003	1	2	设用户访问级为拓展级
P0004	0	7	命令和数字 I/O
P0701	1	17	选择固定频率
P0702	1	17	选择固定频率
P0703	1	1	ON 接通正转，OFF 停止
P0003	1	1	设用户访问级为标准级
P0004	2	10	设定值通道和斜坡函数发生器
P1000	2	3	选择固定频率设定值
P0003	1	2	设用户访问级为拓展级
P0004	0	10	设定值通道和斜坡函数发生器
P1001	0	20	选择固定频率 1（Hz）
P1002	5	30	选择固定频率 2（Hz）
P1003	10	50	选择固定频率 3（Hz）

（3）变频器运行操作

当按下 SB1 时，数字输入端口“7”为“ON”，允许电动机运行。

1）第 1 频段控制。当 SB1 按钮开关接通、SB2 按钮开关断开时，变频器数字输入端口“5”为“ON”，端口“6”为“OFF”，变频器工作在由 P1001 参数所设定的频率为 20 Hz 的第 1 频段上。

2）第 2 频段控制。当 SB1 按钮开关断开，SB2 按钮开关接通时，变频器数字输入端口“5”为“OFF”，“6”为“ON”，变频器工作在由 P1002 参数所设定的频率为 30 Hz 的第 2 频段上。

3）第 3 频段控制。当按钮 SB1、SB2 都接通时，变频器数字输入端口“5”“6”均为“ON”，变频器工作在由 P1003 参数所设定的频率为 50 Hz 的第 3 频段上。

4）电动机停车。当 SB1、SB2 按钮开关都断开时，变频器数字输入端口“5”、“6”均为“OFF”，电动机停止运行。或在电动机正常运行的任何频段，将 SB3 断开使数字输入端口“7”为“OFF”，电动机也能停止运行。

需要注意以下问题：3 个频段的频率值可根据用户要求 P1001、P1002 和 P1003 参数来修改。当电动机需要反向运行时，只要将向对应频段的频率值设定为负就可以实现。

【实训总结】

用自锁按钮控制变频器实现电动机 12 段速频率运转。10 段速设置分别为：第 1 段输出频率为 5 Hz；第 2 段输出频率为 10 Hz；第 3 段输出频率为 15 Hz；第 4 段输出频率为 -15 Hz；

第 5 段输出频率为 -5 Hz；第 6 段输出频率为 -20 Hz；第 7 段输出频率为 25 Hz；第 8 段输出频率为 40 Hz；第 9 段输出频率为 50 Hz；第 10 段输出频率为 30 Hz；第 11 段输出频率为 -30 Hz；第 12 段输出频率为 60 Hz。画出变频器外部接线图，写出参数设置。

2.4.5 西门子 MM420 变频器的模拟信号控制

【任务要求】

MM420 变频器的“1”“2”输出端为用户的给定单元提供了一个高精度的 +10 V 直流稳压电源。可利用转速调节电位器串联在电路中，调节电位器，改变输入端口 AIN1 + 给定的模拟输入电压，变频器的输入量将紧紧跟踪给定量的变化，从而平滑无极地调节电动机转速的大小。

MM420 变频器为用户提供了模拟输入端口，即端口“3”“4”，通过设置 P0701 的参数值，使数字输入“5”端口据有正转控制功能；通过设置 P0702 的参数值，使数字输入“6”端口具有反转控制功能；模拟输入“3”“4”端口外接电位器，通过“3”端口输入大小可调的模拟电压信号，控制电动机转速的大小。即由数字输入端控制电动机转速的方向，由模拟输入端控制转速的大小。

请用自锁按钮 SB1 控制实现电动机起停功能，由模拟输入端控制电动机转速的大小。

【实训步骤】

（1）按要求接线

变频器模拟信号控制接线如图 2-48 所示。检查电路正确无误后，合上主电源开关 QS。

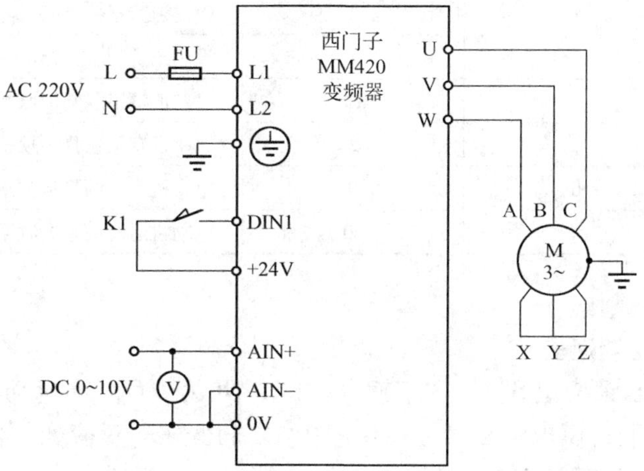

图 2-48 MM420 变频器模拟信号控制接线图

（2）参数设置

1）恢复变频器工厂默认值，设定 P0010 = 30 和 P0970 = 1，按下 P 键，开始复位。

2）设置电动机参数，电动机参数设置见表 2-21。电动机参数设置完成后，设 P0010 = 0，变频器当前处于准备状态，可正常运行。

表 2-21　电动机参数设置

参数号	出厂值	设置值	说明
P0003	1	1	设用户访问级为标准级
P0010	0	1	快速调试
P0100	0	0	工作地区：功率以 kW 表示，频率为 50 Hz
P0304	230	230	电动机额定电压（V）
P0305	3.25	0.9	电动机额定电流（A）
P0307	0.75	0.4	电动机额定功率（kW）
P0308	0	0.8	电动机额定功率因数（COS φ）
P0310	50	50	电动机额定频率（Hz）
P03111	0	1400	电动机额定转速（r/min）

3）设置模拟信号操作控制参数，模拟信号操作控制参数设置见表 2-22。

表 2-22　模拟信号操作控制参数

参数号	出厂值	设置值	说明
P0003	1	1	设用户访问级为标准级
P0004	0	7	命令和数字 I/O
P0700	2	2	命令源选择由端子排输入
P0003	1	2	设用户访问级为扩展级
P0004	0	7	命令和数字 I/O
P0701	1	1	ON 接通正转，OFF 停止
P0702	1	2	ON 接通反转，OFF 停止
P0003	1	1	设用户访问级为标准级
P0004	0	10	设定值通道和斜坡函数发生器
P1000	2	2	频率设定值选择为模拟输入
P1080	0	0	电动机运行的最低频率（Hz）
P1082	50	50	电动机运行的最高频率（Hz）

（3）变频器运行操作

1）电动机正转与调速。

按下电动机正转自锁按钮 SB1，数字输入端口 DINI 为“ON”，电动机正转运行，转速由外接电位器 RP1 来控制，模拟电压信号在 0～10 V 之间变化，对应变频器的频率在 0～50 Hz 之间变化，对应电动机的转速在 0～1500 r/min 之间变化。当松开带锁按钮 SB1 时，电动机停止运转。

2）电动机反转与调速

按下电动机反转自锁按钮 SB2，数字输入端口 DIN2 为“ON”，电动机反转运行，与电动机正转相同，反转转速的大小仍由外接电位器来调节。当松开带锁按钮 SB2 时，电动机停止运转。

【实训总结】

通过模拟输入端口“10”“11”，利用外部接入的电位器，控制电动机转速的大小。连接电路，设置端口功能参数值。

2.5 思考与练习

1. 简要回答以下问题：

（1）频率给定方式有哪些？各有什么特点？

（2）运行指令方式有哪些？各有什么特点？

（3）E740 变频器的多功能输入端子如何设置逻辑类型？

（4）E740 变频器的模拟量输入端子如何设置跳线？

（5）三菱变频器“E. AIE”故障是什么原因造成的？

（6）MM4 系列变频器如何设置多段速控制？

（7）MM4 系列变频器能否实现 0 ~ 5 V 模拟量控制，如果要求控制最大 5 V 输入时，变频器运行为 65 Hz，请问该如何设置参数？

2. 如图 2-49 所示为一食品工业用的 2.5 kW 输送带，需要进行首尾两地控制其正反转变频控制，请设计合理的控制电路，并进行参数设置。(变频器选用 E740 或 MM420)

3. 如图 2-50 所示为一双辊涂布机，M1 和 M2 分别控制上下辊的电动机，功率都为 2.2 kW，现要求两者之间必须同速运行，速度信号来源于控制柜上的同一个电位器，起动和停止按钮也来自于该控制柜，请设计三菱 E740 或西门子 MM420 变频控制电路图，并进行参数设置。

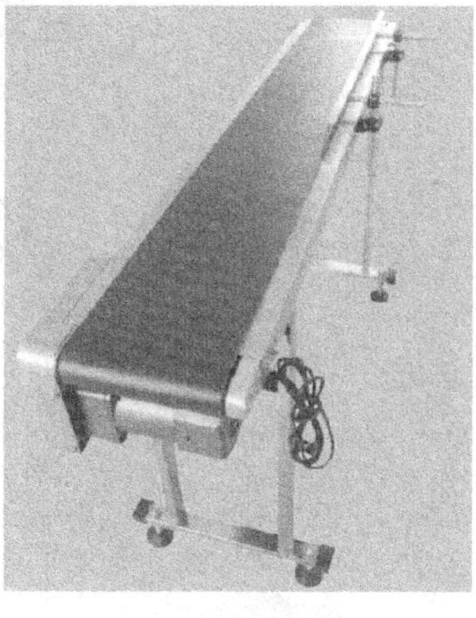

图 2-49　题 2 图

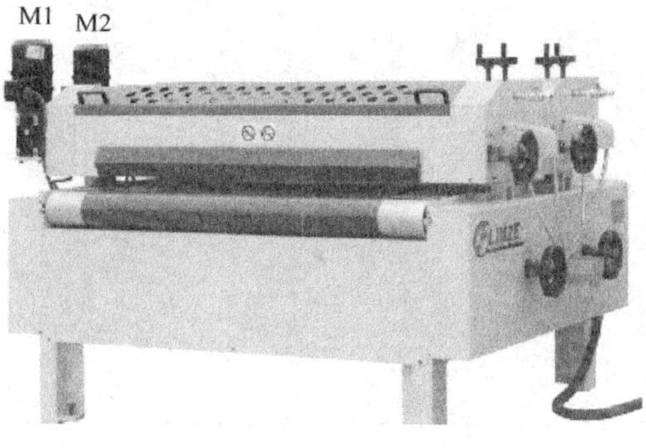

图 2-50　题 3 图

4. 三菱 E700 变频器或西门子 MM4 系列变频器能否进行二线制与三线制起停？如果可以的话，请分别画出各自的电路图，并进行参数设置。

5. 如图 2-51 所示，某输送带变频控制柜采用 1 台 3.7 kW 三菱 E740 或西门子 MM420 进行起停控制，并把它安装在一控制柜内，并在其前端安装了接触器进行上电控制。控制柜面板上安装了 3 个带灯按钮，分别表示“SB1 起动按钮/运行灯亮”“SB2 停止/停止灯亮”“SB3 变频器上电/上电灯亮”。请设计合理的变频器控制电路图，并设置参数。

图 2-51　题 5 图

6. E740 或 MM420 变频器为多段速运行，每个频率段由端子控制。已知各段速频率分别为：5 Hz、20 Hz、10 Hz、30 Hz、40 Hz、50 Hz、60 Hz，请设置功能参数，并画出运行控制图。

7. 在多段速控制电路中，如果用 3 只开关控制 X1、X2、X3 的通断来得到 7 段速，这样电路虽然变简单了，但在使用中会有什么问题？应该如何选择多段速设定开关？

第3章　变频器的转矩特性与PID控制

【导读】

生产机械的种类繁多，性能和工艺要求各异，其转矩特性不同，因此应用变频器前首先要搞清电动机所带负载的性质，即负载特性，然后再选择变频器和电动机。典型的负载有三种类型：恒转矩负载、平方降转矩负载和恒功率负载。不同的负载类型，应选不同类型的变频器。本章还介绍了闭环控制中的一种常见形式，即PID控制。在PID控制中，反馈信号取自传动系统的输出端，当输出量偏离所要求的给定值时，反馈信号成比例变化。在输入端，给定信号与反馈信号相比较，存在一个偏差值。对该偏差值，经过P、I、D调节，变频器通过改变输出频率，迅速、准确地消除传动系统的偏差，回复到给定值，振荡和误差都比较小，适用于压力、温度、流量控制等。

知识目标

※ 熟悉恒转矩负载、平方降转矩负载和恒功率负载；
※ 掌握负载的运行工艺分类；
※ 掌握变频器容量选择的依据；
※ 了解变频器的起动、制动方式；
※ 掌握变频器的适应负载方式。

能力目标

☆ 能对变频器进行手动转矩提升操作；
☆ 能进行三菱E740变频器的PID控制；
☆ 能进行西门子MM4系列变频器的PID控制。

3.1　变频调速系统的基本特性

3.1.1　机械特性曲线

变频调速系统一般都是针对电力传动而言，主要是由变频器、电动机和工作机械等装置组成的机电系统。电力传动的任务就是使电动机实现由电能向机械能的转换，完成工作机械起动、运转、调速、制动工艺作业的要求。

简而言之，变频调速系统是由电动机带动机械设备以可自由调节的速度进行旋转运行的系统。在该系统中，必须了解电动机的机械特性，同时也需要了解负载设备的机械特性以及运行的工艺特性，才能进行合理的变频调速配置，最终确保机械设备的正常工作。

如图 3-1 所示，机械特性是描述电动机转速 n 与转矩 T 之间的关系 $n=f(T)$ 的函数特性。其中，起动转矩为电动机在额定电压、频率作用下，在起动瞬间所输出的转矩，起动时如静态负载大于起动负载，电动机无法运转；最大转矩为电动机在额定电压、频率下产生的最大输出转矩，负载转矩如超出最大转矩，电动机将被堵转；额定负载转矩即电动机在额定电压、频率、转速时所输出的转矩。

在变频调速系统中，有两种机械特性，即电动机的机械特性和机械设备（或负载设备）的机械特性。以异步电动机为例，电动机内产生转矩的根本原因就是电流和磁场间相互作用的结果，即电磁转矩。电磁转矩的大小与电流和磁通量的乘积成正比。公式为

$$T_{\mathrm{m}}=R_{\mathrm{T}}I_1\Phi_{\mathrm{m}}\cos\theta_2 \tag{3-1}$$

式中，R_T为转矩常数；I_1为定子电流；Φ_m为每极的磁通量；θ_2为转子电流的功率因数。

根据该公式，可以做出图 3-2 中的机械特性曲线 1。

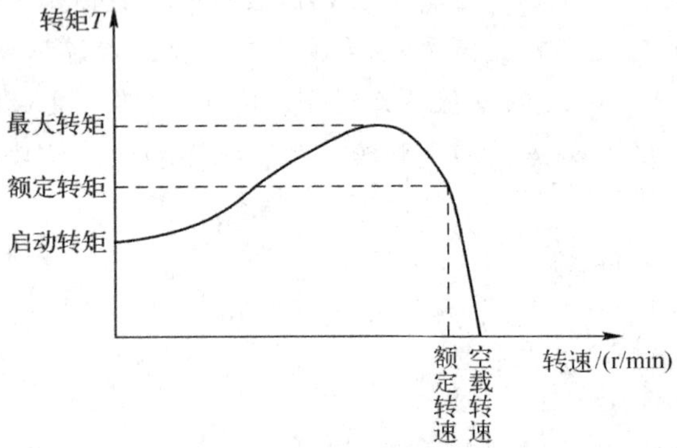

图 3-1　$n=f(T)$ 的函数特性

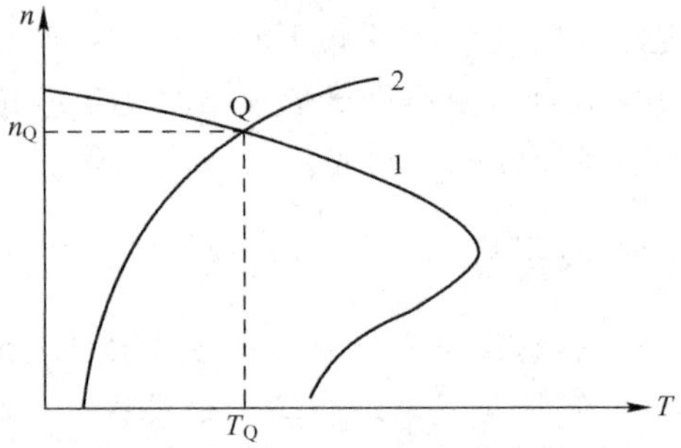

图 3-2　电力传动系统的机械特性

但是，作为传动机械设备的原动转矩，应该是电动机轴上的输出转矩，是由电磁转矩克服了电动机内部的摩擦损耗和通风损耗的结果。但由于摩擦损耗和通风损耗都很小，为了简化分析的过程，常粗略地把异步电动机机械特性中的转矩看作是电动机轴上的输出转矩。

负载的机械特性是描述机械设备的阻转矩和转速之间的关系曲线。

$$T_{\mathrm{L}}=T_0+K_{\mathrm{T}}n_{\mathrm{L}}^2 \tag{3-2}$$

式中，T_0为转矩损耗，主要由传动机构及轴承等的摩擦损耗所致；K_{T}为常数。

由上式得到的负载特性如 3-2 图中的曲线 2。通常，为了简化分析的过程，常粗略地将损耗转矩也计算在负载转矩中。

因此，机械特性中的电动机转矩 T_{m}可以看作式电动机输出轴的转矩；负载转矩 T_{L}可以看作是负载阻转矩和损耗转矩之和。

电力传动系统的工作状态必须由电动机的机械特性和负载的机械特性共同决定，也就是当动转矩（即电动机的转矩）与阻转矩（即负载的转矩）刚刚平衡的时候，电动机就处于稳定运行状态。具体地说，由图 3-2 中的曲线 1 和曲线 2 处于交点 Q 时，电动机和负载的转矩处于平衡状态，这时的稳定运行速度为 n_{Q}，传动系统的功率 P_{Q}则由下式进行计算

$$P_{\mathrm{Q}}=T_{\mathrm{Q}}n_{\mathrm{Q}}/9550 \tag{3-3}$$

式中，T_{Q}的单位为 N·m；n_{Q}的单位为 r/min；P_{Q}的单位为 kW。

Q 点称为电力传动的工作点，也是变频调速系统的工作点。

3.1.2 负载的机械特性分类

正确地把握变频器驱动的机械负载对象的机械特性（即转速－转矩特性）是选择电动机及变频器容量、决定其控制方式的基础。机械负载种类繁多、包罗万象，但归纳起来，主要有以下三种：恒转矩负载、平方降转矩负载和恒功率负载。

图 3-3 搅拌机

1. 恒转矩负载

对于传送带、搅拌机（图 3-3）、挤出机等摩擦负载以及行车、升降机等势能负载，无论其速度变化与否，负载所需要的转矩基本上是一个恒定的数值，此类负载就称为恒转矩负载，其特性如图 3-4a 所示。

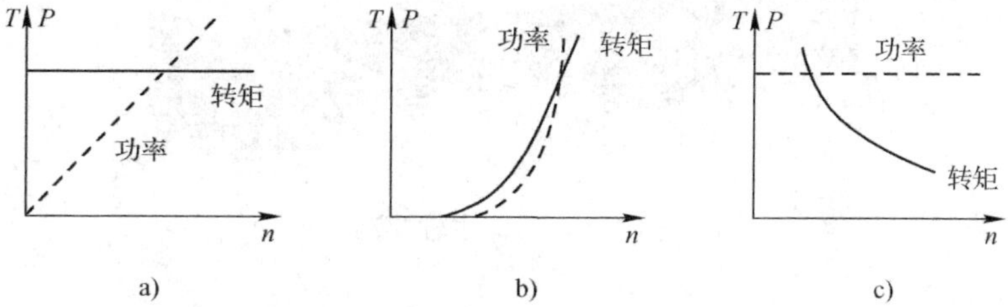

图 3-4 转速－转矩特性

a）恒转矩负载 b）平方降转矩负载 c）恒功率负载

例如，行车或吊机所吊起的重物，其重量在地球引力的作用下产生的重力是永远不变的，所以无论升降速度大小，在近似匀速运行条件下，即为恒转矩负载。由于功率与转矩、转速两者之积成正比，所以机械设备所需要的功率与转矩、转速成正比。电动机的功率应与在最高转速下的负载功率相适应。

2. 平方降转矩负载

离心风机和离心泵（图 3-5）等流体机械，在低速时由于流体的流速低，所以负载只需很小的转矩。随着电动机转速的增加，而气体或液体的流速加快，所需要的转矩大小以转速平方的比例增加或减少，这样的负载称为平方降转矩负载，其特性如图 3-4b 所示。

图 3-5 离心泵

在这种方式下，因为负载所消耗的能量正比于转速的三次方，所以通过变频器控制流体机械的转速，与以往那种单纯依靠风门挡板或截流阀来调节流量的定速风机或定速泵相比，可以大大节省浪费在挡板、管壁上的能源，从而起到节能的显著作用。

3. 恒功率负载

机床的主轴驱动（图3-6）、造纸机或塑料片材的中心卷取部分、卷扬机等输出功率为恒值，与转速无关，这样的负载特性称为恒功率负载，其特性如图3-4c所示。

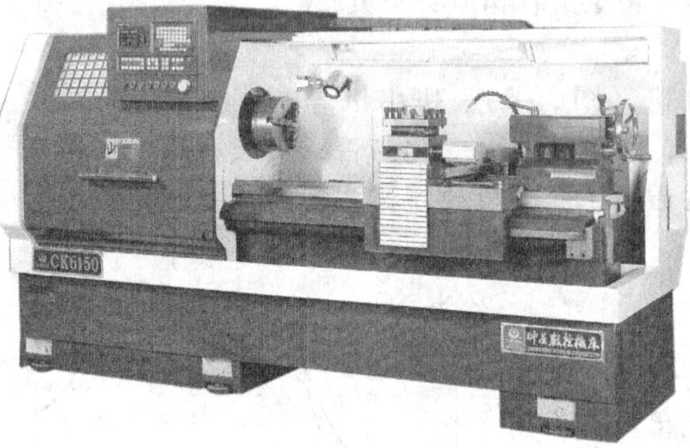

图3-6　机床主轴驱动

3.1.3　负载的运行工艺分类

由于不同的工艺要求对机械设备也提出了不同的工作状态和控制模式，归纳起来主要有以下几种。

1. 连续恒定负载

连续恒定负载是指负载在足够长的时间里连续运行，并且在运行期间，转矩基本不变。所谓“足够长的时间”是指这段时间内，电动机的温升将足以达到稳定值。典型例子就是恒速运行的风机。

2. 连续变动负载

连续变动负载是指负载也是在足够长的时间里连续运行的，但在运行期间，转矩是经常变动的。车床在车削工件时的工况以及塑料挤出机的主传动（图3-7）就是这种负载的典型案例。这类负载除了满足温升方面大的要求外，还必须注意负载对过载能力的要求。

3. 断续负载

断续负载是指负载时而运行，时而停止。在运行期间，温升不足以达到稳定值；在停止期间，温升也不足以降至零。起重机械如行车（图3-8）、电梯等都属于这类负载。这类负载常常是允许电动机短时间过载的，因此，在满足温升方面要求的同时，还必须有足够的过载能力。有时，过载能力可能是更主要的方面。

4. 短时负载

负载每次运行的时间很短，在运行期间，温升达不到稳定值；而每两次运行之间的间隔时间很长，足以使电动机的温升下降至零。水闸门的传动系统属于这类负载。对于这类负载，电动机只要有足够的过载能力即可。

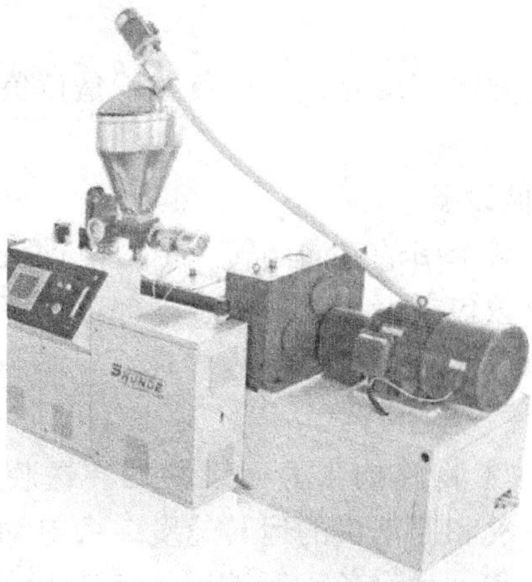

图 3-7　塑料挤出机负载

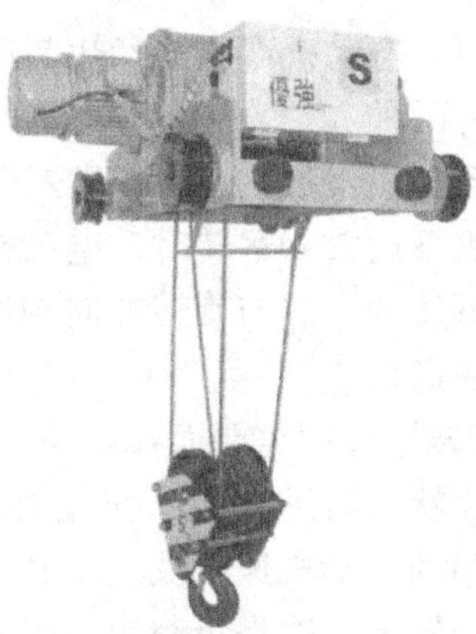

图 3-8　起重设备

5. 冲击负载

加有冲击的负载叫冲击负载。例如，在轧钢机的钢锭压入瞬间产生的冲击负载、冲压机冲压瞬间产生的冲击负载等最具代表性。这类机械，冲击负载的产生事先可以预测，容易处理。

当然，也有一些不测现象产生的冲击负载，如处理含有粉尘、粉体空气的风机，当管道中长期堆积的粉体硬块落入叶片上时，就是一种冲击负载。

冲击负载会引起两个问题：①过流跳闸；②速度的过渡变动。

对于冲击负载，国内通常都使用 YH 系列高转差率三相异步电动机，它是 Y 系列电动机的派生系列，具有堵转转矩大、堵转电流小、转差率高和机械特性软等特点，尤其适用于不均匀冲击负载以及正、反转次数多的工作场合，如锤击机、剪刀机、冲压机（图3-9）和锻冶机等机械设备。

6. 脉动转矩负载

在往复式压缩机中利用曲轴将电动机的旋转运动转换成往返运动，转矩随着曲轴的角度而变动。在这种情况下，电动机的电流随着负载的变化而产生达的脉动。如图 3-10 所示，这类负载是一种周期性的曲轴类负载，它必须考虑到飞轮惯量 GD^2，因为一旦采用加大飞轮的方法来平滑脉动转矩时，加减速时间就会随之增加，否则减速时的回馈能量就会变大。

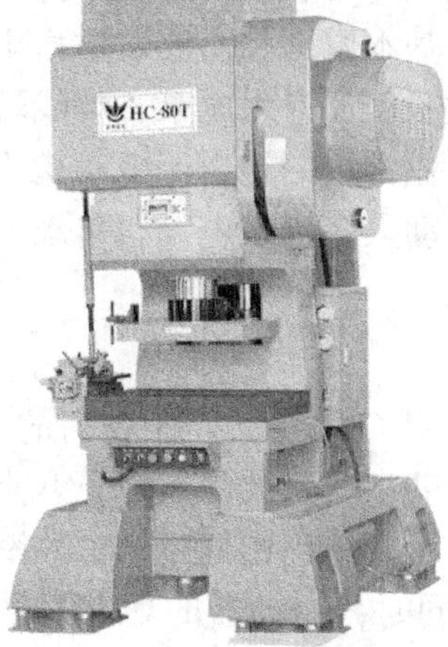

图 3-9　冲压机

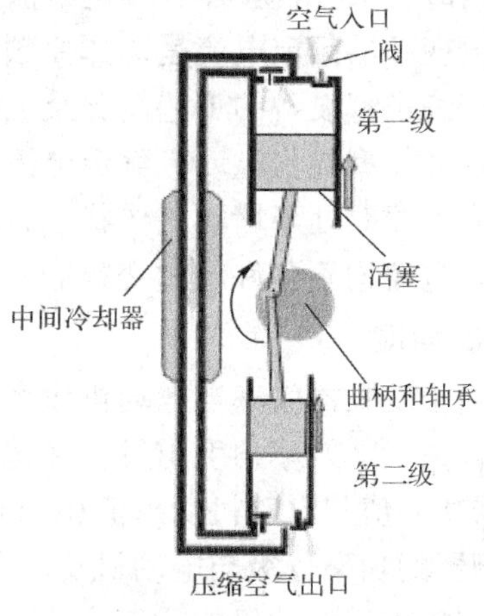

图 3-10　往复式压缩机工作示意

7. 负负载

当负载要求电动机产生的转矩与电动机转动方向相反时，此类负载就是负负载。负负载的类型通常有两种：

1）由于速度控制需要而在四象限运行的机械设备。

如起重机下放重物运转时，电动机向着被负载牵引的方向旋转，此时电动机产生的转矩是阻碍重物下放的，即与旋转方向相反。这类负载包括行车、吊机、电梯等升降机械和倾斜下坡的皮带输送机。

2）由于转矩控制需要而在四象限运行的机械设备。

在卷取片状物料进行加工作业时，为了给加工物施加张力而设置的转送装置就是负负载。这里使用的电动机速度决定于其对应的卷取机和原动机的运转速度，而电动机只被要求用来产生制动转矩。这类负载包括造纸用的放卷和收卷设备、钢铁用的夹送辊、纺织用的卷染机等。

8. 大起动转矩负载

类似搅拌机、挤出机、金属加工机床等在起动初期必须克服很大的摩擦力才能起动，因此很多情况下都被当作重载使用。

9. 大惯性负载

离心分离机等负载惯性大，不仅起动费力，而且停车也要费时。

3.1.4 变频器的容量选择

变频器的容量直接关系到变频调速系统的运行可靠性，因此，合理的容量将保证最优的投资。变频器的容量选择在实际操作中存在很多误区，这里给出了三种基本的容量选择方法，它们之间互为补充。

1. 从电流的角度

大多数变频器容量可从三个角度表述：额定电流、可用电动机功率和额定容量。其中后两项，由本国或本公司生产的标准电动机给出，或随变频器输出电压而降低，都很难确切表达变频器的能力。

选择变频器时，只有变频器的额定电流是一个反映半导体变频装置负载能力的关键量。负载电流不超过变频器额定电流是选择变频器容量的基本原则。需要着重指出的是，确定变频器容量前应仔细了解设备的工艺情况及电动机参数，例如潜水电泵、绕线转子电动机的额定电流要大于普通笼型异步电动机额定电流，冶金工业常用的辊道用电动机不仅额定电流大很多，同时它允许短时处于堵转工作状态，且辊道传动大多是多电动机传动。应保证在无故障状态下负载总电流均不允许超过变频器的额定电流。

2. 从效率的角度

系统效率等于变频器效率与电动机效率的乘积，只有两者都处在较高的效率下工作时，则系统效率才较高。从效率角度出发，在选用变频器功率时，要注意以下几点：

1）变频器功率值与电动机功率值相当时最合适，以利变频器在高的效率值下运转。

2）在变频器的功率分级与电动机功率分级不相同时，变频器的功率要尽可能接近电动机的功率，但应略大于电动机的功率。

3）当电动机频繁起动、制动工作或处于重载起动且较频繁工作时，可选取大一级的变频器，以利于变频器长期、安全地运行。

4）经测试，电动机实际功率确实有富余，可以考虑选用功率小于电动机功率的变频器，但要注意瞬时峰值电流是否会造成过电流保护动作。

5）当变频器与电动机功率不相同时，则必须相应调整节能程序的设置，以利于达到较高的节能效果。

变频器负载率β与效率η的关系曲线见图 3-11。

可见：当$\beta=50\%$时，$\eta=94\%$；当$\beta=100\%$时，$\eta=96\%$。虽然β增一倍，η变化仅2%，但对中大功率如几百千瓦至几千千瓦电动机而言亦是可观的。

3. 从计算功率的角度

对于连续运转的变频器必须同时满足以下 3 个计算公式。

1）满足负载输出： $$P_{CN} \geqslant P_M/\eta \tag{3-4}$$

2）满足电动机容量： $$P_{CN} \geqslant 1.732 \times k \times U_e \times I_e \times 10^{-3} \tag{3-5}$$

3）满足电动机电流： $$I_{CN} \geqslant k \times I_e \tag{3-6}$$

式中，P_{CN}为变频器容量（单位 kVA），P_M为负载要求的电动机轴输出功率（单位 kW）；U_e为电动机额定电压（单位 V）；I_e为电动机额定电流（单位 A）；η为电动机效率（通常约为 0.85）；$\cos\varphi$为电动机功率因数（通常约为 0.75）；k是电流波形补偿系数（由于变频器的输出波形并不是完全的正弦波，而含有高次谐波的成分，其电流应有所增加，通常k约为 1.05～1.1）。

如图 3-12 所示为一台变频器接着n个电动机，这时候可以采用第 3）种计算公式来计算变频器的容量，并选取k为 1.1 左右。

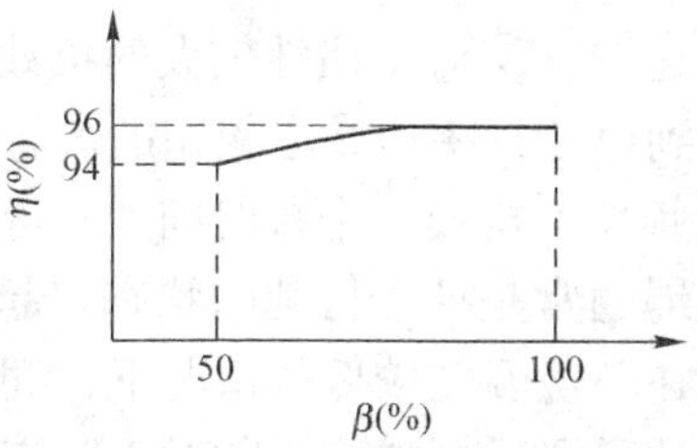

图 3-11 负载率与效率的关系曲线

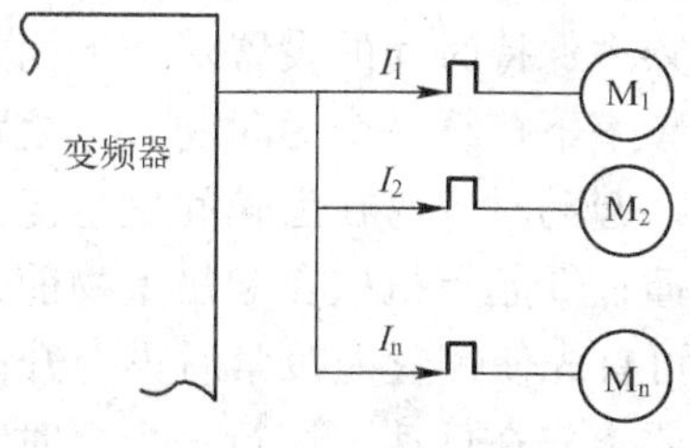

图 3-12 变频器驱动多台电动机

3.2 变频器的起动、制动方式与适应负载能力

3.2.1 变频器的起动、制动

变频器的起动、制动方式是指变频器从停机状态到运行状态的起动方式、从运行状态到停机状态的方式以及从某一运行频率到另一运行频率的加速或减速方式。

1. 起动运行方式

变频器从停机状态开始起动运行时通常有以下几种方式。

1）从起动频率起动。变频器接到运行指令后，按照预先设定的起动频率和起动频率保持时间起动。该方式适用于一般的负载。

起动频率是指变频器起动时的初始频率，如图 3-13 所示的f_s，它不受变频器下限频率的限制；起动频率保持时间是指变频器在起动过程中，在起动频率下保持运行的时间，如图中的t_1。

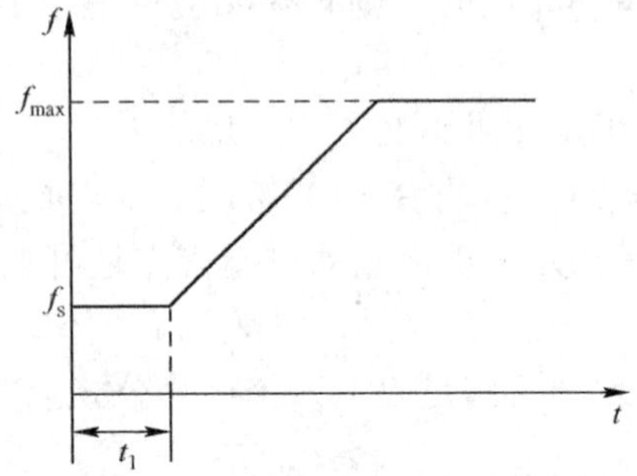

图 3-13　起动频率与起动时间示意

电动机开始起动时，并不从 0 Hz 开始加速，而是直接从某一频率下开始加速。在开始加速瞬间变频器的输出频率便是上述所说的起动频率。设置起动频率是部分生产设备的实际需要，比如：有些负载在静止状态下的静摩擦力较大，难以从 0 Hz 开始起动，设置了起动频率后，可以在起动瞬间有一点冲力，使传动系统较易起动起来；在若干台水泵同时供水的系统里，由于管内已经存在一定的水压，后起动的水泵在频率很低的情况下将难以旋转起来，故也需要电动机在一定频率下直接起动；锥形电动机如果从 0 Hz 开始逐渐升速，将导致定子和转子之间的摩擦，所以需要设置起动频率，可以在起动时很快建立起足够的磁通，使转子和定子间保持一定的气隙等。

起动频率保持时间的设置对于下面几种情况比较适合：①对于惯性较大的负载，起动后先在较低频率下持续一个短时间t_1，然后再加速运行到稳定频率；②齿轮箱的齿轮之间总是有间隙的，起动时容易在齿轮间发生撞击，如在较低频率下持续一个短时间t_1，可以减缓齿轮间的碰撞；③起重机械在起吊重物前，吊钩的钢丝绳通常是处于松弛的状态，起动频率保持时间t_1可首先使钢丝绳拉紧后再上升；④有些机械在环境温度较低的情况下，润滑油容易凝固，故要求先在低速下运行一个短时间t_1，使润滑油稀释后再加速；⑤对于附有机械制动装置的电磁制动电动机，在磁抱闸松开过程中，为了减小闸皮和闸辊之间的摩擦，要求先在低速下运行，待磁抱闸完全松开后再升速。

从起动频率起动对于驱动同步电动机，尤其适合。

2）先制动再起动。本起动方式是指先对电动机实施直流制动，然后再按照方式 1）进行起动。该方式适用于变频器停机状态时电动机有正转或反转现象的小惯性负载，对于高速运转大惯性负载则不适合。

如图 3-14 所示为先制动再起动的功能示意，起动前先在电动机的定子绕组内通入直流电流，以保证电动机在零速的状态下开始起动。如果电动机在起动前，传动系统的转速不为零，而变频器的输出是从 0 Hz 开始上升，则在起动瞬间，将引起电动机的过电流故障。

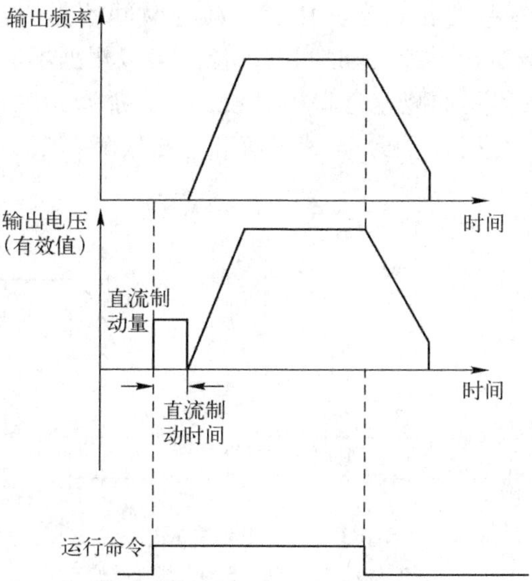

图 3-14　先制动再起动功能示意

它包含两个参数：制动量和直流制动时间，前者表示应向定子绕组施加多大的直流电压，后者表示进行直流制动的时间。

3）转速跟踪再起动。在这种方式下，变频器能自动跟踪电动机的转速和方向，对旋转中的电动机实施平滑无冲击起动，因此变频器的起动有一个相对缓慢的时间用于检测电动机的转速和方向，如图 3-15 所示。该方式适用于变频器停机状态时电动机有正转或反转现象的大惯性负载瞬时停电再起动。

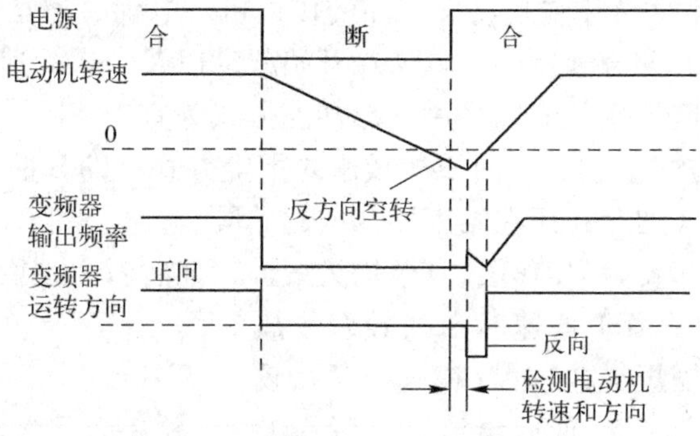

图 3-15　转速跟踪再起动功能示意

2. 加减速方式

变频器从一个速度过渡到另外一个速度的过程称为加减速，如果速度上升为加速，速度下降为减速。加减速方式主要有以下几种。

1）直线加减速。变频器的输出频率按照恒定斜率递增或递减。变频器的输出频率随时间成正比地上升，大多数负载都可以选用直线加减速方式。如图 3-16a 所示，加速时间为 t_1、减速时间为 t_2。

一般定义加速时间为变频器从零速加速到最大输出频率所需的时间，减速时间则相反，变频器从最大输出频率减至零频所需的时间。

必须注意的是：①在有些变频器定义中，加减速时间不是以最大输出频率f_{max}为基准，而是固定的频率（如50 Hz）；②加减速时间的单位，可以根据不同的变频器型号选择为s或min；③一般大功率的变频器其加减速时间相对较长；④加减速时间必须根据负载要求适时调整，否则容易引起加速过流和过压、减速过流和过压故障。

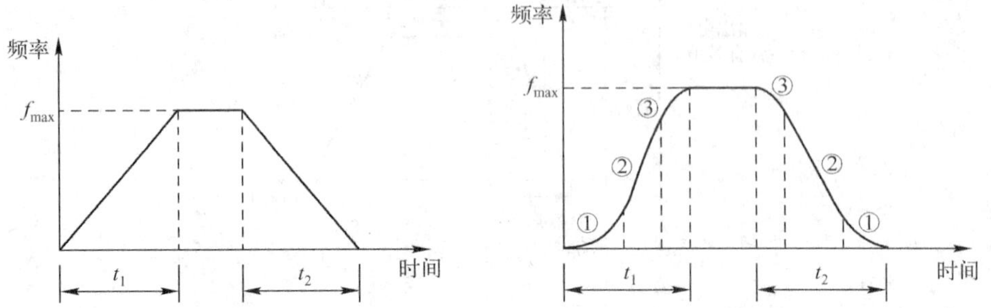

图 3-16　加减速方式

a）直线加减速　b）S 形曲线加减速

2）S 曲线加减速。变频器的输出频率按照 S 形曲线递增或递减。如图 3-16b 所示。

我们将 S 曲线加速区划分为 3 个阶段的时间，S 曲线起始段时间如图 3-39b 中①所示，这里输出频率变化的斜率从零逐渐递增；S 曲线上升段时间如图 3-16b 中②所示，这里输出频率变化的斜率恒定；S 曲线结束段时间如图 3-16b 中③所示，这里输出频率变化的斜率逐渐递减到零。将每个阶段时间按百分比分配，就可以得到一条完整的 S 形曲线。因此，只需要知道三个时间段中的任意两个，就可以得到完整的 S 曲线，因此在某些变频器只定义了起始段①和上升段②，而有些变频器则定义两头：起始段①和结束段③。

S 曲线加减速，非常适合于输送易碎物品的传送机、电梯、搬运传递负载的传送带以及其他需要平稳改变速度的场合。例如，电梯在开始起动以及转入等速运行时，从考虑乘客的舒适度出发，应减缓速度的变化，以采用 S 形加速方式为宜。

3）半 S 形加减速方式。它是 S 曲线加减速的衍生方式，即 S 曲线加减速在加速的起始段或结束段，按线性方式加速；而在结束段③或起始段①，按 S 形方式加速。因此，半 S 形加减速方式要么只有①，要么只有③，其余均为线性，如后者主要用于如风机一类具有较大惯性的二次方律负载中，由于低速时负荷较轻，故可按线性方式加速，以缩短加速过程；高速时负荷较重，加速过程应减缓，以减小加速电流；前者主要用于惯性较大的负载。

4）其他还有如倒 L 形加减速方式、U 型加减速方式等。

3. 加减速时间的切换

通过多功能输入端子的组合来实现不同加减速时间的选择（共计 4 种）。将多功能输入端子 DI3、DI4 定义为加减速时间端子 1、加减速时间端子 2 就能按照表 3-1 中的逻辑组合实现 4 种不同加减速时间的切换，其外部接线图如图 3-17 所示。

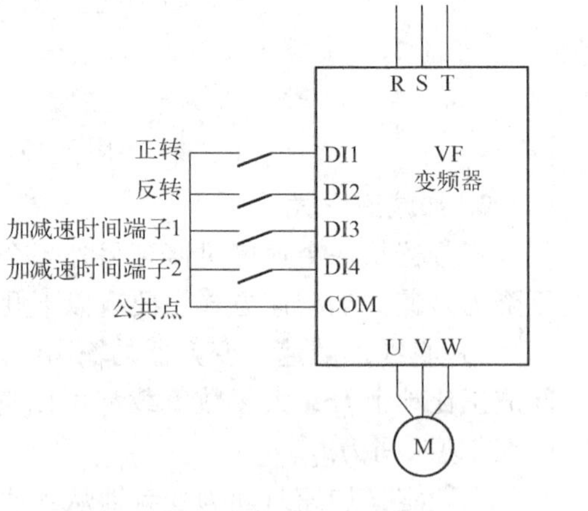

图 3-17　加减速时间的切换

表 3-1　加减速时间的切换

多功能输入端子 DI4	多功能输入端子 DI3	运转指令方式
OFF	OFF	加速时间 1/减速时间 1
OFF	ON	加速时间 2/减速时间 2
ON	OFF	加速时间 3/减速时间 3
ON	ON	加速时间 4/减速时间 4

4. 加减速时间的衔接功能

生产实践中，有时会遇到这样的情况：在传动系统正在加速的过程中，又得到减速或停机的指令。这时，就出现了加速过程和减速过程的衔接问题。变频器对于在加速过程尚未结束的情况下，得到停机指令时减速方式的处理如图 3-18 所示。

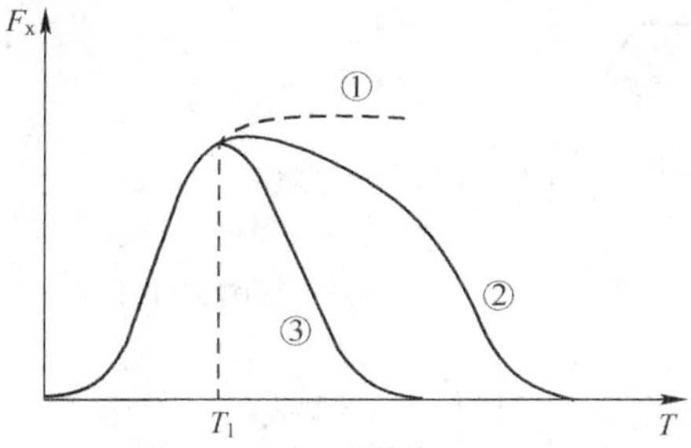

图 3-18　加减速的衔接功能

图 3-18 是加、减速曲线。曲线①是在运行指令时间较长情况下的 S 形加速曲线；曲线②和曲线③是在加速过程尚未完成，而运行指令已经结束时的减速曲线。用户可根据生产机械的具体情况进行选择。

5. 加减速时间的最小极限功能

某些生产机械，出于特殊的需要，要求加、减速时间越短越好。对此，有的变频器设置了加、减速时间的最小极限功能。其基本含义如下。

1）最快加速方式。在加速过程中，使加速电流保持在变频器允许的极限状态（$I_A \ngtr 150\% I_N$，I_A是加速电流，I_N是变频器的额定电流）下，从而使加速过程最小化。

2）最快减速方式。在减速过程中，使直流回路的电压保持在变频器允许的极限状态（$U_D \ngtr 95\% U_{DH}$，U_D是减速过程中的直流电压，U_{DH}是直流电压的上限值）下，从而使减速过程最小化。

3）最优加速方式。在加速过程中，使加速电流保持在变频器额定电流的 120%（$I_A \ngtr 120\% I_N$），使加速过程最优化。

4）最优减速方式。在减速过程中，使直流回路的电压保持在上限值的 93%（$U_D \ngtr 93\% U_{DH}$），使减速过程最优化。

其中 3）和 4）统称为自动加减速方式，它能根据负载状况，保持变频器的输出电流在自动限流水平之下或输出电压在自动限压水平之下，平稳地完成加减速过程。

6. 停机方式

变频器接收到停机命令后从运行状态转入到停机状态，通常有以下几种方式：

1）减速停机。变频器接到停机命令后，按照减速时间逐步减少输出频率，频率降为零后停机。该方式适用于大部分负载的停机。

2）自由停车。变频器接到停机命令后，立即中止输出，负载按照机械惯性自由停止。变频器通过停止输出来停机，这时，电动机的电源被切断，传动系统处于自由制动状态。由于停机时间的长短由传动系统的惯性决定，故也称为惯性停机。

3）带时间限制的自由停车。变频器接到停机命令后，切断变频器输出，负载自由滑行停止。这时，在运行待机时间 T 内，可忽略运行指令。运行待机时间 T，由停机指令输入时的输出频率和减速时间决定。

4）减速停机加上直流制动。变频器接到停机命令后，按照减速时间逐步降低输出频率，当频率降至停机制动起始频率时，开始直流制动至完全停机。如图 3-19 所示。

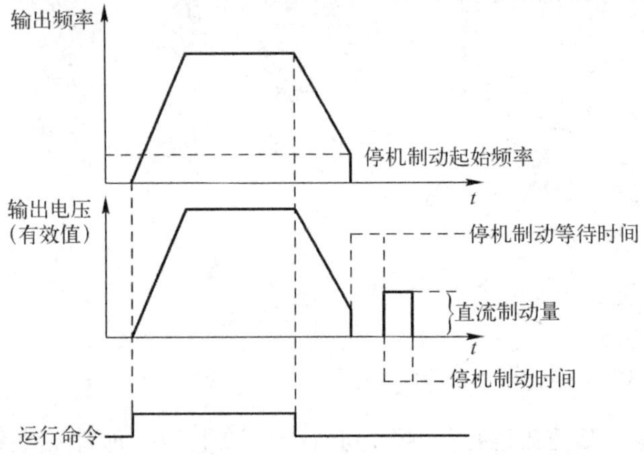

图 3-19　减速停车加直流制动

直流制动是在电动机定子中通入直流电流，以产生制动转矩。因为电动机停车后会产生一定的堵转转矩，所以直流制动可在一定程度上替代机械制动；但由于设备及电动机自身的机械能只能消耗在电动机内，同时直流电流也通入电动机定子中，所以使用直流制动时，电动机温度会迅速升高，因而要避免长期、频繁使用直流制动；直流制动是不控制电动机速度的，所以停车时间不受控制。停车时间根据负载、转动惯量等的不同而不同；直流制动的制动转矩是很难实际计算出来的；使用同步电动机时，不能使用直流制动！

直流制动强度：即在定子绕组上施加直流电压或直流电流的大小，它决定了直流制动的强度。

直流制动时间：即施加直流制动的时间长短。预置直流制动时间的主要依据是负载是否有“爬行”现象，以及对克服“爬行”的要求，对此要求高者，该时间应适当长一些。

3.2.2　变频器的适应负载方式

变频器驱动负载的效果必须符合用户的要求和环境的需要，但是由于负载的多样性、环境的千变万化，变频器还必须设置相应的参数来保证变频器能适应这些负载的要求。比如要求风机水泵类负载能够在长期运行中自动节能运行、要求电动机静音运行以满足楼宇控制的需要、要求消除电动机或者机械设备之间的共振现象等。

1. 自动转差补偿功能

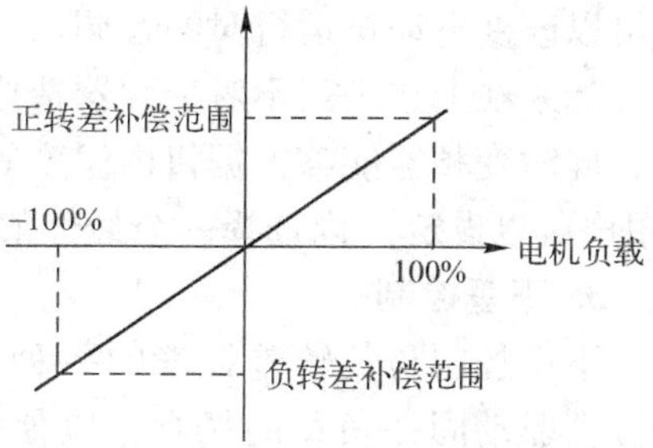

图 3-20　自动转差补偿功能

电动机负载转矩的变化将影响到电动机运行转差，导致电动机速度变化。通过转差补偿，根据电动机负载转矩自动调整变频器的输出频率，可减小电动机随负载变化而引起的转速变化，如图 3-20 所示。

转差补偿功能参数的设置主要有以下原则：①当电动机处于发电状态时，即实际转速高于给定速度时，逐步提高补偿增益；②当电动机处于电动状态时，即实际转速低于给定转速时，逐步提高补偿增益；③转差补偿的调节范围为转差补偿限定值与额定转差值的乘积；④自动转差补偿量的大小与电动机的额定转差相关，应正确设定电动机的额定转差值。

这里给出了电动机额定转差频率的计算公式

额定转差频率 = 电动机额定频率 ×（电动机同步转速 - 电动机额定转速）÷ 电动机同步转速

式中，电动机同步转速 = 电动机额定频率 ×120 ÷ 电动机极数。

2. 载波频率的调整

变频器的信号调制是脉宽调制，其基本方法是，对输出的电压脉冲波，其脉冲的上升沿和下降沿都是由正弦波和三角波的交点所决定的。在这里，正弦波称为调制波，三角波称为载波，三角波的频率就是载波频率。

在 PWM 电压脉冲波序列的作用下，电流波形是脉动的，脉动频率与载波频率一致，脉动电流将使电动机铁心的硅钢片之间产生电磁力并引起振动，产生电磁噪声。改变载波频率时，电磁噪声的音调也将发生变化，所以，一些变频器调节载波频率的功能，称为“音调调节功能”。

载波频率越高，因电路相互之间，以及电路与地之间分布电容的容抗越小，由高频脉冲电压引起的漏电流越大。

载波频率对其他设备的干扰主要是由高频电压和高频电流引起的。载波频率越高，则高频电压通过静电感应对其他设备的干扰也就越严重；高频电流产生的高频磁场将通过电磁感应对其他设备的控制电路产生干扰；高频电磁场具有强大的辐射能量，使通信设备等易产生扰动信号。

因此，可以总结出以下载波频率特性（表 3-2）。

表 3-2　加减速时间的切换

载波频率	降　低	升　高
电动机噪声	↑	↓
漏电流	↓	↑
干扰	↓	↑

在上述三个因素中，电动机噪声是最直接的、最明显的，尤其是在楼宇控制中，为此有些变频器还提供了“柔声载波频率”，即在变频器运行过程中，能自动地变换载波频率，使电磁噪声变成具有一定音调的较为柔和的声音；有些变频器提供了“电动机音调调节”，同

样可以改变电动机运行时的音调。

如果在上述因素不对变频器造成任何影响的情况下，用户可以选择载波频率自动调整功能，此时变频器能够根据机内温度等自动调整载波频率，并在变频器实际最高工作载波频率（用户可以设定）内选择一个最优值。

3. 下垂控制

下垂控制是负转差补偿的一种，专用于多台变频器驱动同一负载的场合，以使多台变频器达到负载的均匀分配。当多台变频器驱动同一负载时，因速度不同造成负载分配不均衡，使速度较快的变频器承受较重的负载，有了下垂控制特性后，随着负载的增加可以使电动机速度下垂变化，最终使负荷均一、分散。图 3-21 是下垂控制动作后负载与输出频率的关系。

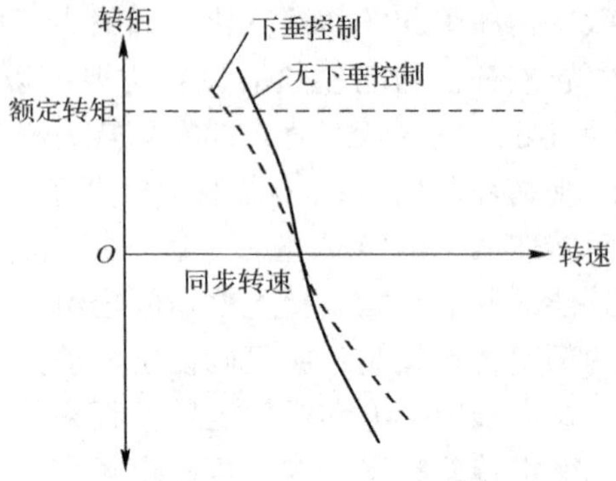

图 3-21　下垂控制原理

例如，桥式起重机的“大车”，通常在两侧各设一台容量相同的电动机，由两台电动机同时转动。在这种情况下，非但要求两台电动机的转速同步，而且要求它们的负载分配尽量均衡。解决上述问题的常用方法，就是使电动机具有“下垂特性”。

假设电动机 M_1的转速偏高，为 n_1；而电动机 M_2的转速偏低，为 n_2。比较图 3-22a 和图 3-22b 可以看出：①具有下垂特性时，两台电动机所承担负载（T_1和 T_2）之间的差异较小。②比较容易自动协调两台电动机的转速和负载分配，M1 的电磁转矩 T_1较小，下垂特性可使其转速较快下降；M_2的电磁转矩 T_2较大，下垂特性可使其转速较快上升。可见，下垂特性能够较容易地使两台电动机的转速趋于同步，而负载分配也趋于均衡。

还有如 5 台变频器驱动 5 台电动机的传送带（图 3-23），当某台变频器的负载较重时，该变频器就根据下垂控制功能设定的参数，自动降低输出频率，以卸掉部分负载。

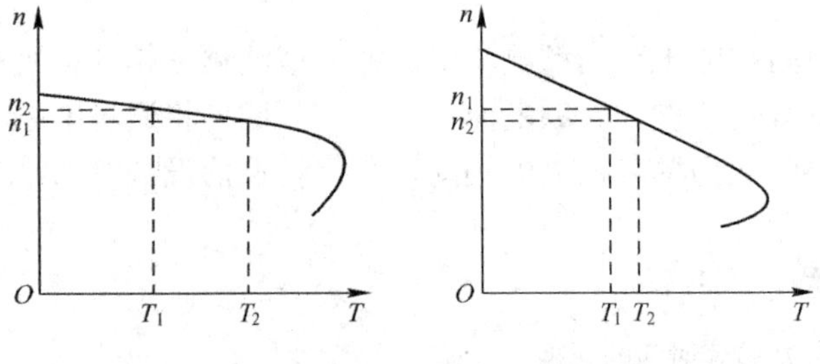

图 3-22　起重机的下垂控制

a）自然特性　b）下垂特性

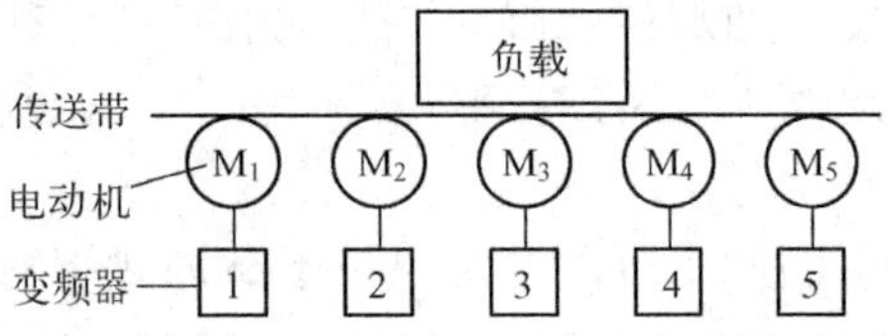

图 3-23　传送带下垂控制应用

对于下垂控制而样，用户必须设置以下参数。

1）下垂频率变化率。

由于不同机械对于下垂特性的“下垂度”的要求也往往各不相同。为了满足不同用户的不同要求，变频器可以通过设置“下垂频率变化率”，得到所要求的下垂特性曲线。

在实际调试中，可以观察由小到大逐渐调整下垂频率变化率值时的变频器输出频率与负载的关系，直到达到负载平衡为止。

2）下垂死区。

为了防止两台电动机在自动调整过程中出现转速上下波动的振荡现象，有的变频器还具有设置“死区”的功能。就是说，允许两台电动机在一个小范围内有所差异。根据负载性质的不同，变频器可以预置两种死区：①转矩死区，即允许两台电动机在相同的转速下，负载的分配不完全均衡，而存在较小的转矩差异（ΔT），如图3-24c中所示。②转速死区，即允许两台电动机在转矩相同的情况下，它们的转速不完全一致，存在转速差异（Δn），如图3-24d中所示。

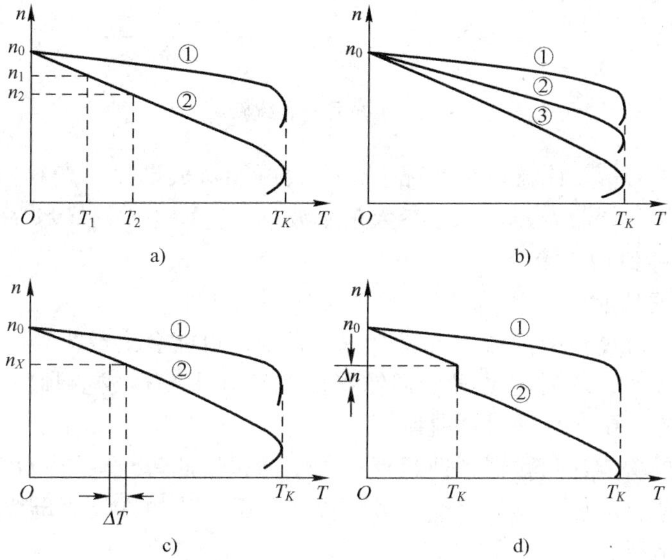

图3-24　下垂参数设置

a）下垂机械特性　b）不同下垂频率变化率的机械特性

c）具有转矩死区的特性　d）具有转速死区的特性

4. 共振预防

任何设备在运转过程中，都或多或少会产生振动。每台设备又都有一个固有振动频率，它取决于设备本身的结构。由于变频器是通过改变电动机的工作频率来改变电动机转速来进行工作的，这就有可能在某一电动机转速下与负荷轴系的共振点、共振频率重合，造成负荷轴系因发生谐振而变得十分强烈以及不能容忍的振动，有时会造成设备停运或设备损坏，因此必须根据负荷轴系（或生产设备）的共振频率，通过共振预防，来避免系统发生此类现象。

为了预防谐振和共振，变频器都设置有跳跃频率，其目的就是使电动机传动系统回避掉可能引起谐振的转速，或者让变频器的输出频率跳过该频率区域。变频器的设定频率按照图中的方式可以在某些频率点做跳跃运行，一般可以定义3个跳跃频率及每一个跳跃范围，如跳跃频率f_1、f_2、f_3及跳跃范围1、跳跃范围2、跳跃范围3。从图3-25中可以看出，对共振点的处理变频器是采取滞回曲线的方式进行频率升降的。

对于共振预防必须引起足够的重视，尤其是在改造设备的过程中，在某些频率点出现机械共振，其原因是原来设备只是在50 Hz工频下运行，使用变频调速后，其频率则在0～50 Hz之间无级变化，因此在某些频率点上会造成机械共振。

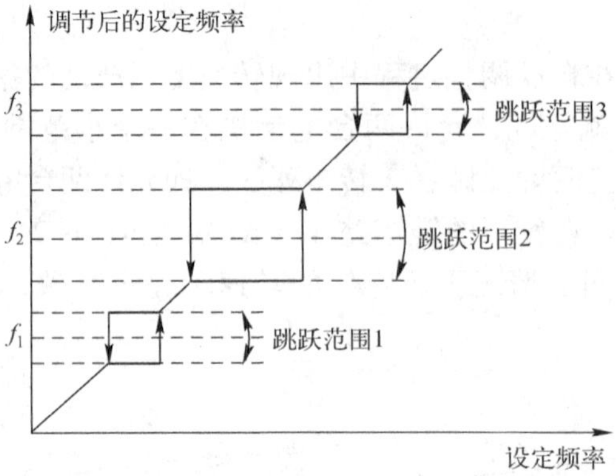

图 3-25　共振回避和跳跃频率

另外，对于变频器带变压器负载情况下，也会可能造成谐振，变频器会发出异常声响，空载也会烧毁，此时变频器需要调节的参数是载波频率，而不是跳跃频率。

5. 过电压失速和自动限流

（1）过电压失速功能

变频器在减速运行过程中，由于负载惯性的影响，可能会出现电动机转速的实际下降率低于输出频率的下降率，此时电动机会回馈电能给变频器，造成变频器直流母线电压的升高，如果不采取措施，则会出现过压跳闸。

过电压失速保护功能在变频器减速运行过程中通过检测母线电压，并与失速过压点进行比较，如果超过失速过压点，变频器输出频率停止下降，当再次检测母线电压低于失速过压点后，再实施减速运行。

（2）自动限流功能

自动限流功能是通过对负载电流的实时控制，自动限定其不超过设定的自动限流水平，以防止电流过冲而引起的故障跳闸，对于一些惯量较大或变化剧烈的负载场合，该功能尤其适用。

自动限流功能需定义的参数包括自动限流水平和限流时频率下降率。自动限流水平定义了自动限流动作的电流阈值，其设定范围是相对于变频器额定电流的百分比。限流时频率下降率定义了自动限流动作时对输出频率进行调整的速率。自动限流时，频率下降率的数值设置过小，则不易摆脱自动限流状态而可能导致最终过载故障；若频率下降率的数值设置过大，则频率调整程度加剧，变频器长时间处于发电状态导致过电压保护。

在自动限流动作时，输出频率可能会有所变化，所以对于恒速运行时输出频率较稳定的场合，不宜使用自动限流功能。

6. 电动机热过载

电动机过载的基本特征是实际温升超过额定温升。因此，对电动机进行过载保护的目的也是为了确保电动机能够正常运行，不因过热而烧毁。

电动机在运行时，其损耗功率（主要是铜耗）必然要转换成热能，使电动机的温度升高。电动机的发热过程属于热平衡的过渡过程，其基本规律类似于常见的指数曲线上升（或下降）规律。其物理意义在于：由于电动机在温度升高的同时，必然要向周围散热，温升越大，散热也越快，故温升不能按线性规律上升，而是越升越慢；当电动机产生的热量与发散的热量平衡时，此时的温升为额定温升。

异步电动机的制造标准按照最高允许温升定义了不同级别的类型，具体为：A 级 105℃、E 级 120℃、B 级 130℃、F 级 155℃、H 级 180℃。

电动机过载是指电动机轴上的机械负载过重，使电动机的运行电流超过了额定值，并导致其温升也超过了额定值。电动机一般过载的主要特点是：①电流上升的幅度不大。因为在电动机选型设计时一般都充分考虑了负载的最大使用电流并按电动机最大温升情况进行设计的，对于某些变动负载和断续负载，短时间的过载是允许的。因此，正常情况下的过载电流幅值不会很大。②一般情况下，电流的变化率 di/dt 较小，上升较缓慢。

（1）热过载曲线

电动机的过载保护具有反时限特性，即电动机的运行电流越大，保护动作的时间越短，如图 3-26 所示。

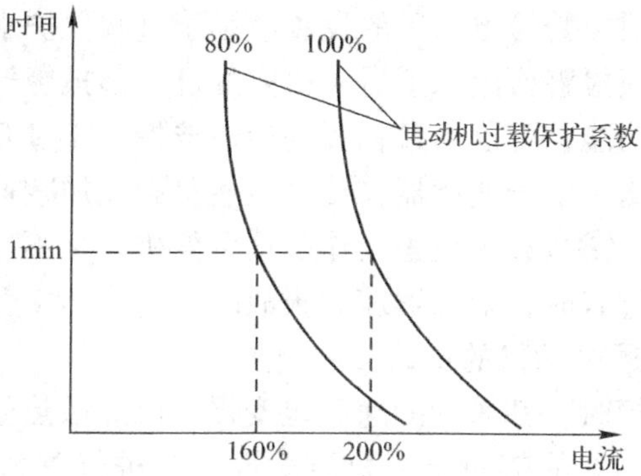

图 3-26　变频器的过载保护曲线

例如，当电动机的运行电流值为额定电流的 150% 时，可维持运行十几分钟或数十分钟；当电动机的运行电流值为额定电流的 200% 时，可维持运行 1 min；当电动机的运行电流值为额定电流的 250% 时，仅可维持运行几秒钟。

当负载电动机的容量低于变频器额定容量时，亦可用此功能进行热过载保护。由于变频器选配电动机功率大小的差异，因此为了对所配电动机进行有效的过载保护，有必要对变频器的允许输出电流的最大值进行调整，在图 3-26 中，可以看到电动机过载保护系数设为 80% 时的曲线。

电动机过载保护系数可由下面的公式确定：

电动机过载保护系数值 = 允许最大负载电流 ÷ 变频器的额定输出电流 ×100%　（3-2）

在一般情况下，定义允许最大负载电流为负载电动机的额定电流。

这里值得注意的是：在一台变频器传动多台电动机时，此功能不一定有效。

（2）热过载报警参数

对电动机热过载故障的监视并报警是变频器适应负载的重要方式之一，它能在电动机温升超过设定值时马上切断输出频率，很大程度上预防了电动机的烧毁现象。图 3-27 所示为电动机过载预报警检出功能示意图。

在图 3-27 中，过载预报警检出水平定义了过载预报警动作的电动机电流阈值，其设定范围是相对于额定电流的百分比；过载预报警检出时间定义了过载预报警检出必须经过过载预报警状态下有效的时间；过载预报警状态有效即变频器工作电流超过过载检出水平，并且保持的时间超过过载检出时间。

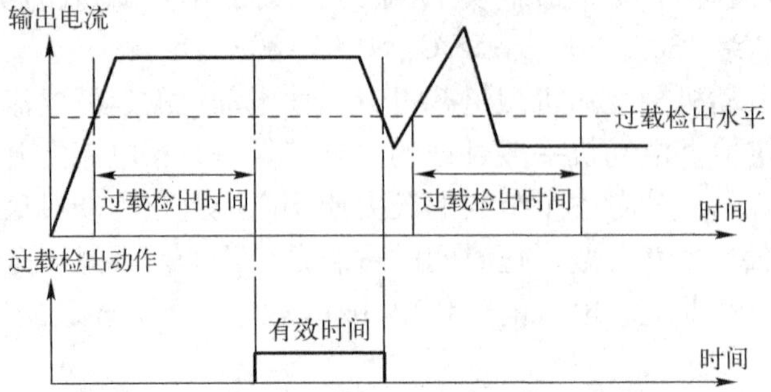

图 3-27　电动机过载预报警检出功能示意图

在一般情况下，过载预报警检出水平的设置应小于过载保护水平，在过载预报警检出时间内，工作电流小于过载预报警检出水平后，机内的过载预报警检出时间重新计时。

对于过载预报警检测功能，可以通过相关的参数选择：①过载预报警检测区域是一直有效还是仅在恒速运行时检测，由于变频器在传动某些负载及加减速时电流会比较大，可以通过本参数来筛选检测区域；②过载预报警动作是报警停机还是不报警且继续运行，这取决于负载的情况，但最终真正过载时，变频器就会报故障。

（3）变频电动机和普通电动机的过载

普通电动机在低速运行时，其风叶的速度也变慢，因此散热效果变差，温度升高会使电动机的寿命降低。此时，如果能够对电动机过载设定值进行重新调整将能很好地保护电动机，所以在变频器的过载方式中都会提供选择低速补偿的方式，最简单的办法就是选择电动机的种类，即普通电动机还是变频电动机。

选择普通电动机方式的，变频器就会自动进行低速补偿，即把运行频率低于 30 Hz 的电动机过载保护阈值下调。这个 30 Hz 就是电动机过载功能的转折频率。在一般情况下，转折频率可按基本频率的 60% ~70% 来设置，同时应该考虑到负载的类型（恒转矩负载和变转矩负载）来设置转折频率时的过载系数、零频时的过载系数。

选择变频电动机，则由于变频专用电动机采用强制风冷形式，因此电动机的散热不受转速影响，不需要进行低速过载时的保护值调整。

7. 其他适应负载功能

除此之外，为了适应不同负载和环境的需要，变频器通常还具有以下功能。

（1）自动节能运行

自动节能运行是指电动机在空载或轻载运行的过程中，通过检测负载电流，适当调整输出电压，达到节能的目的。

该功能对风机泵类负载尤其有效，它可以使电动机在保证正常工作的同时，变频器能准确地根据电动机的实际负载为电动机提供最低的电量，能最大程度上节约电能 4 ~8%。

（2）电动机稳定因子

变频器与电动机配合时，有时会产生电流振荡，修改电动机稳定因子可以抑制两者配合所产生的固有振动。若恒定负载（如齿轮箱传动等）运行时输出电流反复变化，在出厂参数的基础上调节该功能码的大小可消除振动，使电动机平稳运行。

（3）自动电压调节功能

当输入电压偏离额定值时，通过变频器的自动电压调节功能（AVR）可保持输出电压恒定，尤其在输入电压高于额定值时。

（4）过调制功能

在长期低电网电压（额定电压的85%以下），或者长期重载工作的情况下，变频器通过提高自身母线电压的利用率，来提高输出电压，这就是过调制功能。过调制功能起作用时，输出电流谐波会略有增加。

（5）瞬停不停功能

瞬停不停功能用于定义在电压下降或者瞬时欠电压时，变频器是否自动进行低电压补偿。适当降低频率，通过负载回馈能量，维持变频器不跳闸运行。

使用本功能时，还需定义电压补偿时的频率下降率。如果电压补偿时的频率下降率设置过大时，负载瞬时回馈能量亦很大，可能引起过电压保护；如果该值设置过小，则负载回馈能量就过小，就起不到低电压补偿的作用。因此，调整频率下降率参数时，需根据负载转矩惯量及负载轻重合理选择。

图3-28所示为变频器在40 Hz时瞬时掉电的瞬停不停功能，在额定负载时进线电压瞬间中断，直流母线电压降到最低极限值。通过瞬停不停功能，变频器通过降低负载的频率以发电动机模式来运行电动机，并以此提供能量给变频器。只要电动机具有足够的动能，电动机速度虽然下降，但变频器仍会继续工作，一旦进线电压恢复，变频器立即可以投入运行。

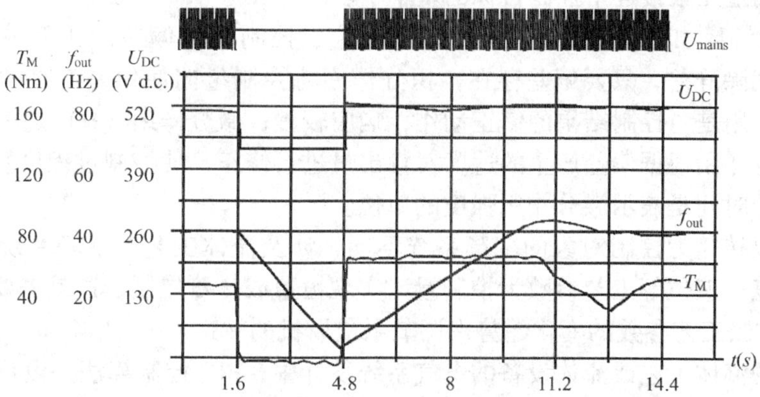

图3-28　瞬停不停示意

U_{DC}—变频器直流母线电压　U_{mains}—进线电压

T_M—电动机转矩　f_{out}—变频器的输出频率

3.3　流体工艺的变频PID控制

3.3.1　流体及其机械

所谓流体就是液体和气体的总称，它具有三个特点：①流动性，即抗剪抗张能力都很小；②无固定形状，随容器的形状而变化；③在外力作用下流体内部发生相对运动。与此相关的就是常见的风机、水泵、压缩机等机械设备，它们都起着输送流体的作用。

图 3-29 所示为轴流式风机的结构。它有主轴、叶轮、集流器、导叶、机壳、动叶调节装置、进气箱和扩压器等主要部件。

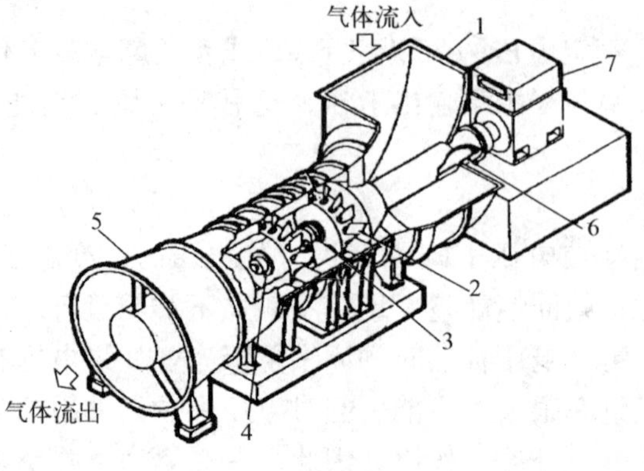

图 3-29　轴流式（通）风机结构示意图（两级叶轮）

1—进气箱　2—叶轮　3—主轴承　4—动叶调节装置　5—扩压器　6—轴　7—电动机

3.3.2　流体 PID 控制的形式

PID 调节是过程控制中应用得十分普遍的一种控制方式，它是使控制系统的被控物理量能够迅速而准确地无限接近于控制目标的基本手段。

PID 调节的解释如下：比例运算（P）是指输出控制量与偏差的比例关系；积分运算（I）的目的是消除静差，只要偏差存在，积分作用将控制量向使偏差消除的方向移动；比例作用和积分作用是对控制结果的修正动作，响应较慢；微分作用（D）是为了消除其缺点而补充的，微分作用根据偏差产生的速度对输出量进行修正，使控制过程尽快恢复到原来的控制状态，微分时间是表示微分作用强度的单位。

与一般的以转速为控制对象的变频系统不同，涉及流体工艺的变频系统通常都是以流量、压力、温度、液位等工艺参数为控制量，实现恒量或变量控制，这就需要变频器工作于 PID 方式下，按照工艺参数的变化趋势来调节泵或风机的转速。

在大多数的流体工艺或流体设备的电气系统设计中，PID 控制算法是设计人员常常采用的恒压控制算法。常见的 PID 控制器控制形式主要有 3 种：①硬件型，通用 PID 控制器；②软件型，使用离散形式的 PID 控制算法，在可编程序控制器上做 PID 功能块；③使用变频器内置 PID 控制功能。相对前两者来说，第③种叫内置型。

1. PID 控制器

现在的 PID 控制器多为数字型控制器，具有位控方式、数字 PID 控制方式以及模糊控制方式，有的还具有自整定功能，如富士 PXR 系列温度 PID 控制器（图 3-30）、欧陆 2200 系列 PID 控制器就属此类型。此类 PID 控制的输入输出类型都可通过设置参数来改变，考虑到抗干扰性，一般将输入输出类型都设定为 4 ~ 20 mA 电流类型。

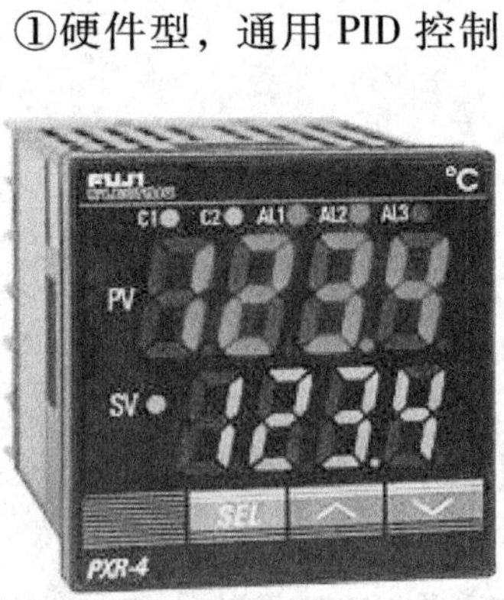

图 3-30　富士 PXR 温度 PID 控制器

图 3-31 为以 PID 调节器构成的闭环压力调节系统，压力的给定值由 PID 的面板设定，压力传感器将实际的压力变换为 4 ~ 20 mA 的压力反馈信号，并送入 PID 温控器的输入端；PID 温控器将输入的模拟电流信号经数字滤波、A - D 转换后变为数字信号，一方面作为实际压力值显示在面板上，另一方面与给定值作差值运算；偏差值经数字 PID 运算器运算后输出一个数字结果，其结果又经 D - A 转换后，在 PID 温控器的输出端输出 4 ~ 20 mA 的电流信号去调节变频器的频率，变频器再驱动水泵电动机，使压力上升。当给定值大于实际压力值时，PID 控制器输出最大值 20 mA，压力迅速上升，当给定值小于实际压力值时，PID 控制器输出开始退出饱和状态，输出值减小，压力超调后也逐渐下降，最后压力稳定在设定值处，变频器频率也稳定在某个频率附近。

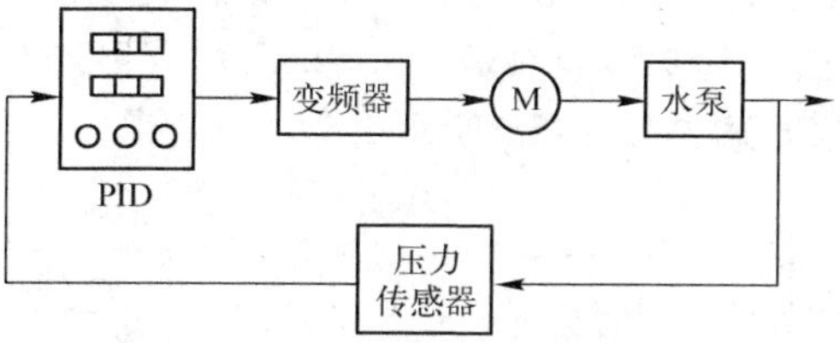

图 3-31　PID 控制系统框图

这种 PID 控制形式的主要优点有：操作简单、功能强大、动态调节性能好，适用于选用的变频器性能不是很高的应用场合，同时控制器还具有传感器断线和故障自动检测功能。缺点是：PID 调节过于频繁，稳态性能稍差，布线工作量多。

2. 软件型 PID

喜欢使用 PLC 指令编程的设计者通常自己动手编写 PID 算法程序，这样可以充分利用 PLC 的功能。在连续控制系统中，模拟 PID 的控制规律形式为

$$u(t)=K_{\mathrm{p}}\left[e(t)+\frac{1}{T_{\mathrm{i}}}\int e(t)\mathrm{d}t+T_{\mathrm{D}}\frac{\mathrm{d}e(t)}{\mathrm{d}t}\right] \tag{3-7}$$

式中，$e(t)$为偏差输入函数；$u(t)$为调节器输出函数；K_{P} 为比例系数；T_{i} 为积分时间常数；T_{D} 为微分时间常数。

由于式（3-7）为模拟量表达式，而 PLC 程序只能处理离散数字量，为此，必须将连续形式的微分方程化成离散形式的差分方程。式（3-7）经离散化后的差分方程为

$$u(t)=K_{\mathrm{p}}\left[e(t)+\frac{1}{T_{\mathrm{i}}}\sum_{i=0}^{k}e_{\mathrm{i}}T+T_{\mathrm{D}}\frac{e(k)e(k-1)}{T}\right] \tag{3-8}$$

式中，T 为采样周期；k 为采样序号，$k=0$，1，$2\cdots i$，$\cdots k$；$u(k)$为采样时刻 k 时的输出值；$e(k)$为采样时刻 k 时的偏差值；$e(k-1)$为采样时刻 $k-1$ 时的偏差值。

软件型 PID 可采用与 PLC 直接连接的文本显示器或触摸面板输入参数和显示参数，如图 3-32 所示。这种形式的 PID 控制器优点是控制性能好、柔性好，在调节结束后，受控量十分稳定，信号受干扰小，调试简单，接线工作量少，可靠性高。不足是编程工作量增加，需增加硬件成本。

在软件型 PID 调试时，要尽量设置短的变频器的上升时间和下降时间。同时在编程设计

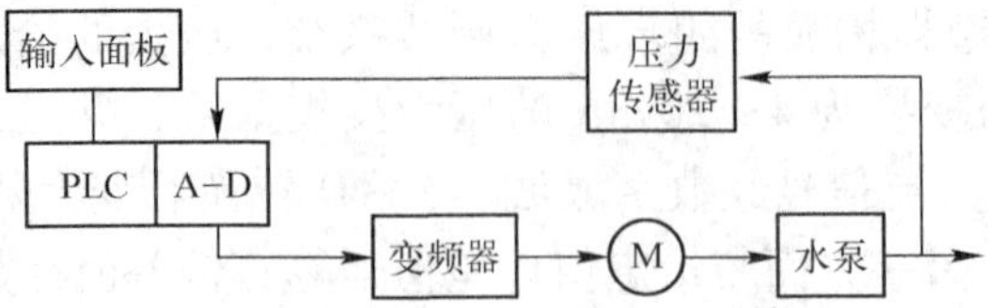

图 3-32　软件型 PID 控制系统框图

中必须防止计算结果值溢出，以避免造成控制失控，而且还要编写校正传感器零点和判断其是否正常的功能程序。

3. 变频器内置 PID

由于 PID 功能用途广泛、使用灵活，使得现在变频器的功能大都集成了 PID，简称“内置 PID”，使用中只需设定三个基本参数（K_p，T_i 和 T_d）即可。

变频器的内置 PID 控制原理如图 3-33 所示。

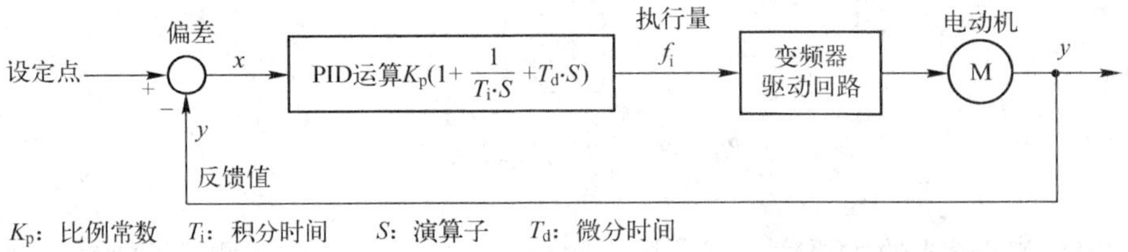

图 3-33　变频器内置 PID 控制原理

在很多情况下，变频器内置 PID 并不一定需要全部比例、积分和微分三个单元，可以取其中的一到两个单元，但比例控制单元是必不可少的。比如在恒压供水控制中，因为被控压力量不属于大惯量滞后缓解，因此只需 PI 功能，D 功能可以基本不用。

使用变频器的内置 PID 功能，首先必须设定 PID 功能有效，然后确定 PID 控制器的信号输入类型，如采用有反馈信号输入，则要求有设定值信号，设定值可以为外部信号，也可以是面板设定值；如采用偏差输入信号，则无须输入设定值信号。

以下是通用变频器为例的 2 种输入信号接线控制图，如图 3-34 和图 3-35 所示。图中 DI1 与 COM 短接表示 PID 功能有效。

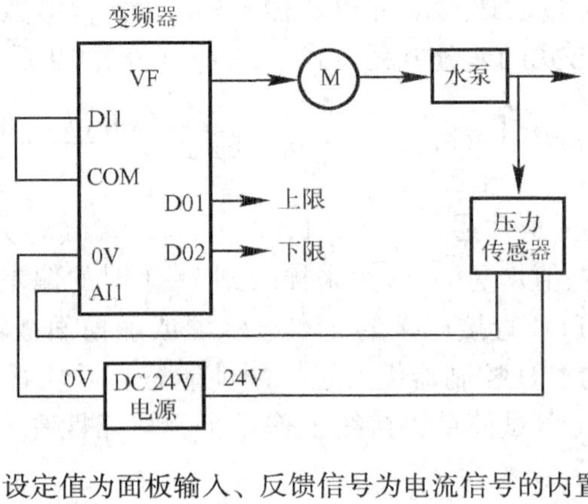

图 3-34　设定值为面板输入、反馈信号为电流信号的内置 PID 接线

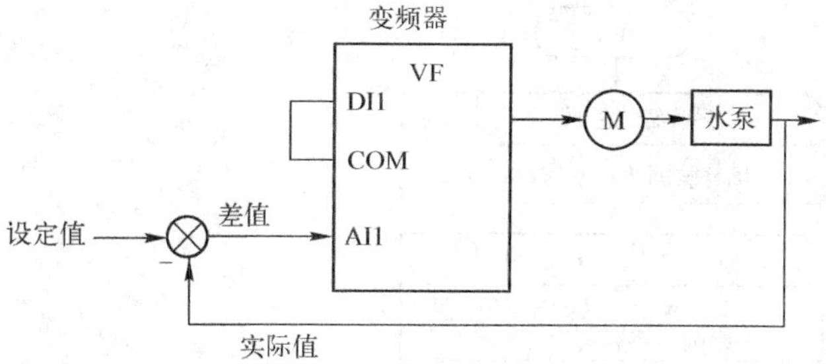

图 3-35　输入为差值的变频器内置 PID 接线

要使变频器内置 PID 闭环正常运行，必须首先选择 PID 闭环选择功能有效，同时至少有两种控制信号：①给定量，它是与被控物理量的控制目标对应的信号；②反馈量，它是通过现场传感器测量的与被控物理量的实际值对应的信号。图 3-36 所示就是通用变频器 PID 控制原理图。

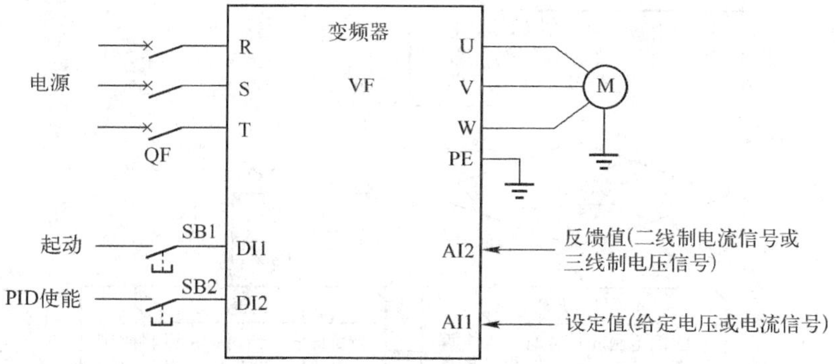

图 3-36　通用变频器 PID 控制原理图

PID 调节功能将随时对给定量和反馈量进行比较，以判断是否已经达到预定的控制目的。具体地说，它将根据两者的差值，利用比例 P、积分 I、微分 D 的手段对被控物理量进行调整，直至反馈量和给定量基本相等，达到预定的控制目标为止。

图 3-37 所示为通用变频器内置 PID 的控制校准过程。

小知识

比较三种不同类型的 PID，内置型 PID 的优点很明显，成本低，控制性能较好，设置的参数少，接线工作量较少，抗干扰性最好。缺点是这种 PID 也属软件型 PID，响应较慢，易出现超调现象；压力的设置和显示不直观。调试应尽量设置短的变频器的上升时间和下降时间，使用面板设定设置值时，设定的是设置值与传感器量程的相对值，设置正确的 PID 动作方向。

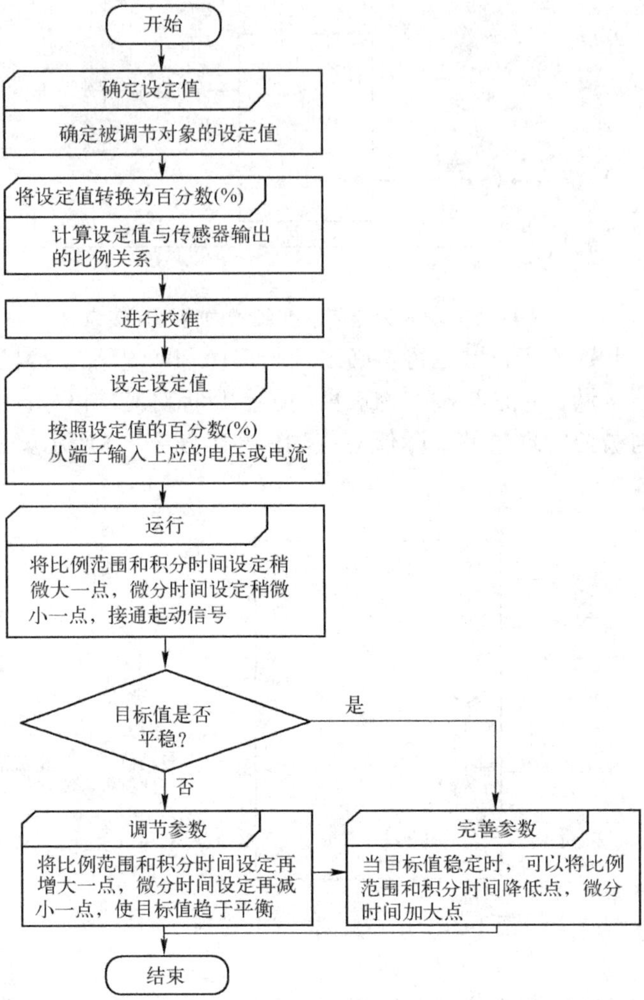

图 3-37　通用变频器内置 PID 的控制校准过程

3.3.3　各种流体工艺的不同变频控制

由于变频器在风机和水泵上具有显著的节能应用，因此，涉及流体工艺的变频系统越来越多，如变频恒压供水、变频恒液位控制、变频恒流量控制、变频恒温控制等。

1. 流量控制

比较温度、压力、流量和液位这四种最常见的过程变量，流量或许是其中最容易控制的过程变量。由于连续过程中物料的流动贯穿于整个生产过程，泵的主要作用是输送液体，风机的主要作用是输送气体，所以流量回路是最多的。

在流体力学上，泵与风机在许多方面的特性及数学、物理描述是一样或类似的。如出口侧压力 p 与流量 Q 的压力 - 流量特性（即 $p-Q$ 特性曲线）是一致的。流体流过热交换器、管道、阀门、过滤器时会产生压力的损耗，我们通常将由此产生的压力损耗之和与流量的关系曲线叫流体机械阻抗曲线。因此，当压力 - 流量的 $p-Q$ 特性曲线与阻抗曲线产生交点时，就基本确定了流体的流量。通常对流量回路的控制手段是改变压力 - 流量的 $p-Q$ 特性曲线或者改变流体机械的阻抗曲线。

这里以轴流风机为例进行说明。风机管路性能曲线是指单位容积气体从吸入空间经管路及附件送至压出空间所需要的总能量 p_c（即全压）与管路系统输送流量 Q 的关系曲线。一般吸入空间及压出空间均为大气，且气体位能通常忽略，则管路性能曲线的数学表达式为

$$p_c = S_p Q^2 \tag{3-9}$$

式中，S_P 是管路系统的综合阻力系数（kg/ m^2）。S_P 决定于管路系统的阻力特性，根据管路系统的设置情况和阻力计算确定。式（3-9）表示的管路性能曲线在 p_c-Q 坐标系中是一条通过原点的二次抛物线（图 3-38）。

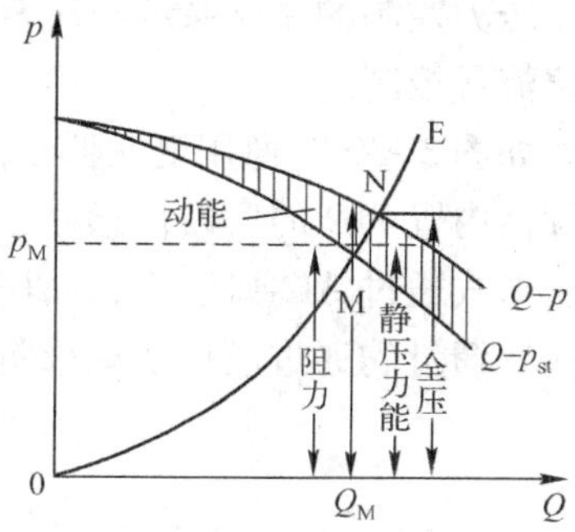

图 3-38　轴流风机的 $p-Q$ 曲线

全压 p 表示风机提供的总能量，但是用于克服管路系统阻力的损失能量只能是全压中静压能量。因此，风机装置工况的确定，有时需要用风机的静压与流量关系（$p_{st}-Q$）曲线来确定相应的装置工况。此时，风机装置将出现全压工况点 N 和静压工况点 M，这是意义不同的两个工况点。

流量控制具有以下特点：风机、泵类负载一般情况下其转矩都与转速平方成正比，所以也把他们称为具有平方转矩特性的负载。流量控制中，对于起动、停止、加减速控制的定量化分析是非常重要的。因为在这些过程中，电动机与机械都处在一个非稳定的运行过程，这一过程将直接影响流量控制的好坏。在暂态过程中，风机的惯量一般是传动电动机的 10 ~ 50 倍，而泵的惯量则只有传动电动机的 20% ~80%。同时，起动、停止、加减速中，加减速时间也是一个重要指标。

小知识

对于流量控制的变频器必须考虑到以下几个方面。

(1) 瞬停的处理环节

如果出现电源侧的瞬时停电并瞬间又恢复供电，使变频器保护跳闸，电动机负载进入惯性运转阶段，如果上电再起动时，因风机类负载会仍处于转动状态，为此必须设置变频器为转速跟踪起动功能，以先辨识电动机的运转方向后再起动。同时，对于有些负载，还可以设置瞬停不停功能，以保证生产的连续性。

(2) 无流量保护

对有实际扬程的供水系统，当电动机的转速下降时，泵的出口压比实际扬程低，就进入无流量状态（无供水状态），水泵在此状态下工作，温度会持续上升导致泵体损坏。因此，要选择无流量状态的检测和保护环节，并设置变频器最低运行频率。

(3) 起动连锁环节

变频器从低频起动，如果电动机在旋转时，便进入再生制动状态，会出现变频器过压保护。因此需设定电动机停止后再起动的连锁还击。另外，水泵停转后，由于水流的作用会反向缓慢旋转，此时起动变频器也会造成故障，只有安装单向阀才能解决这个问题。

2. 压力控制

压力也是一个非常重要的过程变量，它直接影响沸腾、化学反应、蒸馏、挤压成形、真空及空气流动等物理和化学过程。压力控制不好就可能引起生产安全，产品质量和产量等一系列问题。密封容器的压力过高就会引起爆炸。因此，将压力控制在安全范围内就显得极其重要。

压力控制的变频系统与流量控制的变频系统有非常相近的地方，所以变频控制可以基本参照流量控制。

如图 3-39 为通用变频器组成的压力闭环控制接线图。该系统中，采用压力变送器作为变频器内置 PID 的反馈传感器，以组成模拟闭环反馈控制系统。压力给定量用电位器设定以电压形式通过 AI2 口输入，而压力反馈信号以 4 ~ 20 mA 信号电流形式从 AI1 口输入，给定量和反馈量均通过模拟通道采集，由端子 DI1 实现闭环运行的起停。

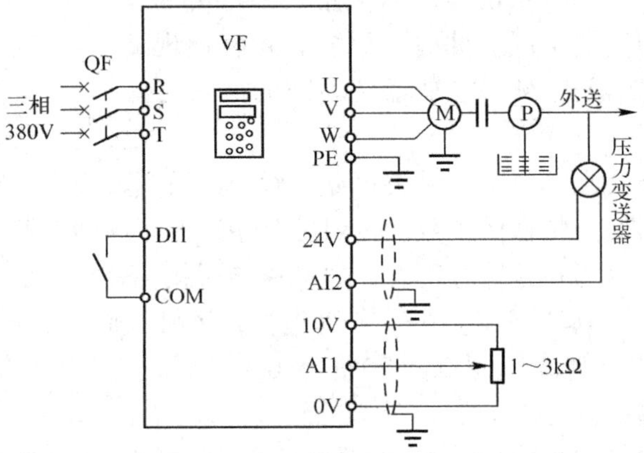

图 3-39　压力控制

3. 温度控制

温度是一个非常重要的过程变量，因为它直接影响燃烧、化学反应、发酵、烘烤、煅烧、蒸馏、浓度、挤压成形、结晶以及空气流动等物理和化学过程。温度控制不好就可能引起生产安全，产品质量和产量等一系列问题。尽管温度控制很重要，但是要控制好温度常常会遇到意想不到的困难。

图 3-40 为变频器温度控制示意图。该系统的温度检测元件为 K 型热电偶，送入到温控仪，与预先输入温控器的温度给定值进行比较，得出偏差值，再经运算后，输出带有连续 PID 调节规律的 4 ~ 20 mA 电流信号，送入到变频器的模拟量输入端。变频器的参数设置应该包括：上下限频率、4 mA 对应的频率、20 mA 对应的频率和加减速时间等。

对于变频温度控制系统必须注意以下几点：

① 由于温控过程缓慢，很多变频器内置 PID 控制并不适用，建议选用外置的温控器；

② 在温度控制中，很多风机的惯量比较大，因此选择变频器功能时，需注意转速跟踪功能和起动连锁条件；

③ 温控系统的变频器运转范围较宽，因此要防止在特定转速下的机械共振现象，可以在试运转中进行这一内容的分析，如果发生可以采取调整跳跃频率或者加装辅助机械装置将固有频率移出工作区；

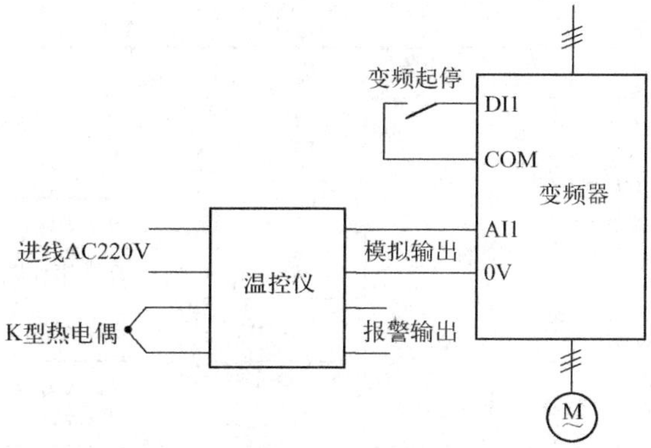

图 3-40　温度控制示意

④ 温度传感器的安装位置直接关系到温控变频系统的稳定性，因此必须安装在最佳位置，以达到系统的最优控制。

4. 其他工艺参数

在生产制造过程中，还涉及液位变量、pH 值等工艺参数，变频控制 PID 系统的组成基本上也可以参考以上三种方式。

小知识

在 PID 控制中，利用变频器可以输出最低频率和最高频率两种状态来实现“一拖多”控制。即当一台电动机工作频率达到最高频率时，若某工艺参数仍达不到预设值时，则将此台电动机切换到工频运行，变频器将自动起动第二台电动机，控制其变频运行。此后，如该工艺参数仍然达不到要求，则将该电动机又切换至工频，变频器软起动第三台电动机，往复工作，直至满足设定值要求为止。反之，若该工艺参数大于预设值时，控制器控制变频器频率降低，使变频泵转速降低，当频率低于下限时自动切掉一台工频电动机，依次类推，以始终使该工艺参数保持恒定。

3.4　三菱 E740 变频器的 PID 控制

3.4.1　E740 变频器 PID 操作

表 3-3 所列为三菱 E740 变频器常用的 PID 相关参数，它主要包括 PID 调节参数和 PID 通道参数。E740 的 PID 主要用流量、风量、压力、温度等工艺控制，一般可以由端子 2 输入信号或参数设定值作为目标、端子 4 输入信号作为反馈量组成 PID 控制的反馈系统。

表 3-3　三菱 E740 变频器常用的 PID 相关参数

参　数	名　　称	单　位	初始值	范　　围	内　　容
127	PID 控制自动切换频率	0.01 Hz	9999	0 ~ 400 Hz	自动切换到 PID 控制的频率
				9999	无 PID 控制自动切换功能

（续）

参数	名称	单位	初始值	范围	内容	
128	PID 动作选择	1	0	0	PID 控制无效	
				20	PID 负作用	测量值输入（端子 4） 目标值（端子 2 或 Pr. 133）
				21	PID 正作用	
				40 ~ 43	浮动辊控制	
				50	PID 负作用	偏差值信号输入（L_{ON} W_{ORKS} 通信、CC - Link 通信）
				51	PID 正作用	
				60	PID 负作用	测定值、目标值输入（L_{ON} W_{ORKS} 通信、CC - Link 通信）
				61	PID 正作用	
129	PID 比例带	0. 1%	100%	0. 1 ~ 1000%	比例带狭窄（参数的设定值小）时，测量值的微小变化经可以带来大的操作量变化随比例带的变小，响应灵敏度（增益）会变得更好，但可能会引起振动等、降低稳定性增益 $K_p = 1/$比例带	
				9999	无比例控制	
130	PID 积分时间	0. 1 s	1 s	0. 1 ~ 3600 s	在偏差步进输入时，仅在积分（*I*）动作中得到与比例（*P*）动作相同的操作量所需要的时间（*T*i） 随着积分时间变小，到达目标值的速度会加快，但是容易发生振动现象	
				9999	无积分控制	
131	PID 上限	0. 1%	9999	0 ~ 100%	上限值 反馈量超过设定值的情况下输出 FUP 信号测量值（端子 4）的最大输入（20 mA/5 V/10 V）相当于 100%	
				9999	无功能	
132	PID 下限	0. 1%	9999	0 ~ 100%	下限值 测定值低于设定值范围的情况下输出 FDN 信号 测量值（端子 4）的最大输入（20 mA/5 V/10 V）相当于 100%	
				9999	无功能	
133	PID 动作目标值	0. 1%	9999	0 ~ 100%	PID 控制时的目标值	
				9999	PID 控制	端子 2 输入电压为目标值
					浮动辊控制	固定于 50%
134	PID 微分时间	0. 01 s	9999	0. 01 ~ 10. 00 s	在偏差指示灯输入时，仅得到比例动作（*P*）的操作量所需要的时间（T_d）随微分时间的增大，对偏差变化的反应也越大	
				9999	无微分控制	

3.4.2　E740 变频器 PID 构成与动作

1. PID 的基本构成

图 3-41 所示为 PID 控制参数 Pr. 128 = 20 或 21 时的原理。

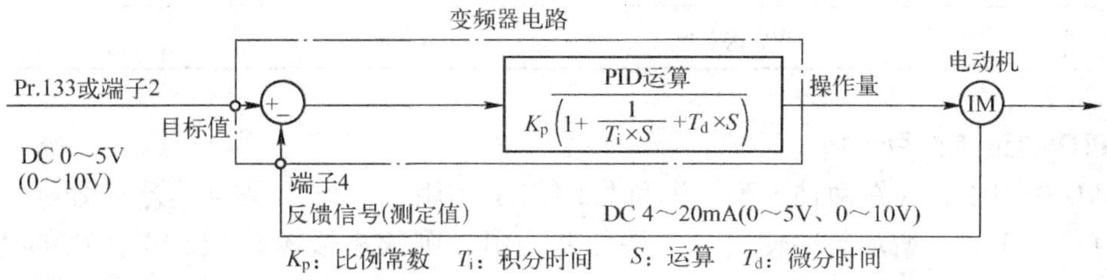

图 3-41　PID 框图

2. PID 动作过程

图 3-42 所示为 PID 调节参数 Pr. 129、Pr. 130 和 Pr. 134 设定之后的动作过程，称之为 P 动作、I 动作和 D 动作的三者之和。

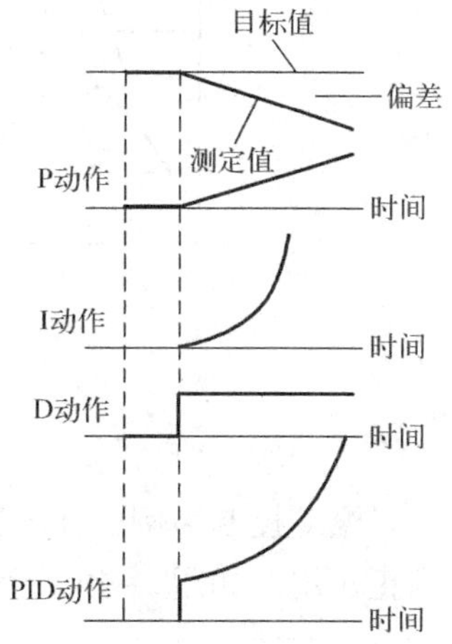

图 3-42　PID 动作过程

3. PID 的自动切换

为了加快 PID 控制运行时开始阶段的系统上升过程，可以仅在起动时以通常模式上升。Pr. 127 可以设置自动切换频率，从起动到 Pr. 127 以通常模式运行，待频率达到该设定值后，才转为 PID 控制。如图 3-32 所示为 PID 自动切换控制。当然，从图 3-43 中也可以看出，Pr. 127 的设定值仅在 PID 运行时有效，其他阶段无效。

4. PID 信号输出功能

在很多控制案例中，需要输出 PID 控制过程的各种状态，尤其是 PID 目标值、PID 测定值和 PID 偏差值。E740 变频器提供了这些信号直接输出到 AM 端子，具体设定参数如表 3-4 所示。

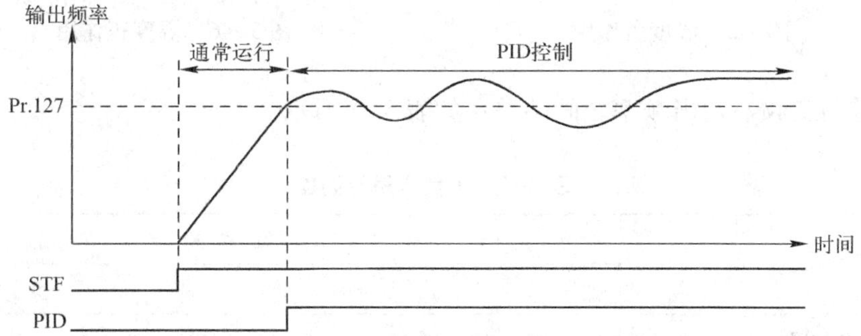

图 3-43　PID 自动切换

表 3-4　PID 信号输出功能

设 定 值	监 视 内 容	最 小 单 位	端子 AM 满刻度值
52	PID 目标值	0.1%	100%
53	PID 测量值	0.1%	100%
54	PID 偏差值	0.1%	—

5. PID 的正负作用

在 PID 作用中，存在两种类型，即负作用与正作用。负作用是当偏差信号（即目标值-测量值）为正时，增加频率输出，如果偏差为负，则频率输出降低。正作用的动作顺序刚好相反，具体如图 3-44 所示。

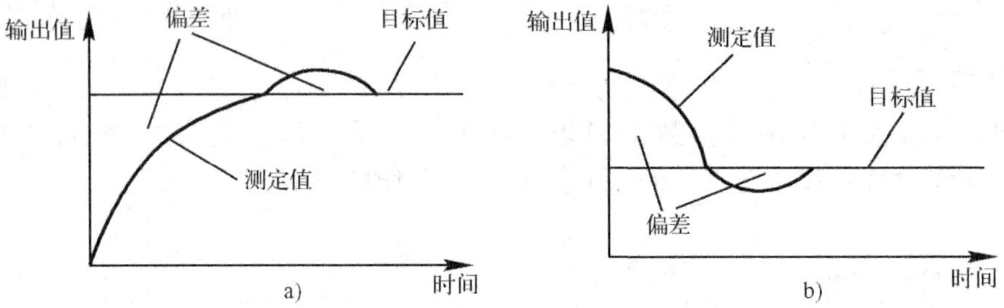

图 3-44　正负作用
a）负作用　b）正作用

以温度控制为例，在冬天的暖气控制时为负作用，如图 3-45 所示；在夏天的冷气控制时为正作用，如图 3-46 所示。

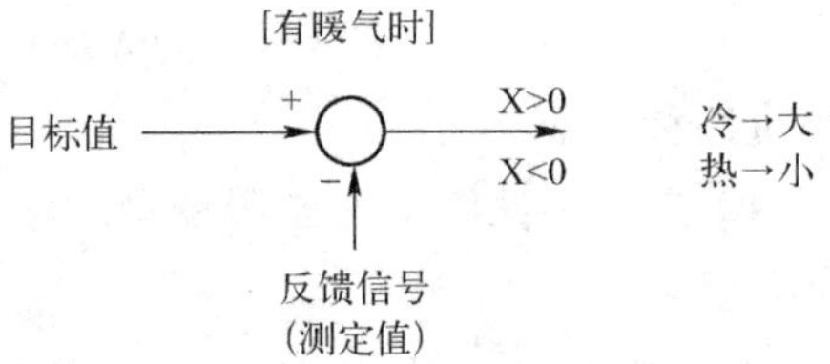

图 3-45　温度负作用

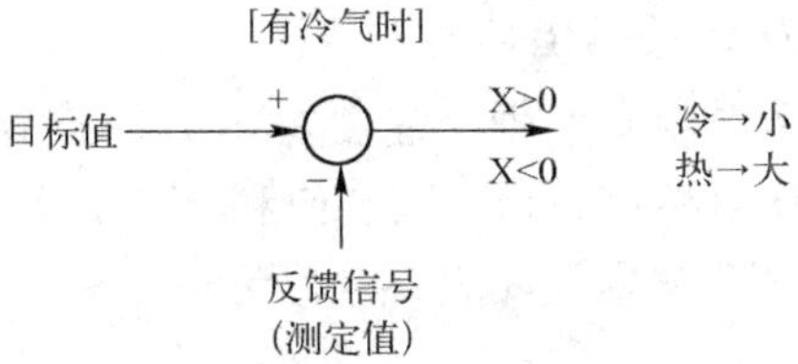

图 3-46　温度正作用

温度偏差与变频器输出频率之间的关系如表 3-5 所示。

表 3-5　正负作用与偏差

	偏差	
	正	负
负作用	↗	↘
正作用	↘	↗

3.4.3 三菱 E740 变频器对电动机的 PID 控制

【任务要求】

1）正确设置变频器输出的额定频率、额定电压、额定电流、额定功率和额定转速。

2）通过操作面板控制电动机起动/停止。

3）通过外部模拟电压输入端子设定目标值。

4）通过外部模拟电流输入端子输入反馈值（反馈用外部给定模拟）。

【实训步骤】

1）检查实训设备中器材是否齐全。

2）按照图 3-47 变频器外部接线图完成变频器的接线，认真检查，确保正确无误。

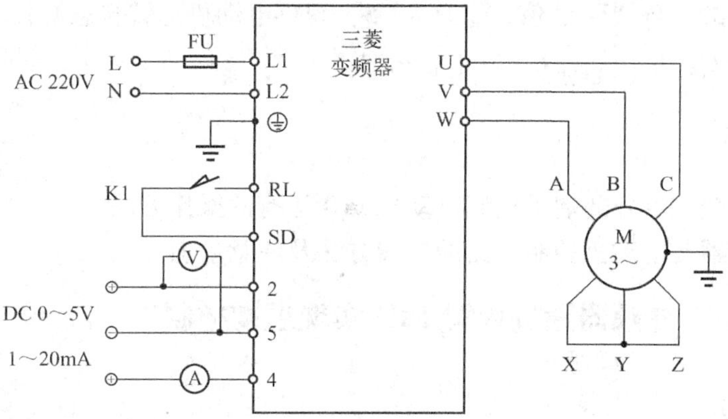

图 3-47 变频器外部接线图

3）打开电源开关，按照表 3-6 所示的参数功能表正确设置变频器参数。

表 3-6 参数功能表

序号	变频器参数	出厂值	设定值	功能说明
1	Pr. 1	50	50	上限频率（50 Hz）
2	Pr. 2	0	0	下限频率（0 Hz）
3	Pr. 7	5	5	加速时间（5 s）
4	Pr. 8	5	5	减速时间（5 s）
5	Pr. 9	0	0. 35	电子过电流保护（0. 35 A）
6	Pr. 160	9999	0	扩张功能显示选择
7	Pr. 79	0	4	操作模式选择
8	Pr. 180	0	14	PID 控制有效端子
9	Pr. 128	0	20	PID 动作选择
10	Pr. 129	100	100	PID 比例带
11	Pr. 130	1	1	PID 积分时间

（续）

序　号	变频器参数	出　厂　值	设　定　值	功能说明
12	Pr. 131	9999	100	PID 上限设定值
13	Pr. 132	9999	0	PID 下限设定值
14	Pr. 133	0	0	PU 操作时的 PID 设定值
15	Pr. 134	9999	0	PID 微分时间

注：设置参数前先将变频器参数复位为工厂的默认设定值，因此端子 4 默认为模拟量电流输入。

4）按下操作面板按钮(RUN)，起动变频器。

5）打开开关 K1，启动 PID 控制。

6）调节输入电压、电流，观察并记录电动机的运转情况。

7）改变 Pr. 130、Pr. 134 的值，重复 4、5，观察电动机运转状态有什么变化。

8）按下操作面板按钮(STOP/RESET)，停止变频器。

【实训总结】

1）总结使用变频器外部端子控制电动机 PID 运行的操作方法。

2）记录变频器与电动机控制电路的接线方法及注意事项。

3.4.4　三菱 E740 变频器通过内置 PID 实现温度控制

【任务要求】

某三菱 E740 1.5 kW 变频器进行温度 PID 控制，其中温度传感器为二线制，其中 0℃下为 4 mA、50℃为 20 mA。同时将目标值施加于变频器的端子 2 ~5 间（0 ~5 V）。通过变频器内置 PID 控制，可以将室温调整到 25℃。

（1）请设计控制电路图；

（2）给出相关参数值；

（3）阐述如何进行 PID 调试。

【实训步骤】

1）接线如图 3-48 所示，启动命令由变频器 PU 发出，频率命令由电位器设定。

2）基本参数设置。

采用漏型逻辑，其中 Pr. 128 = 20（PID 控制启用）、Pr. 182 = 14（RH 端子为 PID 切换）。

3）调试过程。

首先对目标值输入进行校正。

◇ 在端子 2 ~5 间施加相当于目标值设定 0% 的输入电压（例：0V）。

◇ 请输入当 C2（Pr. 902）的偏差为 0% 时变频器应输出的频率（例：0Hz）。

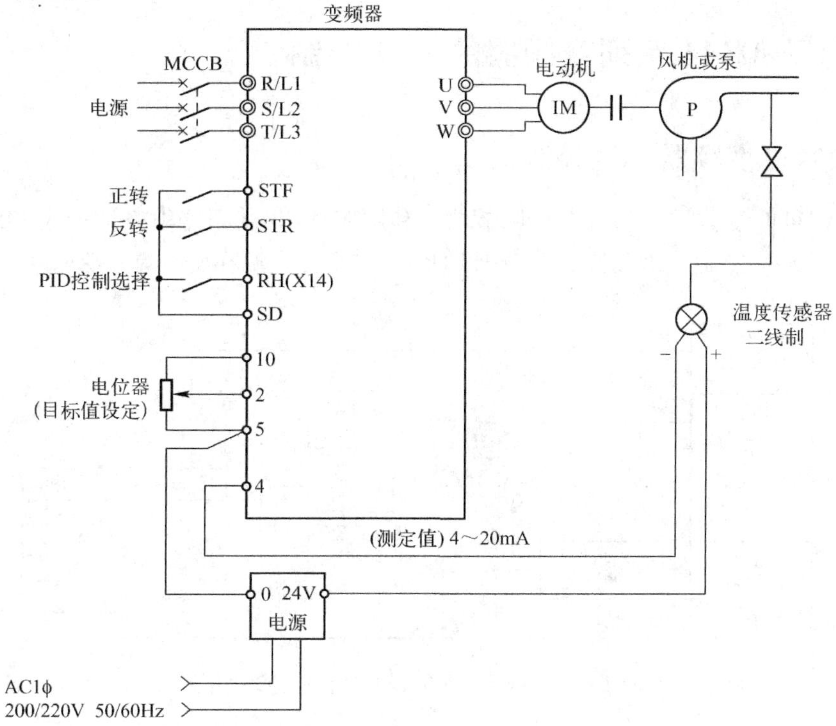

图 3-48 PID 电路设计

◇ 设定当 C3（Pr. 902）为 0% 时的电压值。

◇ 在端子 2～5 间施加相当于目标值设定 100% 的输入电压（例：5V）。

◇ 请输入当 Pr. 125 的偏差为 100% 时变频器应输出的频率（例：60Hz）。

◇ 设定当 C4（Pr. 903）为 100% 时的电压值。

其次对测定值输入进行校正。

◇ 在端子 4～5 间施加相当于测定值 0% 的输入电流（例：4mA）。

◇ 通过 C6（Pr. 904）进行校正。

◇ 在端子 4～5 间施加相当于测定值 100% 的输入电流（例：20mA）。

◇ 通过 C7（Pr. 905）进行校正。

最后进行 PID 运行调试。

◇ 设定 Pr. 128，将 X14 信号设置为 ON，即可进行 PID 控制。

◇ 端子 2 的规格为 0%→0 V、100%→5 V，因此 50% 的目标值应向端子 2 输入 2.5 V 电压。

◇ 运行时先将比例带（Pr. 129）稍稍增大、积分时间（Pr. 130）稍稍延长、微分时间（Pr. 134）设定为“9999”（无效），然后观察系统的动作，再慢慢减小比例带（Pr. 129）或增大积分时间（Pr. 130）。在响应迟缓的系统下，应使用微分控制（Pr. 134）逐渐增大。

3.5　西门子 MM4 系列变频器的 PID 控制

3.5.1　MM440 变频器 PID 控制

西门子 MM440 变频器内部有 PID 调节器。利用 MM440 变频器很方便构成 PID 闭环控制，MM440 变频器 PID 控制原理简图如图 3-49 所示。PID 给定源和反馈源分别见表 3-7 和表 3-8。

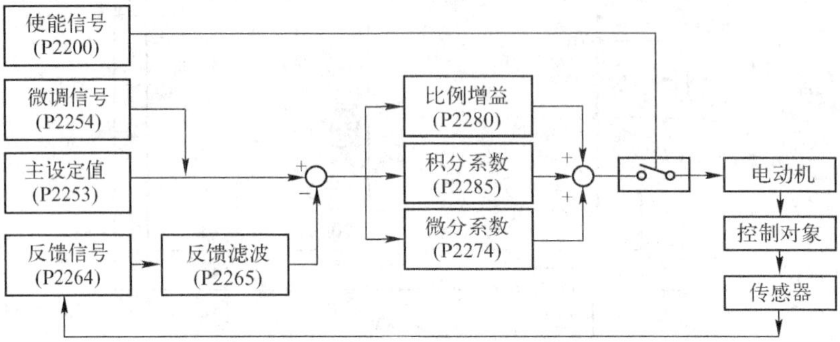

图 3-49　MM440 变频器 PID 控制原理简图

表 3-7　MM440 PID 给定源

PID 给定源	设　定　值	功 能 解 释	说　　明
P2253	2250	BOP 面板	通过改变 P2240 改变目标值
	755.0	模拟通道 1	通过模拟量大小改变目标值
	755.1	模拟通道 2	

表 3-8　MM440 PID 反馈源

PID 反馈源	设　定　值	功 能 解 释	说　　明
P2264	755.0	模拟通道 1	当模拟量波动较大时，可适当加大滤波时间，确保系统稳定
	755.1	模拟通道 2	

如图 3-50 所示，采用压力传感器装在水泵附近的主出水管，感受到的压力转化为电信号作为反馈信号。变频器内置调节器作为压力调节器，调节器将来自压力传感器的压力反馈信号与出口压力给定值比较运算，其结果作为频率指令输送给变频器，调节水泵的转速使出口压保持一定。即当用水量增加，水压降低时，调节器使变频器输出频率增加，电动机拖动水泵加速，水压增大；反之，当用水量减少，水压上升，调节器使变频器输出频率减少，电动机拖动水泵减速，水压减小。另外，PID 闭环控制功能也用于其他被控量的控制，如温度、速度等。

具体参数设置如图 3-51 所示，其中 P2251 控制方式需要设置为“0”（即 PID 作为设定值），微分系数 P2274 根据工艺情况进行审慎修改（如供水情况可以为 0），滤波限幅 P2265/P2267/P2268 通常采用默认值。

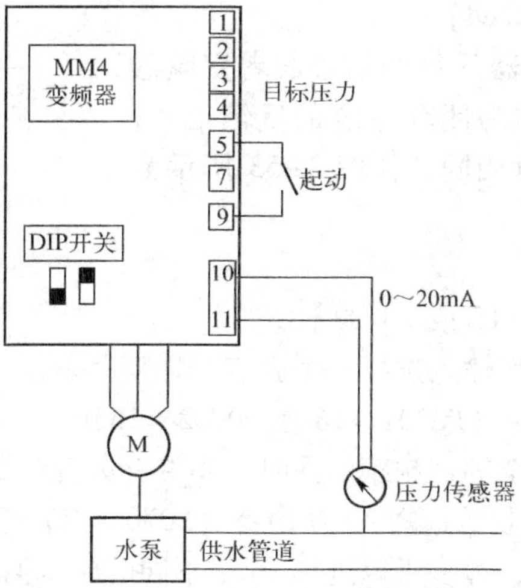

图 3-50　MM4 系列变频器的压力控制

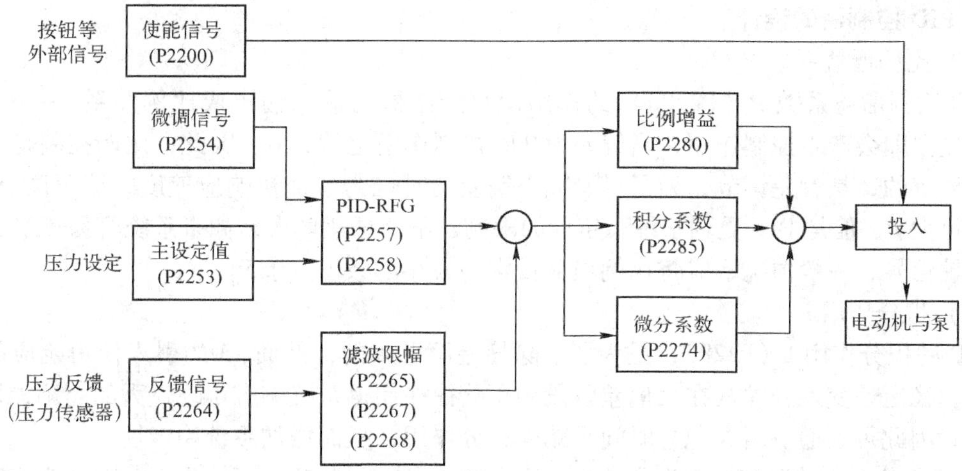

图 3-51　供水 PID 控制

1. PID 设定值信号源（P2253）

在 MM4 系列变频器中，主设定值的给定主要通过以下几种方式：①模拟输入；②固定 PID 设定值；③已激活的 PID 设定值。如图 3-52 所示为 P2253 的设定值。

图 3-52　P2253 的设定值

2. 反馈通道的设定（P2264）

通过各种传感器、编码器采集的信号或者变频器的模拟输出信号，均可以作为闭环系统的反馈信号，反馈通道的设定同主设定值相同。如图 3-53 所示为 P2264 的设定值。

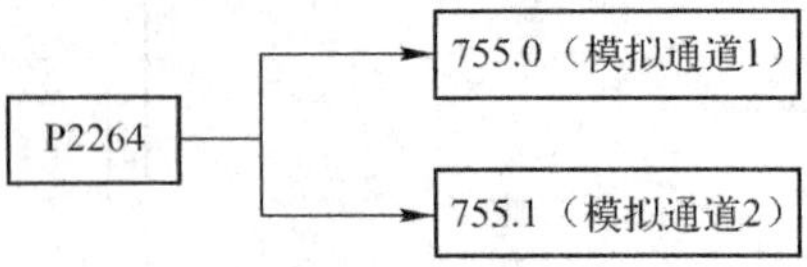

图 3-53　P2264 的设定值

3. PID 固定频率的设定

（1）直接选择（P0701 = 15 或 P0702 = 15）

在这种方式下，一个数字输入选择一个固定 PID 频率。

（2）直接选择 + ON 命令（P0701 = 16 或 P0702 = 16）

每个数字输入在选择一个固定频率的同时，还带有运行命令。

（3）二进制编码的十进制数选择 + ON 命令（P0701 = 17 到 P0706 = 17）

使用这种选择固定频率，最多可以选择 15 个不同的频率值。

（4）令 P0701 = 99，P1020 = 722.0，P1016 = 1，则选通 P2201 的频率设定值。

（5）令 P0701 = 99，P2220 = 722.0，P2016 = 1，则选通 P2201 的频率设定值。

4. PID 控制器的设计

（1）比例增益系数 P

PID 比例增益系数 P（P2280）的作用使得控制器的输入输出成比例关系，一一对应，一有偏差立即会产生控制作用，当偏差为 0 时控制作用也就为 0。因此，比例控制是基于偏差进行调节的，是有差调节，为了尽量减小偏差同时也为了加快响应速度，缩短调节时间，就需要增大 P，但是 P 又受到系统稳定性的限制，不能任意增大，如果系统容易遭受突然跳变的反馈信号，一般情况下应将比例项 P 设定为较小的数值（0.5）。

（2）积分作用 I

PID 的积分作用 I（P2285）是为了消除静差而引入的，然而，I 的引入使得响应的快速性下降，稳定性变差，尤其在大偏差阶段的积分往往使得系统响应出现过大的超调，调节时间变长，因此可以通过增大积分时间来减少积分作用，从而增加系统稳定性。

注意：当积分时间 P2285 为零的情况下，并不投入积分项。而如果在 P2280 为零的情况下，积分项的作用是误差信号的平方。

（3）微分作用 D

微分作用 D（P2274）的引入使之能够根据偏差变化的趋势做出反应，加快了对偏差变化的反应速度，能够有效地减小超调，缩小最大动态偏差，但同时又使系统容易受到高频干扰的影响。通常情况下，并不投入微分项，即 P2274 = 0。

因此，只有合理地整定这三个参数，才能获得比较满意的控制性能。

5. PID 控制器类型的选择（P2263）

（1）P2263 = 0 是对反馈信号进行微分的控制器，即微分先行控制器，避免大幅度改变给定值所引起的振荡现象。

（2）P2263 = 1 是对误差信号进行微分的控制器。

6. 滤波

在闭环控制系统中，无论是传感器测量，主设定值的给定，都不可避免引入系统噪声，噪声的引入会引起系统不稳定和精度下降。因此西门子 MM4 系列变频器在 PID 控制器的功能中又加入了滤波环节。为了平滑 PID 的设定值，设置 P2261 为一时间常数。为了平滑 PID 反馈信号，设置参数 P2265 为相应时间常数。

7. PID 自整定

在 MM440 中，PID 参数自整定是按照 Ziegler Nichols 标准，并根据系统的开环特性来确定控制器比例增益系数和积分时间。与此同时，MM440 对 PID 参数进行自整定的时候，以阶跃响应的超调和响应时间为依据，通过选择不同的命令源来设定不同积分、微分系数和比例增益的大小。

令 P2350 = 1，使能 PID 自整定功能。通过设置不同的 P2350 的值，可以使系统具有不同的超调和阻尼。

8. PID trim（微调）

PID 闭环控制既可以适用于主设定回路控制，也可以作为微调控制，微调控制需设定以下参数：P2251 = 1；P2254 选择微调回路的设定值。

3.5.2 实现 MM440 变频器面板设定目标值的 PID 控制运行

【任务要求】

实现 MM440 变频器面板设定目标值的 PID 控制运行。

【实训步骤】

（1）按要求接线

图 3-54 为面板设定目标值时 PID 控制端子接线图，模拟输入端 AIN2 接入反馈信号 0 ~ 20 mA，数字量输入端 DIN1 接入的带锁按钮 SB1 控制变频器的起/停，给定目标值由 BOP 面板（▲▼）键设定。

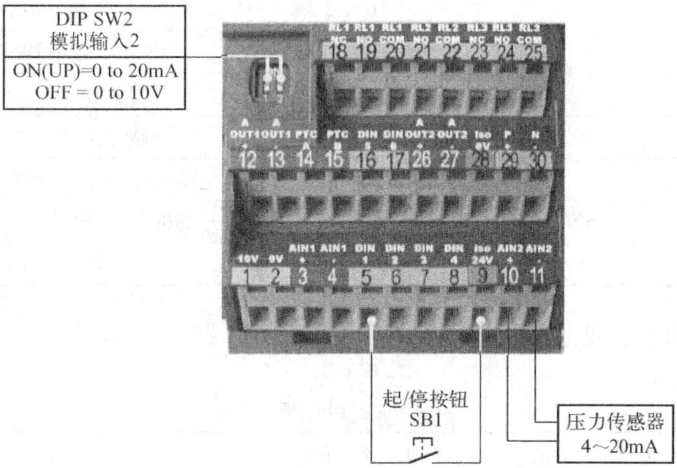

图 3-54　面板设定目标值的 PID 控制端子接线图

（2）参数设置

1）参数复位。恢复变频器工厂默认值，设定 P0010 = 30 和 P0970 = 1，按下 P 键，开始复位，复位过程大约为3 s，这样就保证了变频器的参数恢复到工厂默认值。

2）设置电动机参数，见表3-9。电动机参数设置完成后，设 P0010 =0，变频器当前处于准备状态，可正常运行。

表3-9　电动机参数设置

参 数 号	出 厂 值	设 置 值	说　明
P0003	1	1	设定用户访问级为标准级
P0010	0	1	快速调试
P0100	0	0	功率以 kW 表示，频率为 50 Hz
P0304	230	380	电动机额定电压（V）
P0305	3.25	1.05	电动机额定电流（A）
P0307	0.75	0.37	电动机额定功率（kW）
P0310	50	50	电动机额定频率（Hz）
P0311	0	1400	电动机额定转速（r/min）

3）设置控制参数，见表3-10。

表3-10　控制参数表

参 数 号	出 厂 值	设 置 值	说　明
P0003	1	2	用户访问级为扩展级
P0004	0	0	参数过滤显示全部参数
P0700	2	2	由端子排输入（选择命令源）
* P0701	1	1	端子 DIN1 功能为 ON 接通正转/OFF 停车
* P0702	12	0	端子 DIN2 禁用
* P0703	9	0	端子 DIN3 禁用
* P0704	0	0	端子 DIN4 禁用
P0725	1	1	端子 DIN 输入为高电平有效
P1000	2	1	频率设定由 BOP（▲▼）设置
* P1080	0	20	电动机运行的最低频率（下限频率）（Hz）
* P1082	50	50	电动机运行的最高频率（上限频率）（Hz）
P2200	0	1	PID 控制功能有效

4）设置目标参数，见表3-11。

表3-11　目标参数表

参 数 号	出 厂 值	设 置 值	说　明
P0003	1	3	用户访问级为专家级
P0004	0	0	参数过滤显示全部参数
P2253	0	2250	已激活的 PID 设定值（PID 设定值信号源）
* P2240	10	60	由面板 BOP（▲▼）设定的目标值（%）

（续）

参　数　号	出　厂　值	设　置　值	说　　明
* P2254	0	0	无 PID 微调信号源
* P2255	100	100	PID 设定值的增益系数
* P2256	100	0	PID 微调信号增益系数
* P2257	1	1	PID 设定值斜坡上升时间
* P2258	1	1	PID 设定值的斜坡下降时间
* P2261	0	0	PID 设定值无滤波

当 P2232 =0 允许反向时，可以用面板 BOP 键盘上的（▲▼）键设定 P2240 值为负值。

5）设置反馈参数，见表 3-12。

表 3-12　反馈参数表

参　数　号	出　厂　值	设　置　值	说　　明
P0003	1	3	用户访问级为专家级
P0004	0	0	参数过滤显示全部参数
P2264	755. 0	755. 1	PID 反馈信号由 AIN2 +（即模拟输入 2）设定
* P2265	0	0	PID 反馈信号无滤波
* P2267	100	100	PID 反馈信号的上限值（%）
* P2268	0	0	PID 反馈信号的下限值（%）
* P2269	100	100	PID 反馈信号的增益（%）
* P2270	0	0	不用 PID 反馈器的数学模型
* P2271	0	0	PID 传感器的反馈型式为正常

6）设置 PID 参数，见表 3-13。

表 3-13　PID 参数表

参　数　号	出　厂　值	设　置　值	说　　明
P0003	1	3	用户访问级为专家级
P0004	0	0	参数过滤显示全部参数
* P2280	3	25	PID 比例增益系数
* P2285	0	5	PID 积分时间
* P2291	100	100	PID 输出上限（%）
* P2292	0	0	PID 输出下限（%）
* P2293	1	1	PID 限幅的斜坡上升/下降时间（s）

（3）变频器运行操作

1）按下带锁按钮 SB1 时，变频器数字输入端 DIN1 为“ON”，变频器起动电动机。当反馈的电流信号发生改变时，将会引起电动机速度发生变化。

若反馈的电流信号小于目标值 12 mA（即 P2240 值），变频器将驱动电动机升速；电动机速度上升又会引起反馈的电流信号变大。当反馈的电流信号大于目标值 12 mA 时，变频器又将驱动电动机降速，从而又使反馈的电流信号变小；当反馈的电流信号小于目标值 12 mA 时，变频器又将驱动电动机升速。如此反复，能使变频器达到一种动态平衡状态，变频器将驱动电动机以一个动态稳定的速度运行。

2）如果需要，则目标设定值（P2240 值）可直接通过按操作面板上的（▲▼）键来改变。当设置 P2231 =1 时，由（▲▼）键改变了的目标设定值将被保存在内存中。

3）放开带锁按钮 SB1，数字输入端 DIN1 为“OFF”，电动机停止运行。

3.5.3　MM420 变频器应用 PID 的简单案例

图 3-55 所示为 MM420 变频器应用 PID 的一个简单案例，它包括数字输入 1 端子为起动或停止、PID 设定值（变频器内部设定）、PID 反馈值（模拟量输入 1）。表 3-14 所示为 PID 的参数设置值。

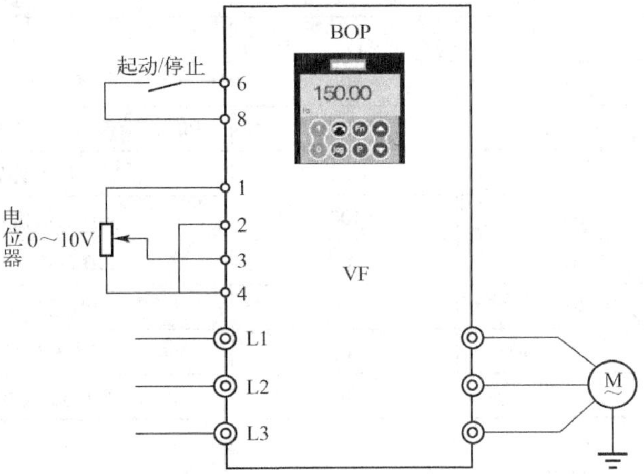

图 3-55　PID 应用案例

表 3-14　PID 参数的设置

参 数 代 码	功 能 简 述	设 定 数 据
P701	数字输入 1 的功能	1（5 号端子为起动信号）
P756	ADC 的类型	1（带监控的单极性电压输入）
P2200	允许 PID 控制器投入	1（使能 PID）
P2253	PID 设定值信号源	2250（已激活的 PID 设定值）
P2240	PID - MOP 的设定值	10.00（PID - MOP 的设定值）
P2264	PID 反馈信号	755（模拟输入设定值）
P2265	PID 反馈滤波时间常数	5（根据实际调整）
P2280	PID 比例增益系数	0.5（根据实际调整）
P2285	PID 积分时间	15（根据实际调整）

3.6 思考与练习

1. 简要回答以下问题：

（1）电力传动系统的机械特性是什么？

（2）变频器负载类型有哪些分类？并举例说明。

（3）泵与搅拌机各属于哪一类负载？为什么？

（4）变频器容量的选型依据是什么？

（5）变频器如何来对电动机的热过载进行保护？

（6）变频器有哪些适应负载的方式？请举例说明。

（7）变频器 PID 控制的实现方式是怎样的？请用图表说明三菱 E740 与西门子 MM440 变频器的 PID 控制方式。

2. 图 3-56 所示为某变频器运行 *U/f* 曲线，请根据图中的数字标注进行参数设定？（其中变频器型号分别为三菱 E740 和西门子 MM420 变频器，参数请参考附录 A 和附录 B。

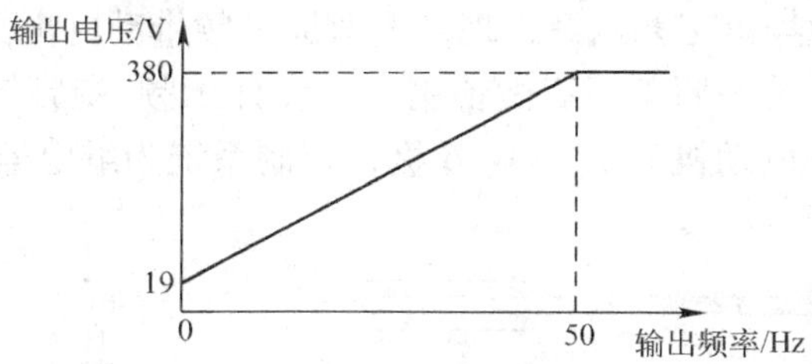

图 3-56　题 2 图

3. 对于电梯应用中的变频器来说（图 3-57），应采取哪种加减速方式来确保人体的舒适度？以一种变频器为例进行加减速参数设定。

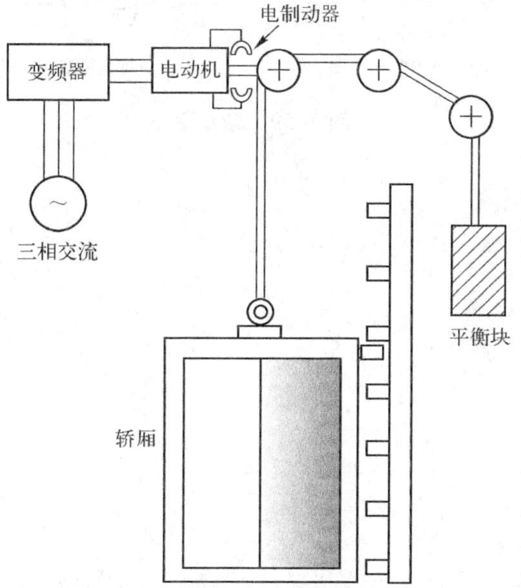

图 3-57　题 3 图

4. 图 3-58 所示为某变频器的正转运行过程，请结合现场变频器型号（比如三菱 E740 或西门子 MM420）进行起动和停止的参数设定，以确保变频器按图进行工作。

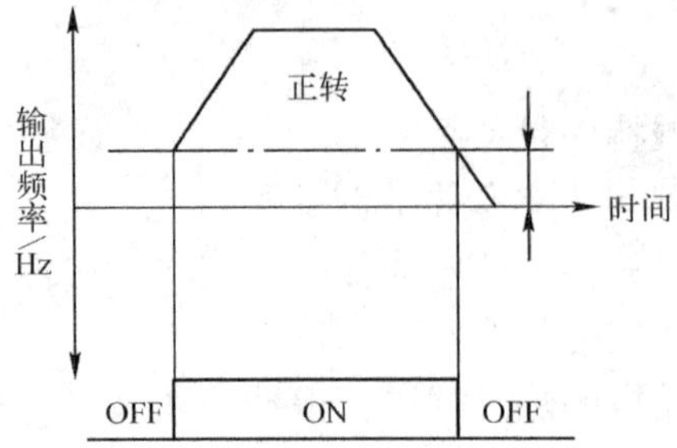

图 3-58 题 4 图

5. 在某化工厂中，如果需要对搅拌机进行三菱 E740（或西门子 MM420）变频器的 4 段速控制与模拟量控制切换控制，即当切换开关 ON 时为模拟量控制、切换开关为 OFF 时为 4 段速控制，请问该如何进行变频器接线与参数设置?

6. 图 3-59 所示为搅拌机工艺示意，现需要对原工频带动的搅拌机进行变频改造，但是又不能取消原有的工频，希望原工频能做备用，请设计工频/变频转换电气线路图，并对变频器进行参数设置。其中电动机为 5.5 kW/6 极，控制系统为继电器。

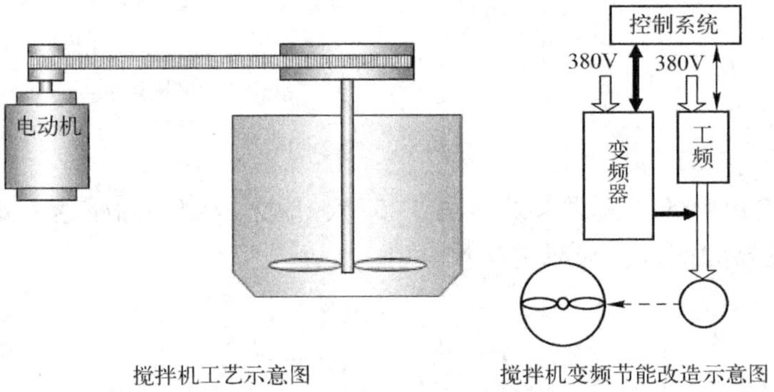

图 3-59 题 6 图

第4章　变频器与其他工控设备的连接与控制

【导读】

变频器除单独使用外，多数情况是作为工业自动化控制系统的一个组成部分，尤其是作为被监控的驱动终端存在。只要将变频器和继电器配合使用就能实现变频调速的自动控制。这里说的继电器分为两种：第一种是应用线圈通电控制触点吸合的传统继电器；第二种是智能继电器，又称可编程序控制器（PLC），它可通过软件来改变控制过程。除此之外，本章还介绍了 MCGS 嵌入式一体化触摸屏 TPC7062K 和 MCGS 嵌入版全中文工控组态软件，并介绍其基本功能和主要特点，通过触摸屏、PLC 和变频器的综合控制，最终实现了全自动控制。

知识目标

※ 了解变频器与其他工控设备的连接方式；
※ 学会进行 PLC 与变频器的连接和控制程序的编制；
※ 了解组态设备控制变频器的方法。

能力目标

☆ 掌握 PLC 与变频器的连接方法；
☆ 掌握继电器、PLC 与变频器组合的电动机正反转控制方法；
☆ 掌握触摸屏控制变频器多段速的实现方法。

4.1　PLC 和变频器之间的连接与控制

4.1.1　PLC 与变频器的连接方式

在工业自动化控制系统中，最为常见的是 PLC 和变频器的组合应用，并且产生了多种多样的 PLC 控制变频器的方法。

1. 利用 PLC 的模拟量输出模块控制变频器

该方法的优点是程序编制简单，调速曲线连续平滑，工作稳定。PLC 的模拟量输出模块输出 0 ~ 5 V 电压信号或 4 ~ 20 mA 电流信号，作为变频器的模拟量输入信号，控制变频器的输出频率，如图 4-1 所示。缺点是在大规模生产线中，控制电缆较长，尤其是 D - A 模块采用电压信号输出时，线路上有较大的电压降，影响了系统的稳定性和可靠性。

2. 利用 PLC 的开关量输出模块控制变频器

PLC（MR 型或 MT 型）的输出端、COM 端直接与变频器的 STF（正转起动）、RH（高

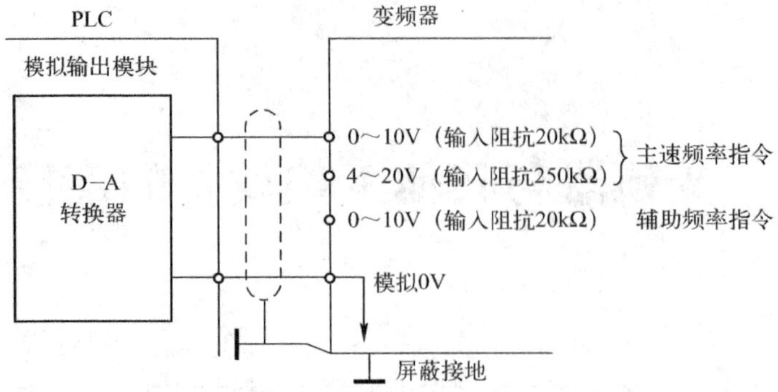

图4-1　数值信号的输入

速)、RM（中速)、RL（低速)、SG 等端口分别相连。PLC 可以通过程序控制变频器的起动、停止、复位，也可以控制变频器高速、中速、低速端子的不同组合，实现多段速度运行。PLC 的开关输出量一般可以与变频器的开关量输入端直接相连，如图 4-2 所示。这种控制方式的接线简单，抗干扰能力强。但是，因为它是采用开关量来实施控制的，其调速曲线不是一条连续平滑的曲线，也无法实现精细的速度调节。这种开关量控制方法的调速精度无法与采用扩展存储器的通信控制方式相比。

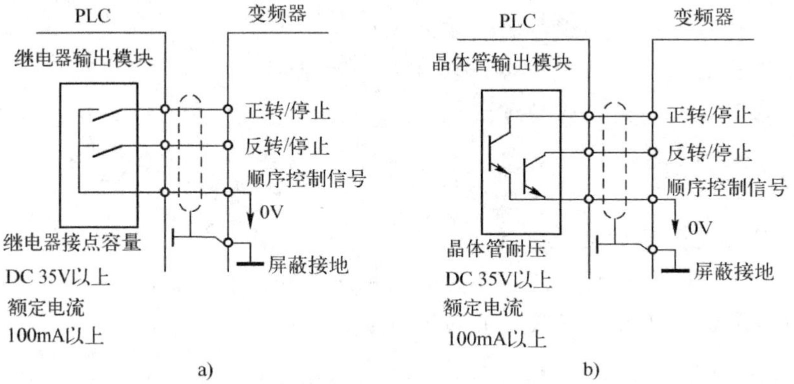

图4-2　开关指令信号的输入

a）PLC 的继电器触点与变频器的连接　b）PLC 的晶体管与变频器的连接

3. PLC 与变频器通信接口的连接

PLC 与变频器通信接口的连接共分为如下三类。

（1）采用 RS 串行接口无协议通信方法控制变频器

在数字信息传送中，串行接口的应用越来越广。目前主要使用的串行接口有 RS－232 和 RS－485/422 两种方式，由于 RS－232 接口适用的范围只有 30 m，在变频器上使用的多为 RS－485 半双工工作方式，传送距离最大可达 500 m 。采用 RS－485 无协议通信方法控制变频器的优点为硬件简单，造价最低，可控制 32 台变频器，缺点是编程工作量较大。

（2）采用 RS－485 的 Modbus－RTU 通信方法控制变频器

三菱新型 700/800 系列变频器使用 RS－485 端子，利用 Modbus－RTU 协议与 PLC 进行通信。采用 RS－485 的 Modbus－RTU 通信方法控制变频器的优点是 Modbus 通信方式的 PLC 编程比 RS－485 无协议方式要更加简单便捷，缺点是 PLC 编程的工作量仍然较大。

（3）采用现场总线方式控制变频器

三菱变频器可内置各种类型的通信选件，如用于 CC－Link 现场总线的 FR－A5NC 选件、用于 Profibus－DP 现场总线的 FR－A5AP（A）选件、用于 DeviceNet 现场总线的 FR－A5 ND 选件等。三菱 FX 系列 PLC 有对应的通信接口模块与之对接。优点为速度快，距离远，效率高，工作稳定，编程简单，可连接的变频器数量多；缺点是造价较高，远远高于采用扩展存储器通信控制方式的造价。

4.1.2　PLC 控制的可逆运行调速系统的安装与调试

【任务要求】

利用西门子 S7－200PLC 和西门子 MM440 变频器设计电动机可逆运行的控制电路，并通过参数设置来改变变频器的正转、反转连续运行的输出频率。

（1）通过 PLC 的正确编程、变频器参数的正确设置，实现电动机的正反转运行。当电动机正向运行时，正向起动时间为 8 s，电动机正向运行速度为 840 r/min，对应频率 30 Hz。当电动机反向运行时，反向起动时间为 8 s，电动机反向运行速度为 840 r/min，对应频率为 30 Hz。当电动机停止时，发出停止指令 8 s 内电动机停止。

（2）通过 PLC 的正确编程、变频器参数的正确设置，实现电动机的正反向点动运行。电动机正向反向点动转速 560 r/min，对应频率 20 Hz。点动斜坡上升或下降时间为 6 s。

【实训步骤】

（1）PLC 与变频器的硬件接线

将 PLC 与变频器的按图 4-3 所示硬件接线图进行连接。

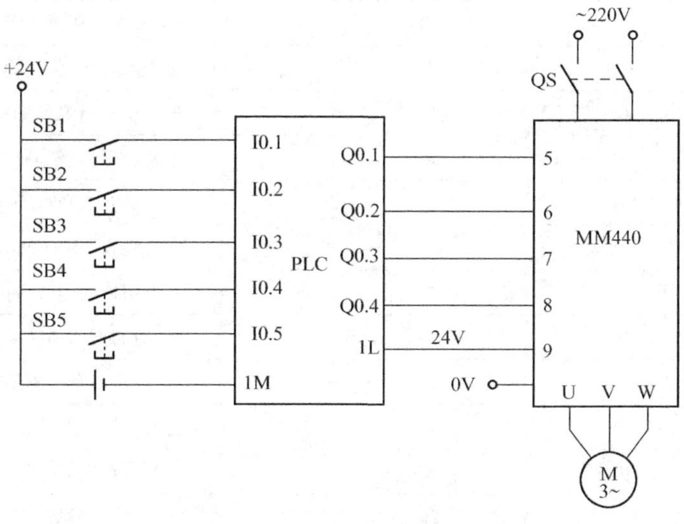

图 4-3　PLC 与变频器的硬件接线

（2）PLC 的 I/O 分配表

表 4–1　PLC 控制电动机可逆运行的 I/O 分配表

输　入			输　出		
输入继电器	输入元件	作　用	输出继电器	MM440 接口	作　用
I0.1	SB1	正向起动按钮	Q0.1	5	正转/停止
I0.2	SB2	停止按钮	Q0.2	6	反转/停止
I0.3	SB3	反向起动按钮	Q0.3	7	正向点动
I0.4	SB4	正向点动按钮	Q0.4	8	反向点动
I0.5	SB5	反向点动按钮			

（3）变频器的参数设置

表 4–2　PLC 控制电动机可逆运行的变频器参数设置表

参　数	出 厂 值	设 置 值	说　明
P0003	1	1	设置用户访问等级为标准级
P0004	0	7	命令，二进制 I/O
P0700	2	2	用外部端子控制变频器起停
P0003	1	2	设用户访问级为扩展级
P0004	0	7	命令，二进制 I/O
* P0701	1	1	ON/OFF1
* P0702	1	2	ON/OFF1
* P0703	9	10	正向点动
* P0704	15	11	反向点动
P0003	1	1	设置用户访问等级为标准级
P0004	0	10	设定值通道和斜坡函数发生器
P1000	2	1	频率设定值为键盘（MOP）设定值
P1080	0	0	电动机运行最低频率（Hz）
P1082	50	50	电动机运行最高频率（Hz）
* P1120	10	8	斜坡上升时间（s）
* P1121	10	8	斜坡下降时间（s）
P0003	1	2	设用户访问级为扩展级
P0004	0	10	设定值通道和斜坡函数发生器
* P1040	5	30	设定键盘控制的频率
* P1060	10	6	点动斜坡上升时间（s）
* P1061	10	6	点动斜坡下降时间（s）
* P1058	5	20	正向点动频率（Hz）
* P1059	5	20	反向点动频率（Hz）

【实训总结】

（1）任务检测

1）会进行硬件电路的制作，如 PLC 的 I/O 分配、元件选用、接线工艺；

2）掌握软件的设计，如 PLC 梯形图设计、变频器参数设定；

3）掌握系统运行与调试，如实现 PLC 控制的电动机可逆运行变频调速功能。

（2）思考

1）PLC 控制变频器可逆控制的方法有哪些？

2）如何用 PLC 控制变频器？

3）PLC 与变频器的连接方法有哪些？

4.1.3 基于西门子 PLC 的变频器外部端子控制电动机正反转

【任务要求】

（1）正确设置变频器输出的额定频率、额定电压、额定电流、额定功率和额定转速。

（2）通过外部端子控制电动机起动/停止、正转/反转，按下按钮“S1”电动机正转起动，按下按钮“S3”电动机停止，待电动机停止运转，按下按钮“S2”电动机反转。

（3）运用操作面板改变电动机起动的点动运行频率和加减速时间。

【实训步骤】

1）按照图 4-4 所示进行变频器外部接线。

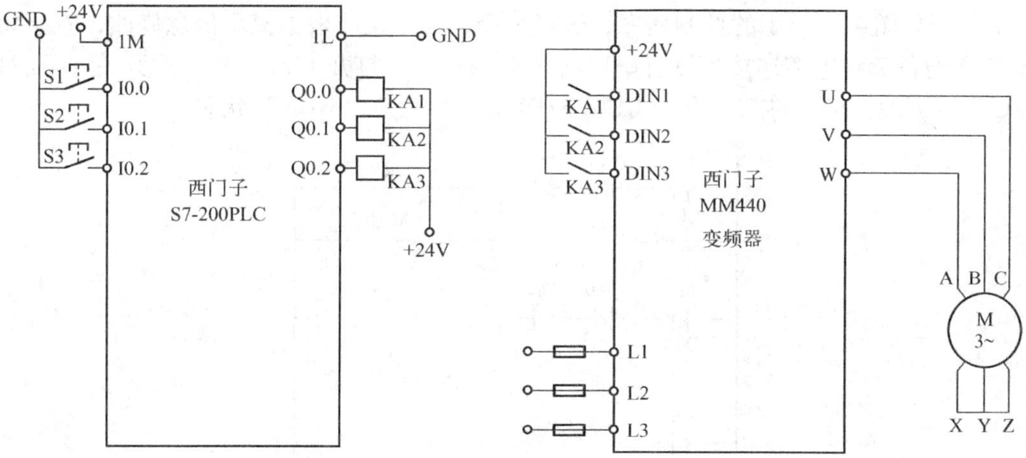

图 4-4　变频器外部接线

注意图 4-4 和图 4-3 的区别。图 4-3 中所使用的 PLC 的输出类型为继电器输出，图 4-4 中所使用的 PLC 的输出类型为晶体管输出。因此图 4-4 中所使用的 PLC 不能直接去控制变频器的开关量输入。这里通过实验台上的中间直流继电器 KA1、KA2、KA3 进行转换。用 PLC 的输出分别控制继电器 KA1、KA2、KA3 的线圈，再用继电器 KA1、KA2、KA3

相应的开关触点去控制对应的变频器的输入端子。这种方法在类似的实训中普遍应用。请同学们根据所使用的 PLC 的输出类型自行选择正确的电路进行硬件连接。

2）变频器参数设置。

变频器参数设置见功能表 4-3。

表 4-3　功能表

序　号	变频器参数	出 厂 值	设 定 值	功 能 说 明
1	P0304	400	380	电动机的额定电压（380 V）
2	P0305	3. 25	0. 35	电动机的额定电流（0. 35 A）
3	P0307	0. 75	0. 06	电动机的额定功率（60 W）
4	P0310	50. 00	50. 00	电动机的额定频率（50 Hz）
5	P0311	0	1430	电动机的额定转速（1430 r/min）
6	P0700	2	2	选择命令源（由端子排输入）
7	P1000	2	1	用操作面板（BOP）控制频率的升降
8	P1080	0	0	电动机的最小频率（0 Hz）
9	P1082	50	50. 00	电动机的最大频率（50 Hz）
10	P1120	10	10	斜坡上升时间（10 s）
11	P1121	10	10	斜坡下降时间（10 s）
12	P0701	1	1	ON/OFF（接通正转/停车命令 1）
13	P0702	12	2	反转
14	P0703	9	3	OFF3（停车命令 3）按斜坡函数曲线快速降速停车

注：① 设置参数前先将变频器参数复位为工厂的默认设定值。

② 设定 P0003 = 2 允许访问扩展参数。

③ 设定电动机参数时先设定 P0010 = 1（快速调试），电动机参数设置完成设定 P0010 = 0（准备）。

3）打开如图 4-5 所示的控制程序，进行编译，有错误时根据提示信息修改，直至无误，用 PC/PPI 通信编程电缆连接计算机串口与 PLC 通信口，打开 PLC 主机电源开关，下载程序至 PLC 中，下载完毕后将 PLC 的“RUN/STOP”开关拨至“RUN”状态。

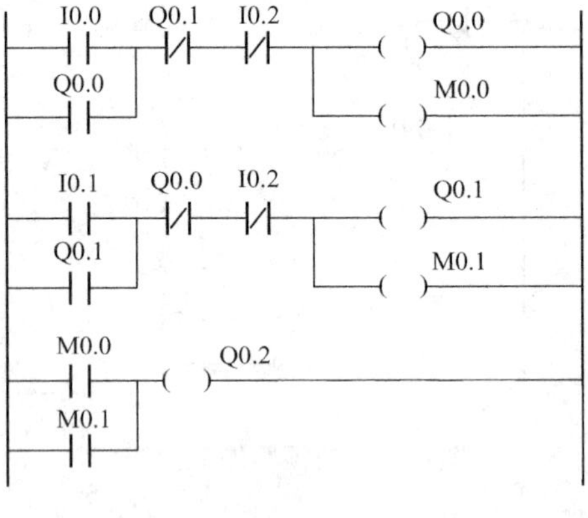

图 4-5　电动机正反转的西门子 PLC 程序

按下按钮 S1，观察并记录电动机的运转情况。

按下操作面板按钮◙，增加变频器输出频率。

按下按钮 S3，等电动机停止运转后，按下按钮 S2，电动机反转。

【实训总结】

1）总结使用变频器外部端子控制电动机点动运行的操作方法。

2）记录变频器与电动机控制电路的接线方法及注意事项。

4.1.4 基于三菱PLC的变频器外部端子控制电动机正-停-反转

【任务要求】

（1）正确设置变频器输出的额定频率、额定电压、额定电流、额定功率和额定转速。

（2）通过外部端子控制电动机起动/停止、正转/反转，按下按钮S1电动机正转起动，按下按钮S3电动机停止，待电动机停止运转，按下按钮S2电动机反转。

（3）运用操作面板改变电动机起动的点动运行频率和加减速时间。

【实训步骤】

1）检查实训设备中器材是否齐全。

2）按照图4-6所示的变频器外部接线图完成变频器与三菱 FX_{3U} PLC的接线，认真检查，确保正确无误。

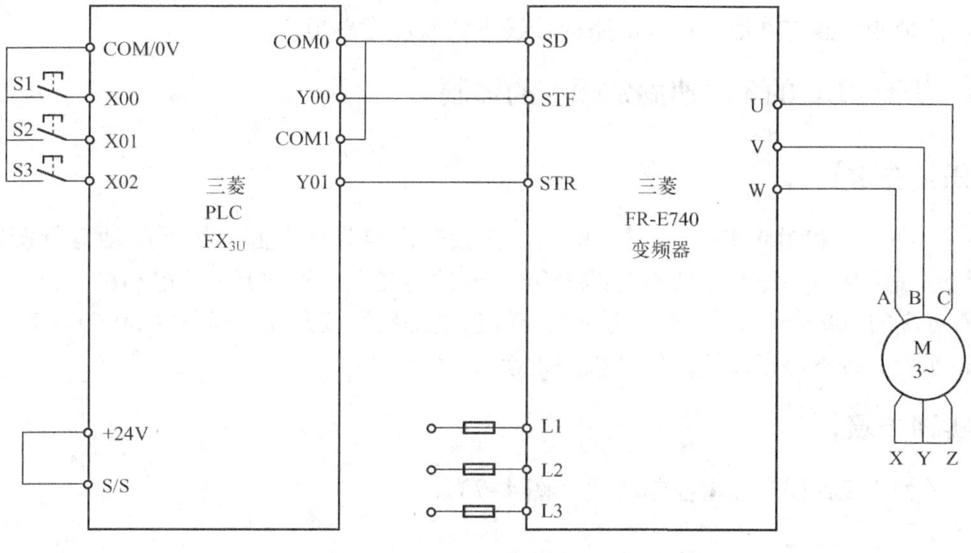

图4-6 三菱 FX_{3U} PLC与E740变频器外部接线

3）打开电源开关，按照参数功能表正确设置变频器参数（表4-4）。

表4-4 参数功能表

序号	变频器参数	出厂值	设定值	功能说明
1	Pr. 1	50	50	上限频率（50 Hz）
2	Pr. 2	0	0	下限频率（0 Hz）
3	Pr. 7	5	10	加速时间（10 s）

（续）

序　号	变频器参数	出　厂　值	设　定　值	功 能 说 明
4	Pr. 8	5	10	减速时间（10 s）
5	Pr. 9	0	1.0	电子过电流保护
6	Pr. 160	9999	0	扩张功能显示选择
7	Pr. 79	0	3	操作模式选择
8	Pr. 179	61	61	STR 反向起动信号

注：设置参数前先将变频器参数复位为工厂的默认设定值。

4）打开示例程序或用户自己编写的控制程序，进行编译，有错误时根据提示信息修改，直至无误，用 SC－09 通信编程电缆连接计算机串口与 FX_{3U} PLC 通信口，打开 PLC 主机电源开关，下载程序至 PLC 中，下载完毕后将 PLC 的“RUN/STOP”开关拨至“RUN”状态。

5）用旋钮设定变频器运行频率。

6）按下按钮 S1，观察并记录电动机的运转情况。

7）按下按钮 S3，等电动机停止运转后，按下按钮 S2，观察并记录电动机的运转情况。

【实训总结】

1）总结使用变频器外部端子控制电动机点动运行的操作方法。

2）记录变频器与电动机控制电路的接线方法及注意事项。

4.1.5　基于 PLC 的 3 段速固定频率的控制

【任务要求】

S7－200 PLC 和 MM440 变频器联机实现 3 段速固定频率控制。按下起动运行按钮，电动机起动并运行在 10 Hz 频率所对应的 280 r/min 的转速上；延时 10 s 后电动机升速，运行在 25 Hz 所对应的 700 r/min 转速上；再延时 10 s 后电动机继续升速，运行在 50 Hz 所对应 1400 r/min 转速上，按下停车按钮，电动机停止运行。

【实训步骤】

1）了解 3 段速固定频率控制曲线（图 4-7）。

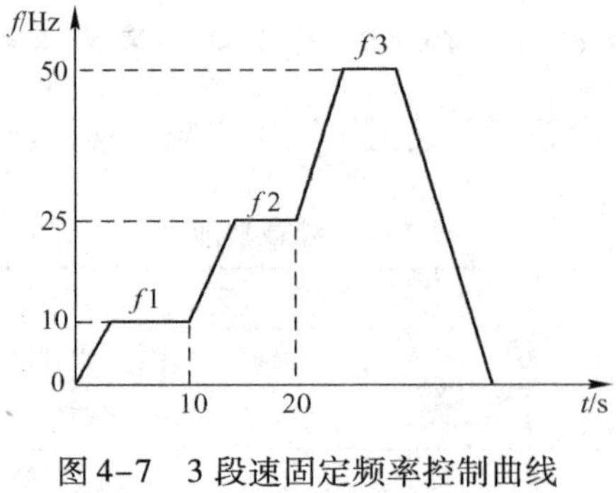

图 4-7　3 段速固定频率控制曲线

2）进行 PLC 与变频器的硬件接线（图 4-8）。

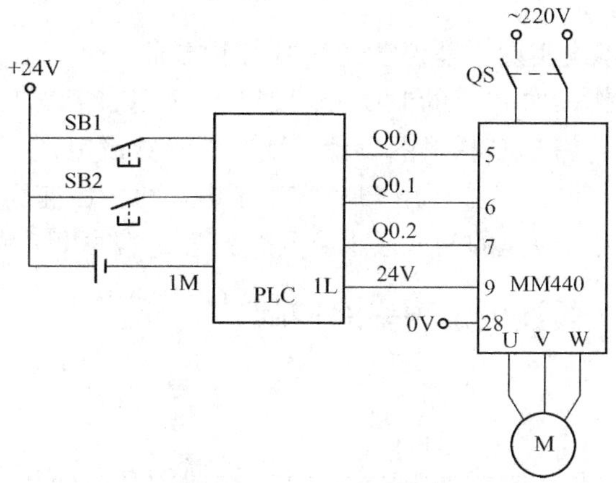

图 4-8　PLC 与变频器 3 段速固定频率控制电路硬件接线

3）建立 PLC 的 I/O 口分配表（表 4-5）。

表 4-5　PLC 的 I/O 口分配表

输　入			输　出		
输入继电器	输入元件	作　用	输出继电器	MM440 接口	作　用
I0. 1	SB1	起动按钮	Q0. 0	5	固定频率设置
I0. 2	SB2	停止按钮	Q0. 1	6	固定频率设置
			Q0. 2	7	运行/停止控制

4）变频器参数设置（表 4-6）。

表 4-6　变频器的参数设置表

参　数	出厂值	设置值	说　明
P0003	1	1	设置用户访问级为标准级
P0004	0	7	命令，二进制 I/O
P0700	2	2	用外部端子控制变频器起停
P0003	1	2	设置用户访问级为扩展级
P0004	0	7	命令，二进制 I/O
* P0701	1	17	选择固定频率
* P0702	1	17	选择固定频率
* P0703	1	1	ON/OFF
P0003	1	1	设置用户访问级为标准级
P0004	0	10	设定值通道和斜坡函数发生器
P1000	2	3	选择固定频率设定值
P0003	1	2	设置用户访问级为扩展级
P0004	0	10	设定值通道和斜坡函数发生器
* P1001	0	10	设置固定频率 1（Hz）
* P1002	5	25	设置固定频率 2（Hz）
* P1003	10	50	设置固定频率 3（Hz）

【实训总结】

（1）检测一下通过本次实训，是否已经掌握以下技能：

1）会硬件电路的制作，如 PLC 的 I/O 分配、元件选用、接线工艺；

2）掌握软件的设计，如 PLC 梯形图设计、变频器参数设定；

3）掌握系统的运行与调试，如利用 PLC 实现了电动机 3 段速固定频率控制。

（2）思考：PLC 控制 3 段速的输入最少有几个？怎么编写 PLC 的程序？

4.1.6 基于 PLC 的 7 段速固定频率的控制

【任务要求】

（1）某精密机床，其主轴转速共分 7 档，分别为 75 r/min、150 r/min、300 r/min、500 r/min、800 r/min、1200 r/min 和 1500 r/min。本任务的主要内容是 S7－200PLC 和 MM440 变频器联机实现 7 段速固定频率控制。

（2）按下起动运行按钮，电动机起动并运行在 10 Hz 频率所对应的 280 r/min 的转速上；延时 10 s 后电动机升速，运行在 20 Hz 所对应的 560 r/min 转速上；再延时 10 s 后电动机继续升速，运行在 50 Hz 所对应 1400 r/min 转速上；再延时 10 s 后，电动机降速到 30 Hz 频率所对应的 840 r/min 的转速上；再延时 10 s 后，电动机正向减速到 0 并反向加速运行在 －10 Hz 所对应的 －280 r/min 的转速上；再延时 10 s 后，电动机继续反向加速到 －20 Hz 频率所对应的 －560 r/min 的转速上；再延时 10 s 后，电动机继续反向加速到 －50 Hz 频率所对应的 －1400 r/min 的转速上。按下停车按钮，电动机停止运行。

【实训步骤】

1）绘制频率控制曲线（图 4-9）。

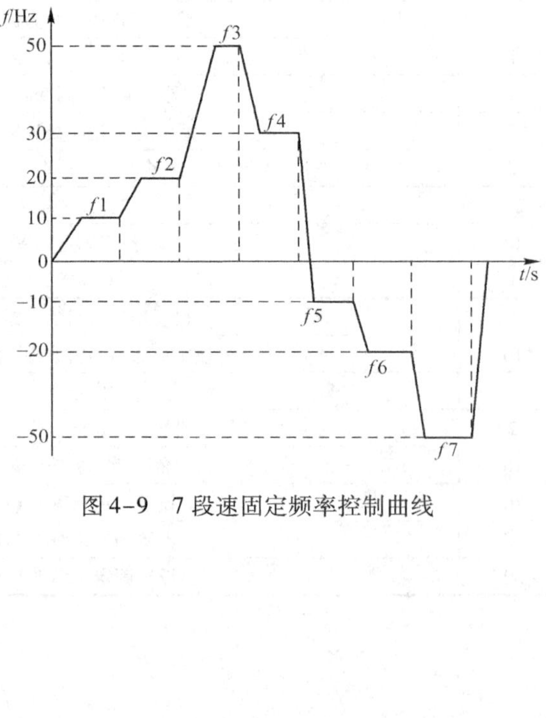

图 4-9　7 段速固定频率控制曲线

2）进行变频器与 PLC 的硬件接线（图 4-10）。

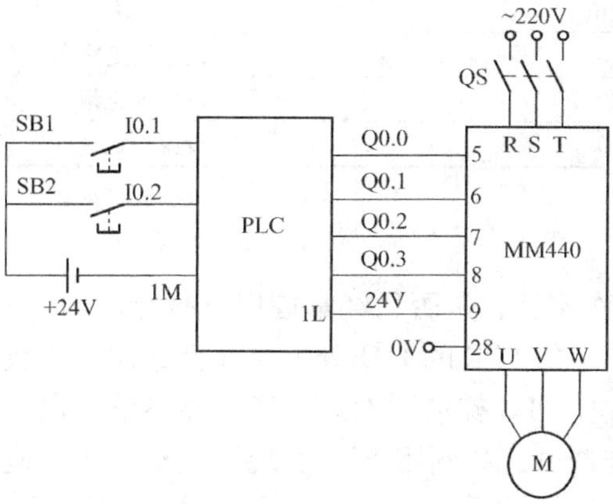

图 4-10　7 段速固定频率控制电路 PLC 与变频的硬件接线

3）建立 PLC 的 I/O 分配表（表 4-7）。

表 4-7　PLC 的 I/O 口分配表

输　　入			输　　出		
输入继电器	输 入 元 件	作　　用	输出继电器	MM440 接口	作　　用
I0. 1	SB1	起动按钮	Q0. 0	5	固定频率设置
I0. 2	SB2	停止按钮	Q0. 1	6	固定频率设置
			Q0. 2	7	固定频率设置
			Q0. 3	8	运行/停止控制

4）变频器参数设置（表 4-8）。

表 4-8　变频器的参数设置表

参　　数	出厂值	设置值	说　　明
P0003	1	1	设置用户访问级为标准级
P0004	0	7	命令，二进制 I/O
P0700	2	2	用外部端子控制变频器起停
P0003	1	2	设置用户访问级为扩展级
P0004	0	7	命令，二进制 I/O
P0701	1	17	选择固定频率
P0702	1	17	选择固定频率
P0703	9	17	选择固定频率
P0704	15	17	ON 接通正转，OFF 停止
P0003	1	1	设置用户访问级为标准级
P0004	0	10	设定值通道和斜坡函数发生器
P1000	2	3	选择固定频率设定值
P0003	1	2	设置用户访问级扩展级
P0004	0	10	设定值通道和斜坡函数发生器
* P1001	0	10	设置固定频率 1（Hz）
* P1002	5	20	设置固定频率 2（Hz）
* P1003	10	50	设置固定频率 3（Hz）
* P1004	15	30	设置固定频率 4（Hz）

（续）

参　　数	出厂值	设置值	说　　明
* P1005	20	-10	设置固定频率 5（Hz）
* P1006	25	-20	设置固定频率 6（Hz）
* P1007	30	-50	设置固定频率 7（Hz）

【实训总结】

（1）检测一下通过本次实训，是否已经掌握以下技能。

1）会硬件电路的制作，如 PLC 的 I/O 分配、元件选用、接线工艺；

2）掌握软件的设计，如 PLC 梯形图设计、变频器参数设定；

3）掌握系统的运行与调试，如利用 PLC 实现了电动机 7 段速固定频率控制。

（2）思考

1）PLC 控制 7 段速的输入最少有几个？如何设置变频器的参数？

2）PLC 控制 7 段速的程序编写思路。

4.1.7　基于西门子 PLC 数字量方式多段速控制

【任务要求】

（1）正确设置西门子 MM440 变频器输出的额定频率、额定电压、额定电流、额定功率和额定转速。

（2）通过 PLC 控制变频器外部端子。打开开关“K1”，变频器每过一段时间自动变换一种输出频率，关闭开关 K1 电动机停止；开关 K2、K3、K4 按不同的方式组合，可选择 7 种不同的输出频率。

（3）运用操作面板改变电动机起动的点动运行频率和加减速时间。

【实训步骤】

1）检查实训设备中器材是否齐全。

2）按照变频器外部接线图完成变频器的接线（图 4-11），认真检查，确保正确无误。

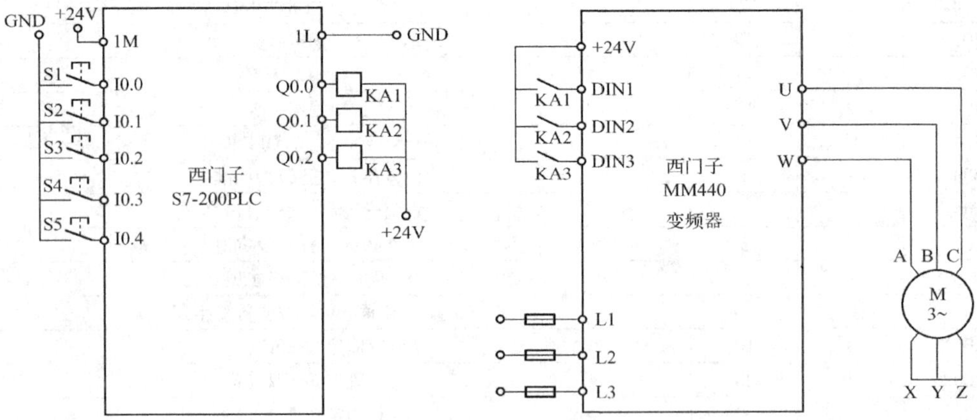

图 4-11　变频器外部接线

3）打开电源开关，按照参数功能表正确设置变频器参数（表4-9）。

表4-9　MM440变频器参数设置表

序号	变频器参数	出厂值	设定值	功能说明
	P0010		1	
	P0304	400	380	电动机的额定电压（380 V）
	P0305	3.25	0.7	电动机的额定电流（0.35 A）
	P0307	0.75	0.06	电动机的额定功率（60 W）
	P0310	50.00	50.00	电动机的额定频率（50 Hz）
	P0311	0	1430	电动机的额定转速（1430 r/min）
	P1000	2	3	固定频率设定
	P1080	0	0	电动机的最小频率（0 Hz）
	P1082	50	50.00	电动机的最大频率（50 Hz）
	P1120	10	10	斜坡上升时间（10 s）
	P1121	10	10	斜坡下降时间（10 s）
	P0700	2	2	选择命令源（由端子排输入）
	P0003		2	
	P0010		0	
	P0004		7	
	P0701	1	16	固定频率设定值（二进制编码选择+ON命令）
	P0702	12	16	固定频率设定值（二进制编码选择+ON命令）
	P0703	9	12	固定频率设定值（二进制编码选择+ON命令）
	P0003		2	
	P0010		0	
	P0004		10	
	P1001	0.00	5.00	固定频率1
	P1002	5.00	10.00	固定频率2
	P1003	10.00	20.00	固定频率3

注：① 设置参数前先将变频器参数复位为工厂的默认设定值。

② 设定P0003=2允许访问扩展参数。

③ 设定电动机参数时先设定P0010=1（快速调试），电动机参数设置完成设定P0010=0（准备）。

4）打开示例程序或用户自己编写的控制程序（图4-12），进行编译，有错误时根据提示信息修改，直至无误，用PC/PPI通信编程电缆连接计算机串口与PLC通信口，打开PLC主机电源开关，下载程序至PLC中，下载完毕后将PLC的“RUN/STOP”开关拨至“RUN”状态。

5）打开开关K1，观察并记录电动机的运转情况。

6）关闭开关K1，切换开关K2、K3、K4的通断，观察并记录电动机的运转情况。

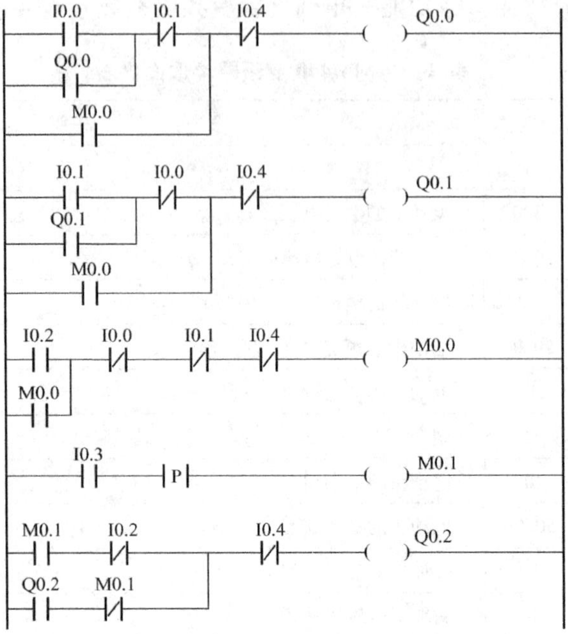

图 4-12　西门子 PLC 数字量方式 7 段速控制程序示例

【实训总结】

1）总结使用变频器外部端子控制电动机点动运行的操作方法。

2）记录变频器与电动机控制电路的接线方法及注意事项。

4.1.8　基于三菱 PLC 数字量方式多段速控制

【任务要求】

（1）正确设置三菱 E740 变频器输出的额定频率、额定电压、额定电流、额定功率和额定转速。

（2）通过 PLC 控制变频器外部端子。打开开关 K1 变频器每过一段时间自动变换一种输出频率，关闭开关 K1 电动机停止；开关 K2、K3、K4、K5 按不同的方式组合，可选择 15 种不同的输出频率。

（3）运用操作面板改变电动机起动的点动运行频率和加减速时间。

【实训步骤】

1）检查实训设备中器材是否齐全。

2）按照变频器外部接线图 4-13 完成变频器的接线，认真检查，确保正确无误。

3）打开电源开关，按照参数功能表正确设置变频器参数（表 4-10）。

4）打开用户自己编写的控制程序，进行编译，有错误时根据提示信息修改，直至无误，用通信编程电缆连接计算机串口与 PLC 通信口，打开 PLC 主机电源开关，下载程序至 PLC 中，下载完毕后将 PLC 的“RUN/STOP”开关拨至“RUN”状态。

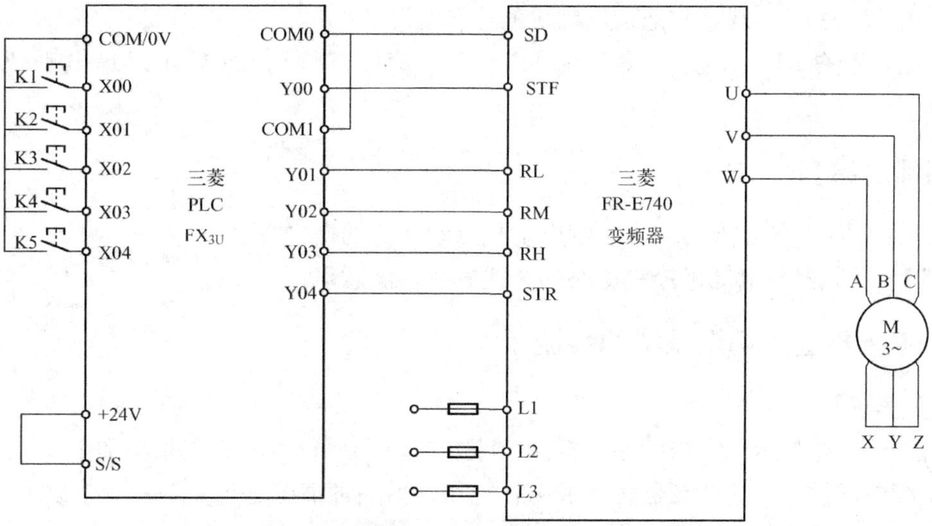

图 4-13　PLC 控制变频器实现 15 段速接线

表 4-10　三菱 E740 变频器参数设置表

序号	变频器参数	出厂值	设定值	功 能 说 明
	Pr. 1	120	50	上限频率（50 Hz）
	Pr. 2	0	0	下限频率（0 Hz）
	Pr. 7	5	5	加速时间（5 s）
	Pr. 8	5	5	减速时间（5 s）
	Pr. 9	0	0. 35	电子过电流保护（0. 35 A）
	Pr. 160	9999	0	扩张功能显示选择
	Pr. 79	0	3	操作模式选择
	Pr. 179	61	8	多段速运行指令
	Pr. 180	0	0	多段速运行指令
	Pr. 181	1	1	多段速运行指令
	Pr. 182	2	2	多段速运行指令
	Pr. 4	50	5	固定频率 1
	Pr. 5	30	10	固定频率 2
	Pr. 6	10	15	固定频率 3
	Pr. 24	9999	18	固定频率 4
	Pr. 25	9999	20	固定频率 5
	Pr. 26	9999	23	固定频率 6
	Pr. 27	9999	26	固定频率 7
	Pr. 232	9999	29	固定频率 8
	Pr. 233	9999	32	固定频率 9
	Pr. 234	9999	35	固定频率 10
	Pr. 235	9999	38	固定频率 11
	Pr. 236	9999	41	固定频率 12
	Pr. 237	9999	44	固定频率 13
	Pr. 238	9999	47	固定频率 14
	Pr. 239	9999	50	固定频率 15

注：设置参数前先将变频器参数复位为工厂的默认设定值。

5）打开开关 K1，观察并记录电动机的运转情况。

6）关闭开关 K1，切换开关 K2、K3、K4、K5 的通断，观察并记录电动机的运转情况。

【实训总结】

1）总结使用变频器外部端子控制电动机点动运行的操作方法。

2）记录变频器与电动机控制电路的接线方法及注意事项。

4.1.9 工频与变频切换系统的装调

【任务要求】

一台电动机变频运行，当频率上升到 50 Hz（工频）并保持长时间运行时，应将电动机切换到工频电网供电，让变频器休息或另作他用；另一种情况是当变频器发生故障时，需将其自动切换到工频运行，同时进行声光报警。

现利用 S7－200PLC 和 MM440 变频器联机实现工频与变频控制系统的切换，控制要求如下：

1）用户根据工作需要选择工频运行或变频运行。

2）在变频运行时，一旦变频器因故障而跳闸时，可自动切换为工频运行方式，同时进行声光报警。

【实训步骤】

1）确定主电路接线（图 4-14）。

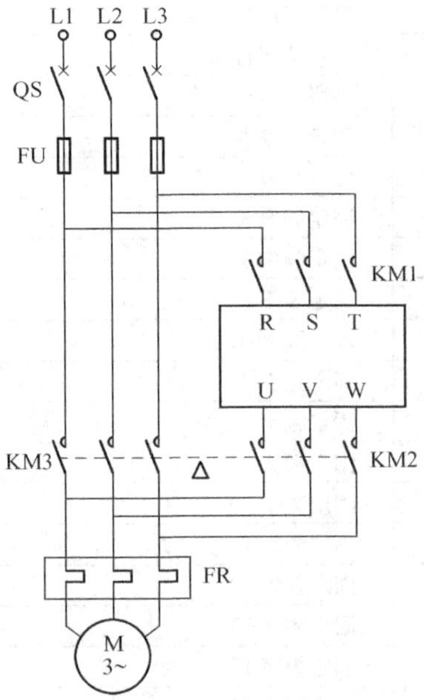

图 4-14　基于 PLC 的工频与变频切换系统

2）PLC 进行 I/O 分配（表 4-11）。

表 4-11　PLC 的 I/O 分配表

输入（I）			输出（O）		
输入继电器	输入元件	作　用	输出继电器	输出元件	作　用
I0.0	SB1	工频运行按钮	Q0.0	KM1	变频器电源接触器
I0.1	SB2	变频运行按钮	Q0.1	KM2	变频运行接触器
I0.2	SB3	停止按钮	Q0.2	KM3	工频运行接触器
I0.3	FR	过载保护	Q1.0	变频器数字端口 5	变频器起停

3）PLC 与变频器进行控制电路接线（图 4-15）。

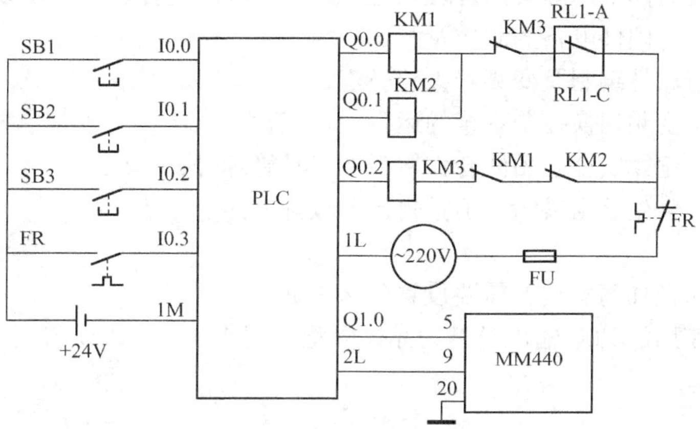

图 4-15　PLC 与变频器的硬件接线图

4）变频器参数设置（表 4-12）。

表 4-12　MM440 变频器参数设置表

参　数	出 厂 值	设 置 值	说　明
P0003	1	1	设置用户访问级为标准级
P0004	0	7	命令，二进制 I/O
P0304	230	220	电动机额定电压（V）
P0305	3.25	1.93	电动机额定电流（A）
P0307	0.75	0.37	电动机额定功率（kW）
P0310	50	50	电动机额定频率（Hz）
P0311	0	1400	电动机额定转速（r/min）
P0700	2	2	用外部端子控制变频器起停
P0003	1	2	设置用户访问级扩展级
P0004	0	7	命令，二进制 I/O
P0701	1	1	ON/OFF
P0003	1	1	设置用户访问级为标准级
P0004	0	10	设定值通道和斜坡函数发生器
P1000	2	2	模拟设定值

（续）

参　数	出厂值	设置值	说　明
* P1080	0	0	电动机运行最低频率（Hz）
* P1082	50	50	电动机运行最高频率（Hz）
* P1120	10	5	斜坡上升时间（s）
* P1121	10	5	斜坡下降时间（s）

【实训总结】

（1）检测一下通过本次实训，是否已经掌握以下技能。

1）会进行系统总体工作方案的合理制定、元件正确的选择、施工图纸的规范绘制；

2）会按工艺进行硬件电路的制作及测试；

3）按要求进行软件编制及变频器参数设定；

4）掌握工频与变频切换控制系统的运行、调试；

5）文明施工、纪律安全、团队合作、设备工具管理等；

6）成果展示。学生分组展示并汇报自己的设计作品。

（2）思考

1）工频变频切换如何实现？需要设置什么参数？

2）若本例中使用的 PLC 输出类型为晶体管型，图 4-15 中 PLC 与变频器的硬件接线应该如何改进？

4.1.10 基于三菱 PLC 控制工频/变频切换

1. 电路图（图 4-16）

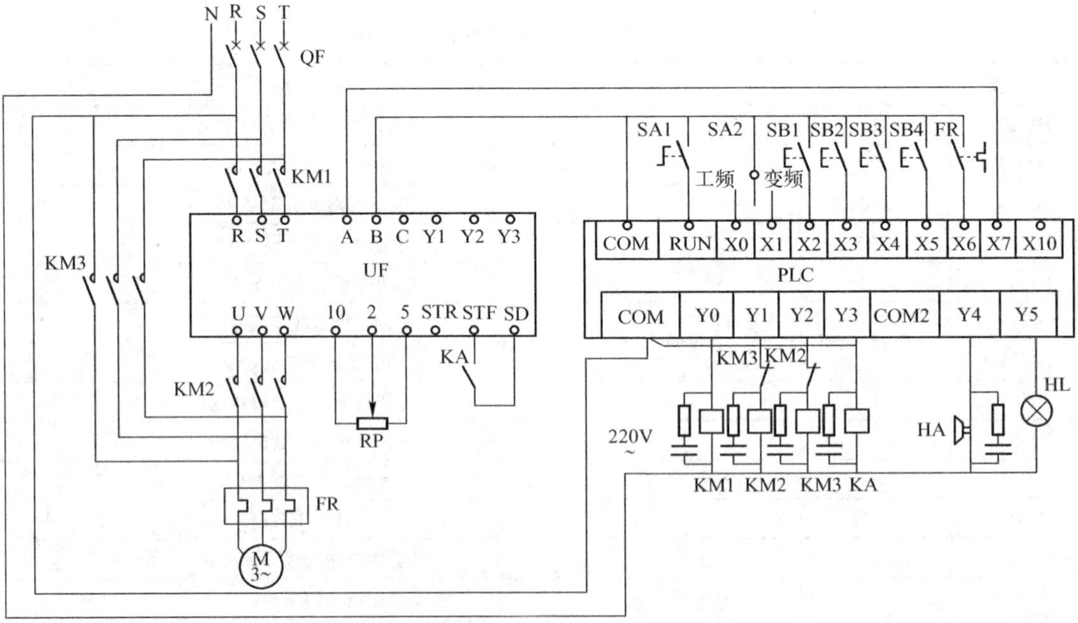

图 4-16　基于三菱 PLC 与变频器的工频/变频切换接线图

2. 梯形图（图 4-17）

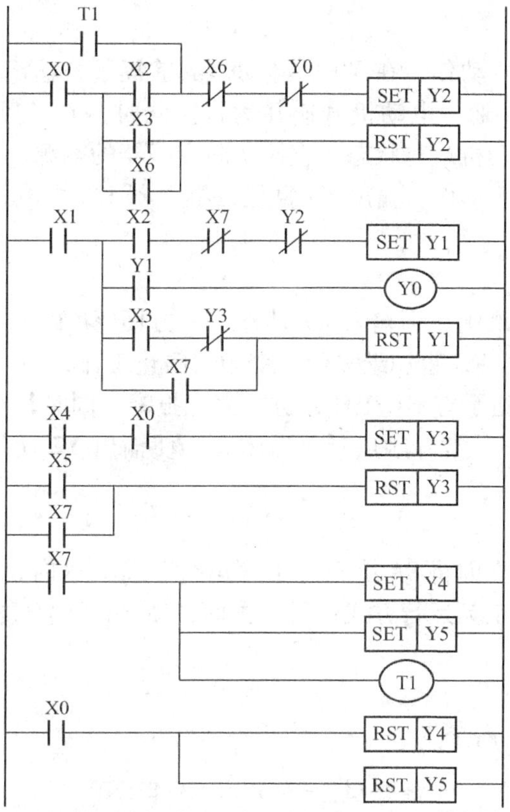

图 4-17　基于三菱 PLC 工频/变频切换程序

3. 工作原理

（1）工频运行段

1）将选择开关 SA2 旋至“工频运行位”，使输入继电器 X0 动作，为工频运行做好准备。

2）按起动按钮 SB1，输入继电器 X2 动作，使输出继电器 Y2 动作并保持，从而接触器 KM3 动作，电动机在工频电压下起动并运行。

3）按停止按钮 SB2，输入继电器 X3 动作，使输出继电器 Y2 复位，而接触器 KM3 失电，电动机停止运行。

注意：如果电动机过载，热继电器触点 FR 闭合，输入继电器 Y2、接触器 KM3 相继复位，电动机停止运行。

（2）变频通电段

1）首先将选择开关 SA2 旋至“变频运行”位，使输入 Xl 动作，为变频运行做好准备。

2）按下 SB1，输入 X2 动作，使输出 Y1 动作并保持。一方面使接触器 KM2 动作，电动机接至变频器输出端；另一方面，又使输出 Y0 动作，从而接触器 KM1 动作，使变频器接通电源。

3）按下 SB2，输入 X3 动作，在 Y3 未动作或已复位的前提下，使输出 Y1 复 位，接触器 KM2 复位，切断电动机与变频器之间的联系。同时，输出 Y0 与接触器 KM1 也相继复位，切断变频器的电源。

（3）变频运行段

1）按下 SB3，输入 X4 动作，在 Y0 已经动作的前提下，输出 Y3 动作并保持，继电器 KA 动作，变频器的 STF 接通，电动机升速并运行。同时，Y3 的常闭触点使停止按钮 SB2 暂时不起作用，防止在电动机运行状态下直接切断变频器的电源。

2）按下 SB4，输入 X5 动作，输出 Y3 复位，继电器 KA 失电，变频器的 STF 断开，电动机开始降速并停止。

（4）变频器跳闸段

如果变频器因故障而跳闸，则输入 X7 动作，一方面 Y1 和 Y3 复位，从而输出 Y0、接触器 KM2 和 KM1、继电器 KA 也相继复位，变频器停止工作；另一方面，输出 Y4 和 Y5 动作并保持，蜂鸣器 HA 和指示灯 HL 工作，进行声光报警。同时，在 Y1 已经复位的情况下，时间继电器 T1 开始计时，其常开触点延时后闭合，使输出 Y2 动作并保持，电动机进入工频运行状态。

（5）故障处理段

报警后，操作人员应立即将 SA 旋至“工频运行”位。这时，输入继电器 X0 动作，一方面使控制系统正式转入工频运行方式；另一方面，使 Y4 和 Y5 复位，停止声光报警。

4. 任务实施

（1）设计电路

I/O 口分配如表 4-13 所示。

表 4-13　三菱 PLC I/O 口分配

输入地址		输出地址	
X000	工频运行方式 SA2	Y000	接通电源到变频器 KM1
X001	变频运行方式 SA2	Y001	电动机接至变频器 KM2
X002	工频起动、变频通电 SB1	Y002	电源直接接至电动机 KM3
X003	工频、变频断电 SB2	Y003	变频器运行 KA1
X004	变频运行 SB3	Y004	声音报警 HA
X005	变频停止 SB4	Y005	灯光报警 HL
X006	复位 SB5	Y006	变频器复位 KA2
X007	过热保护		
X010	声光报警		

（2）硬件电路设计

主回路端子 R、S、T 接三相电源输入端，U、V、W 接三相异步电动机。元器件的摆放要整齐、合理并应考虑其散热、电磁兼容性。导线布线时要注意 PLC 与变频器的控制线互不干扰。

（3）梯形图的设计

工频起动（通电）→工频停止（断电）→变频起动→变频通电→变频断电→变频运行→变频停止→变频故障报警→变频、工频延时切换→故障复位。

（4）PLC 控制工频/变频切换控制程序

（5）检查线路

按电路图或电气接线图从电源端开始，逐段核对接线及接线端子处的线号。用万用表检查线路的通断，用 500 V 绝缘电阻表检查线路的绝缘电阻，检查主、控电路熔断器。

（6）变频器参数输入

变频器参数可根据电动机的铭牌规定设定。按照控制要求输入保护参数，上限、下限频率等。

（7）带负载运行之前，先空载试运转。发现问题及时切断电源

4.2　触摸屏和变频器之间的通信

4.2.1　触摸屏 TPC7062K 概述

触摸屏 TPC7062K 具有如下特点：

① 高清：800 × 480 分辨率，体验精致、自然、通透的高清盛宴。

② 真彩：65535 色数字真彩，丰富的图形库，享受顶级震撼画质。

③ 可靠：抗干扰性能达到工业 III 级标准，采用 LED 背光永不黑屏。

④ 配置：ARM9 内核、400 M 主频、64 M 内存、128 M 存储空间。

⑤ 软件：MCGS 全功能组态软件，支持 U 盘备份恢复，功能更强大。

⑥ 环保：低功耗，整机功耗仅 6W ，发展绿色工业，倡导能源节约。

⑦ 时尚：7″宽屏显示、超轻、超薄机身设计，引领简约时尚。

TPC7062K 外部接口说明如图 4-18 所示，串口引脚定义如图 4-19 所示。

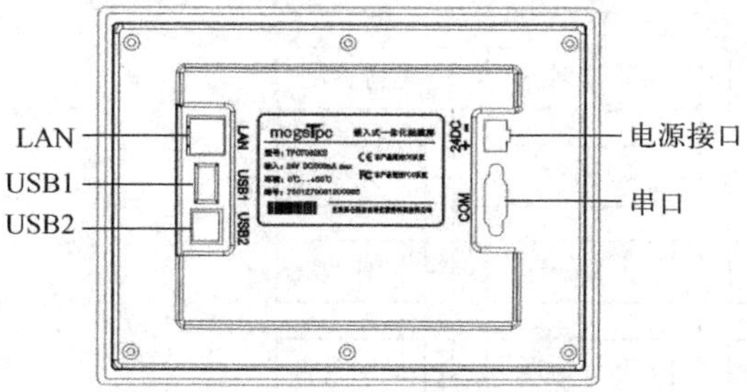

项　目	TPC7062K
LAN （RJ45）	以太网接口
串口（DB9）	1×RS-232， 1×RS-485
USB1	主口，USB1.1 兼容
USB2	从口，用于下载工程
电源接口	DC 24V ±20%

图 4-18　TPC7062K 外部接口示意及对应表

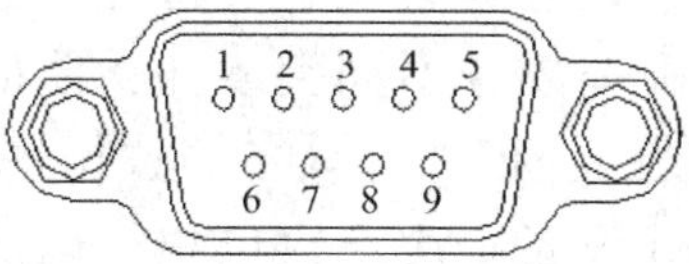

接口	PIN	引脚定义
COM1	2	RS-232 RXD
	3	RS-232 TXD
	5	GND
COM2	7	RS-485 +
	8	RS-485 −

图 4-19　RS 串口引脚定义对应表

当 RS－485 通信距离大于 20 m，且出现通信干扰现象时，才考虑对终端匹配电阻进行设置。

4.2.2 认识 MCGS 嵌入版

1. MCGS 嵌入版组态软件的主要功能

① 简单灵活的可视化操作界面：采用全中文、可视化的开发界面。

② 实时性强、有良好的并行处理性能：是真正的 32 位系统，以线程为单位对任务进行分时并行处理。

③ 丰富、生动的多媒体画面：以图像、图符、报表、曲线等多种形式，为操作员及时提供相关信息。

④ 完善的安全机制：提供了良好的安全机制，可以为多个不同级别用户设定不同的操作权限。

⑤ 强大的网络功能：具有强大的网络通信功能。

⑥ 多样化的报警功能：提供多种不同的报警方式，具有丰富的报警类型，方便用户进行报警设置。

⑦ 支持多种硬件设备。

总之，MCGS 嵌入版组态软件具有与通用组态软件一样强大的功能，并且操作简单，易学易用。

2. MCGS 嵌入版组态软件的组成

MCGS 嵌入版生成的用户应用系统，由主控窗口、设备窗口、用户窗口、实时数据库和运行策略五个部分构成，如图 4-20 所示。

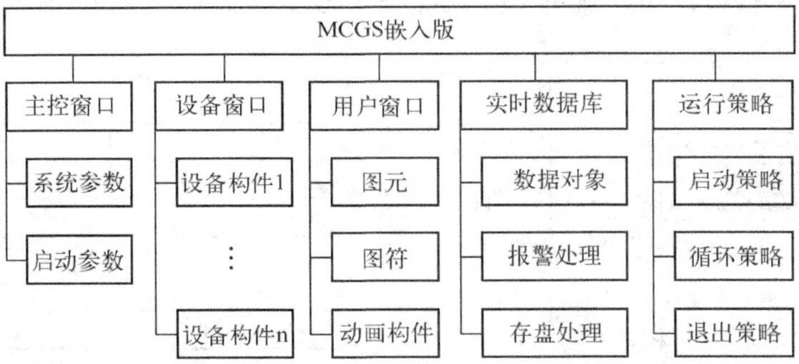

图 4-20 MCGS 嵌入版组态软件的组成框图

主控窗口确定了工业控制中工程作业的总体轮廓，以及运行流程、特性参数和启动特性等项内容，是应用系统的主框架；设备窗口专门用来放置不同类型和功能的设备构件，实现对外部设备的操作和控制。设备窗口通过设备构件把外部设备的数据采集进来，送入实时数据库，或把实时数据库中的数据输出到外部设备；用户窗口中可以放置三种不同类型的图形对象：图元、图符和动画构件。通过在用户窗口内放置不同的图形对象，用户可以构造各种复杂的图形界面，用不同的方式实现数据和流程的“可视化”；实时数据库相当于一个数据处理中心，同时也起到公共数据交换区的作用。从外部设备采集来的实时数据送入实时数据库，系统其他部分操作的数据也来自于实时数据库；运行策略本身是系统提供的一个框架，其里面放置由策略条件构件和策略构件组成的“策略行”，通过对运行策略的定义，使系统能够按照设定的顺序和条件操作任务，实现对外部设备工作过程的精确控制。

3. TPC7062K 与 PLC 的接线

（1）PLC 与 TPC7062K 通信方式

TPC7062K 与两款主流 PLC：西门子 S7 - 200、三菱 FX 系列通信接线方式如图 4-21 和图 4-22 所示。

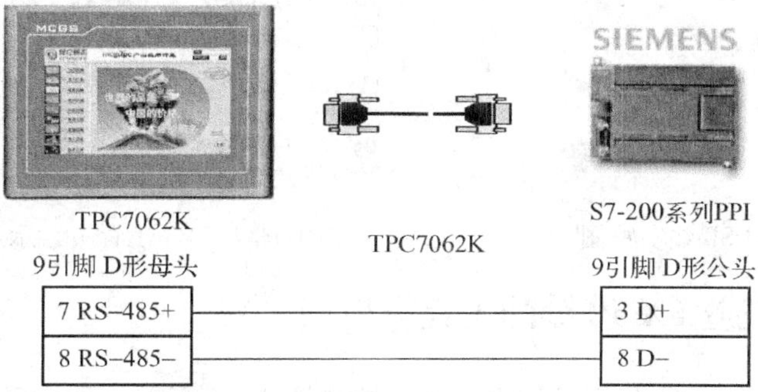

图 4-21　西门子 S7 - 200 与 TPC7062K 接线方式

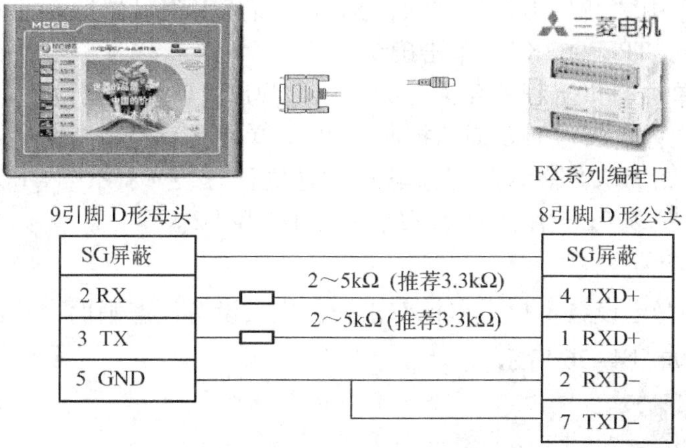

图 4-22　三菱 FX 与 TPC7062K 接线方式

（2）连接 TPC7062K 和 PC

将普通的 USB 线，一端为扁平接口，插到电脑的 USB 口，一端为微型接口，插到 TPC 端的 USB2 口。USB 线实物如图 4-23所示。

（3）工程下载

单击工具条中的下载按钮，进行下载配置。选择“连机运行”，连接方式选择“USB 通信”，然后单击“通信测试”按钮，通信测试正常后，单击“工程下载”。工程下载示意图如图 4-24 所示。

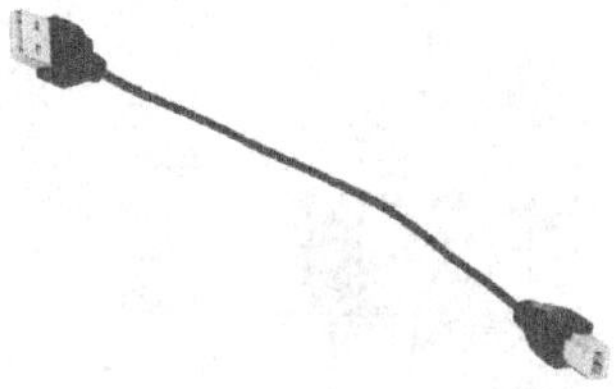

图 4-23　USB 线实物图

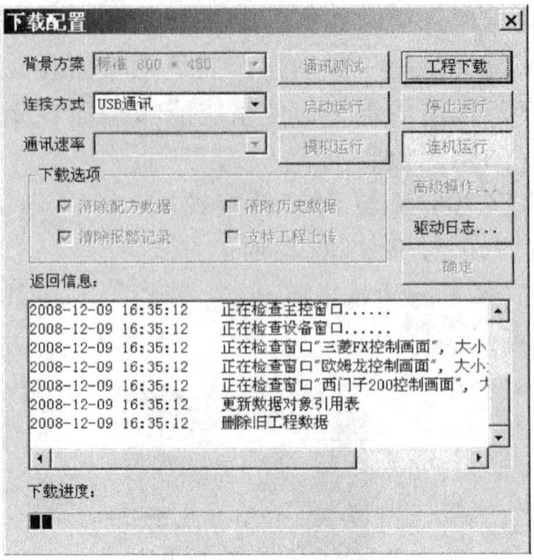

图 4-24　工程下载示意图

4.2.3　触摸屏与三菱 FX PLC 的工程应用

双击 Windows 操作系统的桌面上的组态环境快捷方式，可打开嵌入版组态软件，然后按如下步骤建立通信工程。

1）单击文件菜单中“新建工程”选项，弹出“新建工程设置”对话框，如图 4-25 所示，TPC 类型选择为“TPC7062K”，单击确认。

2）选择文件菜单中的“工程另存为”菜单项，弹出文件保存窗口。

3）在文件名一栏内输入“TPC 通信控制工程”，单击“保存”按钮，工程创建完毕。

这里通过实例介绍 MCGS 嵌入版组态软件中建立同三菱 FX 系列 PLC 编程口通信的步骤，实际操作地址是三菱 PLC 中的 Y0、Y1、Y2、D0 和 D2。

1. 设备组态

（1）在工作台中激活设备窗口，鼠标双击进入设备组态画面，单击工具条中的打开“设备工具箱”，如图 4-26 所示。

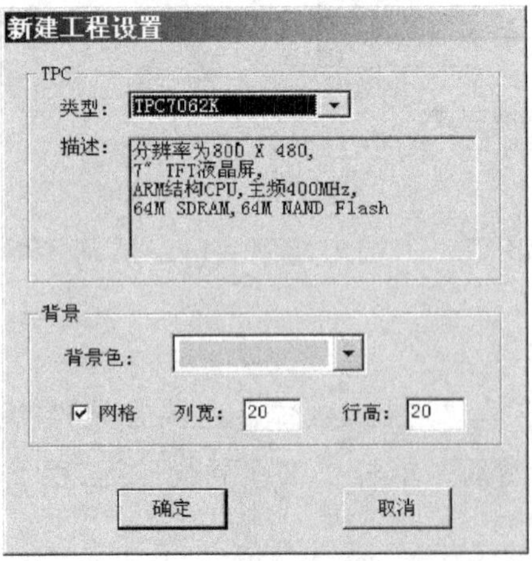

图 4-25　“新建工程设置”对话框

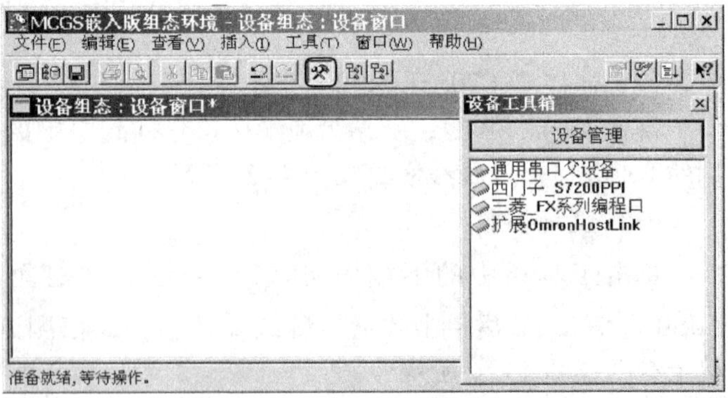

图 4-26　设备组态窗口设置

（2）在设备工具箱中，按先后顺序双击“通用串口父设备”和“三菱_FX 系列编程口”，并将其添加到组态画面，如图 4-27 所示。当出现提示是否使用三菱 FX 系列编程口默认通信参数设置父设备时，如图 4-28 所示，选择“是”即可。

所有操作完成后关闭设备窗口，返回工作台。

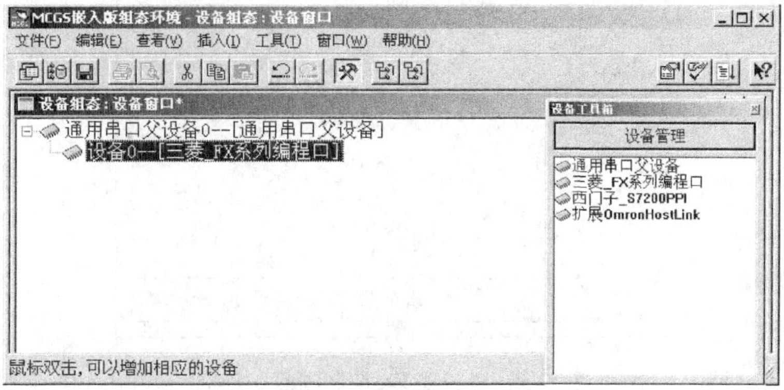

图 4-27 “通用串口父设备”和“三菱_FX 系列编程口”

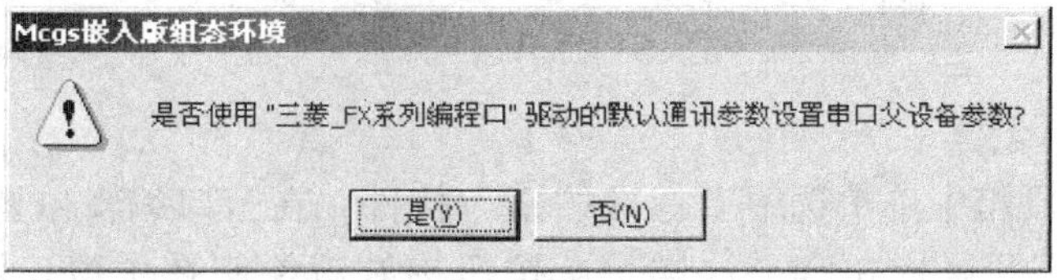

图 4-28 提示窗口

2. 窗口组态

（1）在工作台中激活用户窗口，单击“新建窗口”按钮，建立新画面“窗口 0”，如图 4-29 所示。

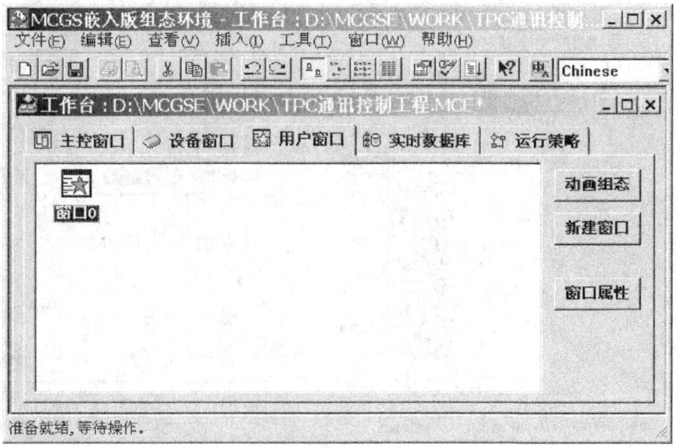

图 4-29 建立新画面“窗口 0”

（2）接下来单击“窗口属性”按钮，弹出“用户窗口属性设置”对话框，在基本属性页，将“窗口名称”修改为“三菱 FX 控制画面”，单击确认进行保存，如图 4-30 所示。

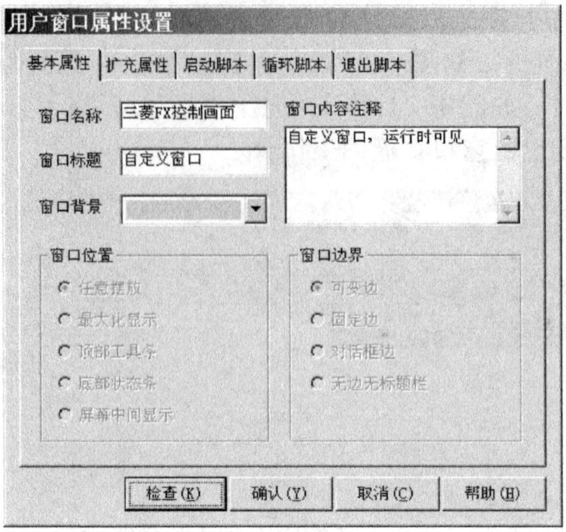

图 4-30 “三菱 FX 控制画面”建立

(3) 在用户窗口双击三菱FX控制画面进入“动画组态三菱 FX 控制画面”，单击打开“设备工具箱”备用。

(4) 建立基本对象

1) 按钮：从工具箱中单击选中“标准按钮”构件，在窗口编辑位置按住鼠标左键，拖放出一定大小后，松开鼠标左键，这样一个按钮构件就绘制在了窗口画面中，如图 4-31 所示。

接下来双击该按钮打开“标准按钮构件属性设置”对话框，在基本属性页中将“文本”修改为 Y0，单击确认按钮保存，如图 4-32 所示。

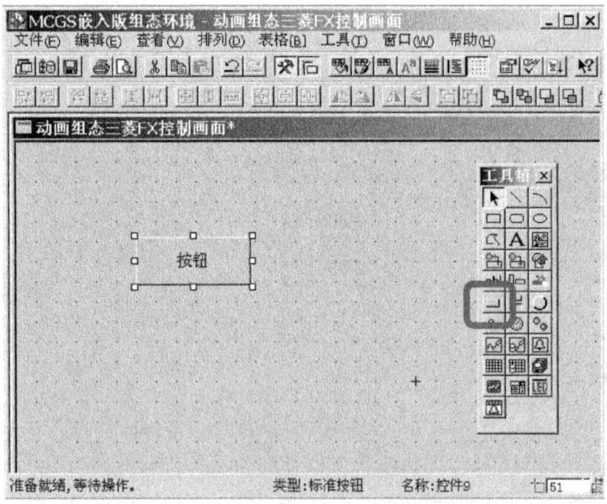

图 4-31 按钮绘制

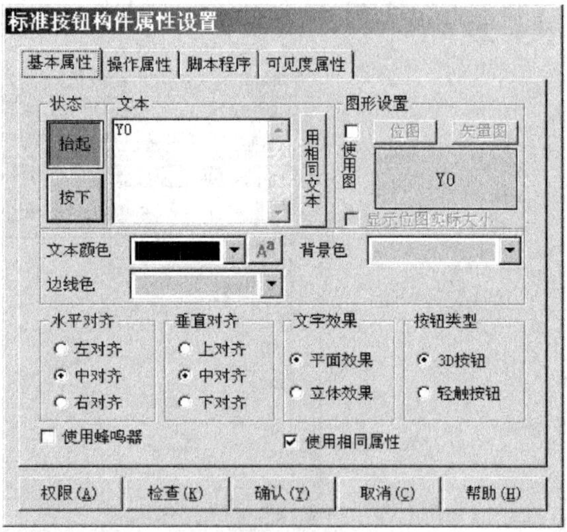

图 4-32 “标准按钮构件属性设置”对话框

按照同样的操作分别绘制另外两个按钮，文本修改为 Y1 和 Y2，完成后如图 4-33 所示。

按住键盘的 Ctrl 键，然后单击鼠标左键，同时选中三个按钮，使用工具栏中的等高宽、左（右）对齐和纵向等间距对三个按钮进行排列对齐。如图 4-34 所示。

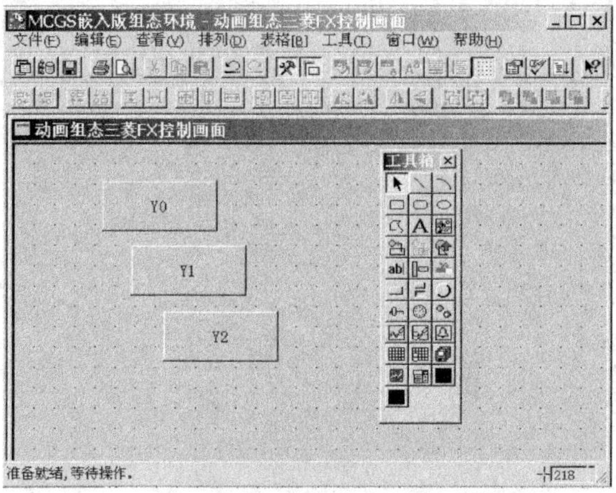

图 4-33　绘制另外两个按钮

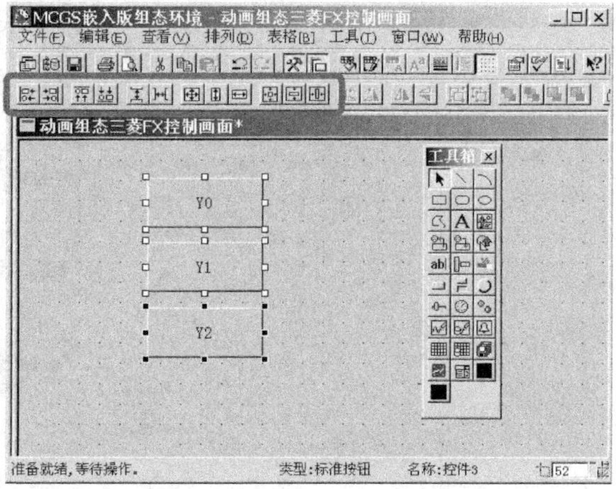

图 4-34　三个按钮进行排列对齐

2）指示灯：鼠标单击工具箱中的"插入元件"按钮，打开"对象元件库管理"对话框，选中图形对象库指示灯中的一款，单击确认添加到窗口画面中。并调整到合适大小，同样的方法再添加两个指示灯，摆放在窗口中按钮旁边的位置，如图 4-35 所示。

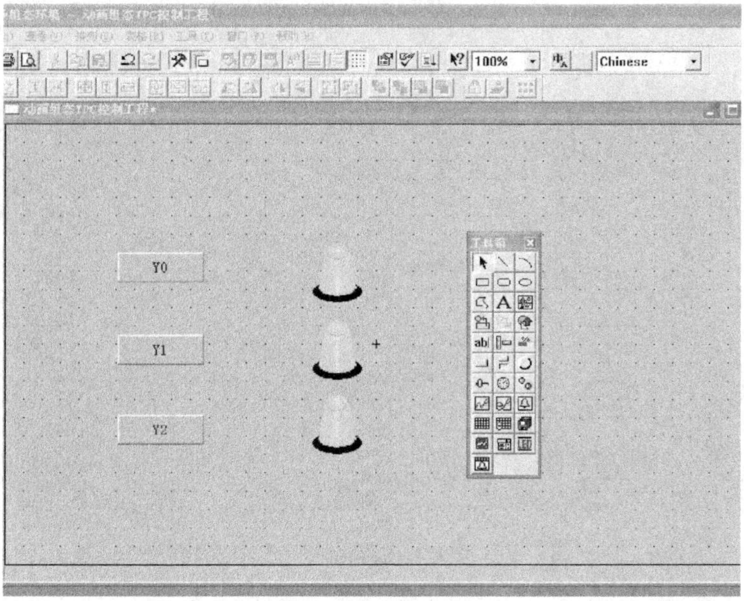

图 4-35　添加 3 个指示灯

3）标签：单击选中工具箱中的"标签"构件，在窗口按住鼠标左键，拖放出一定大小的"标签"，如图 4-36 所示。双击进入该标签弹出"标签动画组态属性设置"对话框，在扩展属性页，在"文本内容输入"中输入 D0，单击确认。同样的方法，添加另一个标签，文本内容输入 D1，如图 4-37 所示。

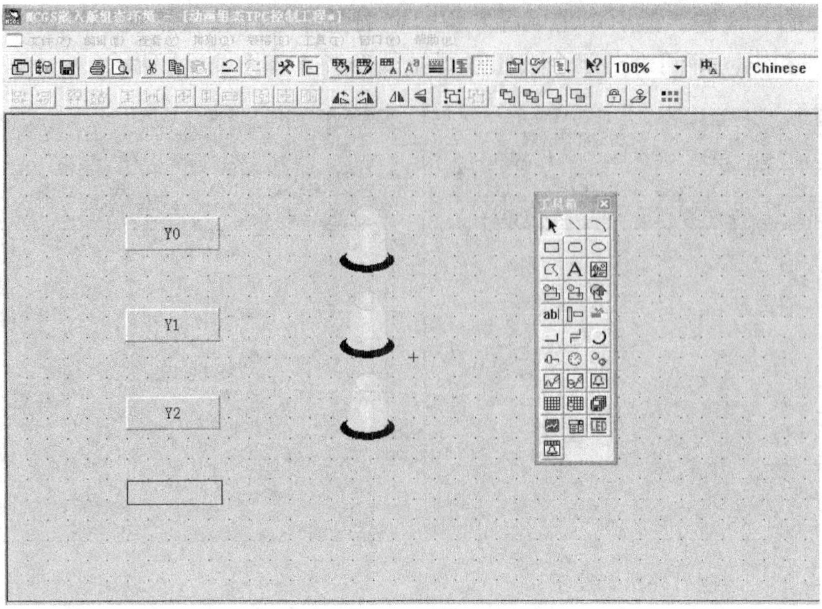

图 4-36 “标签”绘制

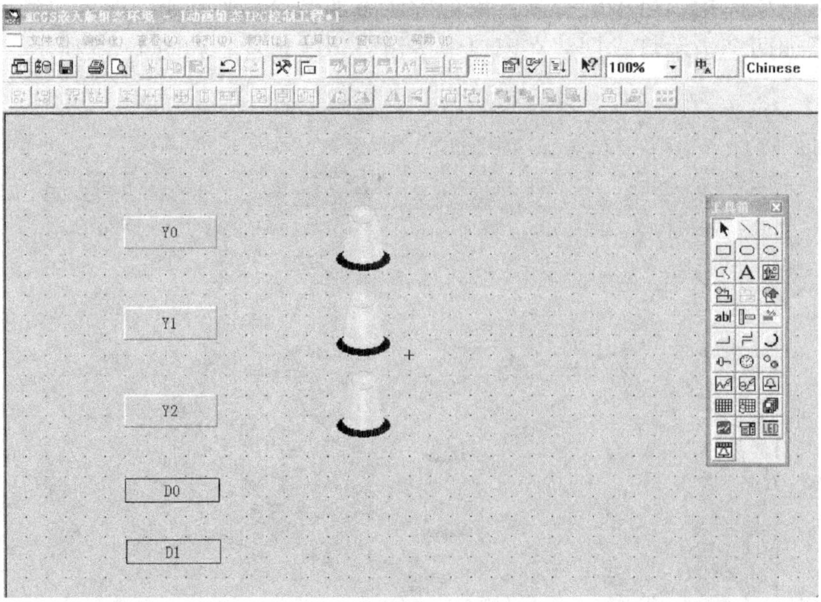

图 4-37 “文本内容输入”中输入 D0

4）输入框：单击工具箱中的“输入框”构件，在窗口按住鼠标左键，拖放出两个一定大小的“输入框”，分别摆放在 D0、D1 标签的旁边位置，如图 4-38 所示。

3. 建立数据链接

1）按钮：双击 Y0 按钮，弹出“标准按钮构件属性设置”对话框，如图 4-39 所示，在操作属性页，默认“抬起功能”按钮为按下状态，勾选“数据对象值操作”，选择“清 0”操作。

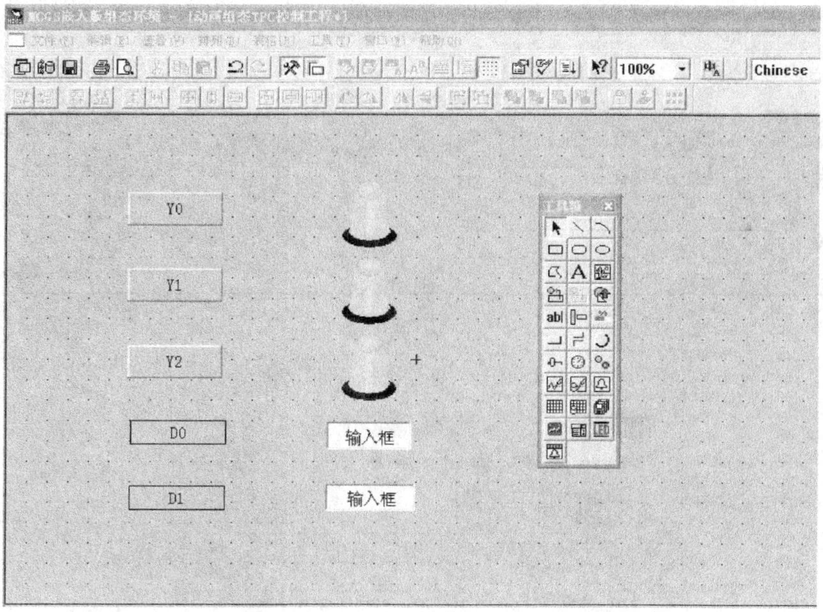

图 4-38 “输入框”绘制

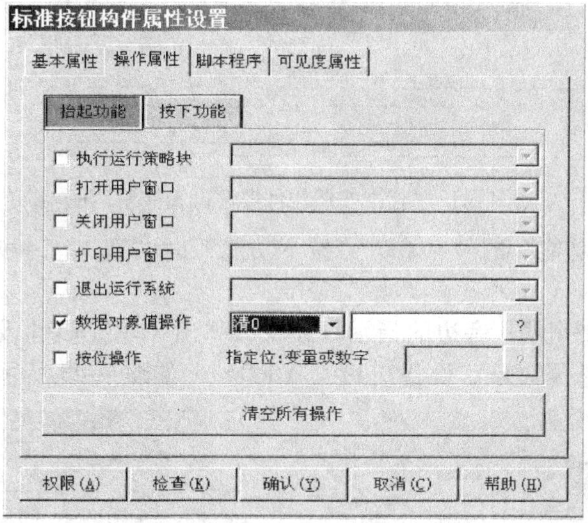

图 4-39 “标准按钮构件属性设置”对话框

单击右侧的?按钮，弹出“变量选择”对话框，选择“根据采集信息生成”，通道类型选择“Y 输出寄存器”，通道地址为“0”，读写类型选择“读写”。如图 4-40 所示，设置完成后单击确认。即在 Y0 按钮抬起时，对三菱 FX 的 Y0 地址“清 0”，如图 4-41 所示。

同样的方法，单击“按下功能”按钮，进行设置，选择数据对象值操作→置 1→设备 0_读写 Y0000。如图 4-42 所示。

同样的方法，分别对 Y1 和 Y2 的按钮进行设置。

Y1 按钮→“抬起功能”时“清 0”；“按下功能”时“置 1”→变量选择→Y 输出寄存器，通道地址为 1。

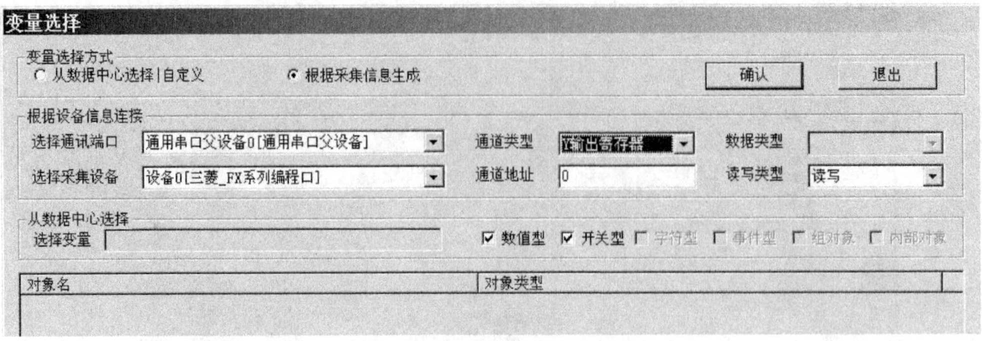

图 4-40 “变量选择”对话框

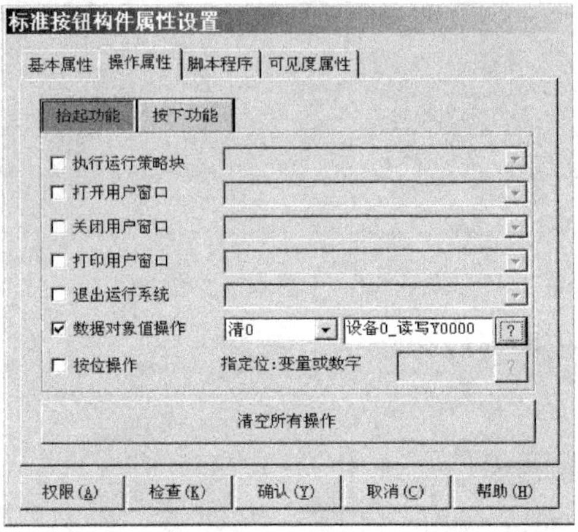

图 4-41 “标准按钮构件属性设置”对话框

Y2 按钮→“抬起功能”时“清 0”；“按下功能”时“置 1”→变量选择→Y 输出寄存器，通道地址为 2。

2）指示灯：双击按钮 Y0 旁边的指示灯元件，弹出“单元属性设置”对话框，在数据对象页，单击?选择数据对象“设备 0_读写 Y0000”，如图 4-43 所示。

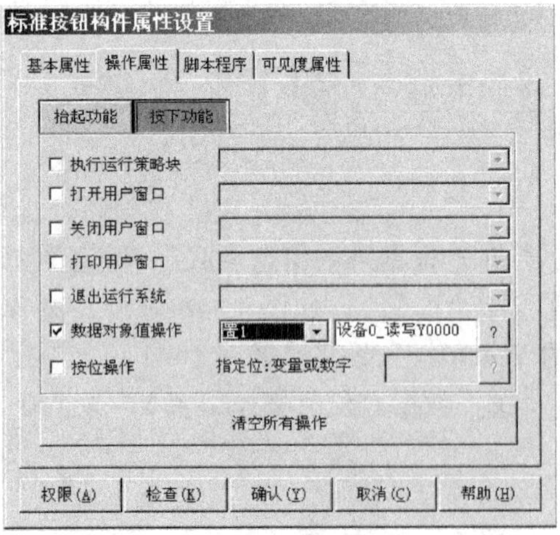

图 4-42 “按下功能”设置

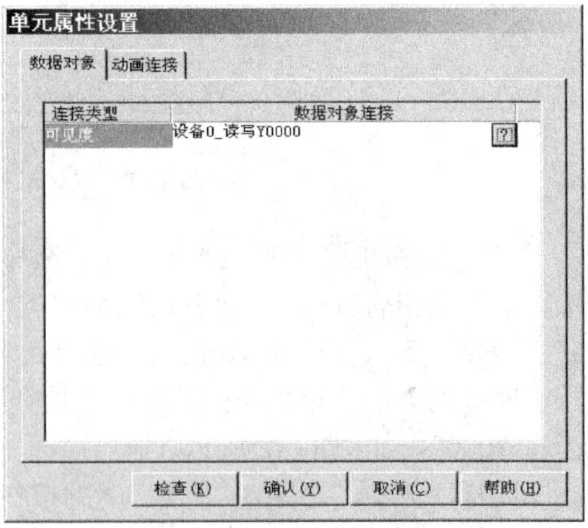

图 4-43 指示灯“单元属性设置”对话框

同样的方法，将 Y1 按钮和 Y2 按钮旁边的指示灯分别连接变量“设备 0_读写 Y0001”和“设备 0_读写 Y0002”。

3）输入框：双击 D0 标签旁边的输入框构件，弹出“输入框构件属性设置”对话框，在操作属性页，单击?进行变量选择，选择“根据采集信息生成”，通道类型选择“D 寄存器”，通道地址为“0”；数据类型选择“16 位无符号二进制”；读写类型选择“读写”。如图 4-44 所示。完成后单击确认保存。

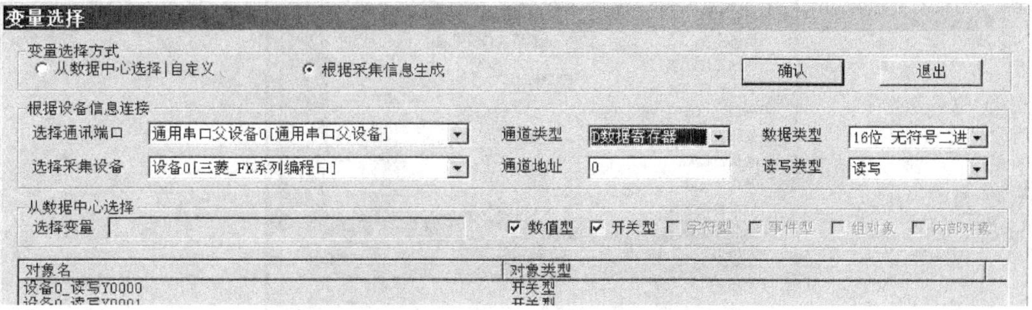

图 4-44 “输入框构件属性设置”对话框

同样的方法，对 D1 标签旁边的输入框进行设置，在操作属性页，选择对应的数据对象：通道类型选择“D 寄存器”；通道地址为“2”；数据类型选择“16 位 无符号二进制”；读写类型选择“读写”。

4. 下载调试

组态完成后，单击工具条中的下载按钮，进行下载配置。选择“连机运行”，连接方式选择“USB 通信”，然后单击“通信测试”按钮，通信测试正常后，单击“工程下载”。并在触摸屏中调试运行。

4.2.4 “触摸屏＋三菱 PLC”编程口监控

【任务要求】

完成 3 台电动机 M1、M2、M3 顺序控制。按下 SB1 按钮，M1 起动，延时 10 s 后 M2 起动，按 SB2 按钮 3 次后，M3 起动；按下 SB3 全部停止。

【实训步骤】

（1）设备组态

在工作台中激活设备窗口，进入设备组态画面，打开“设备工具箱”。在设备工具箱中，按先后顺序双击“通用串口父设备”和“三菱_FX 系列编程口”添加至组态画面。提示使用三菱 FX 系列编程口默认通信参数设置父设备，选择“是”后关闭图 4-45 所示的设备窗口。

（2）窗口组态

在工作台中激活用户窗口，单击“新建窗口”，将“窗口名称”修改为“三菱 FX 控制”后保存。

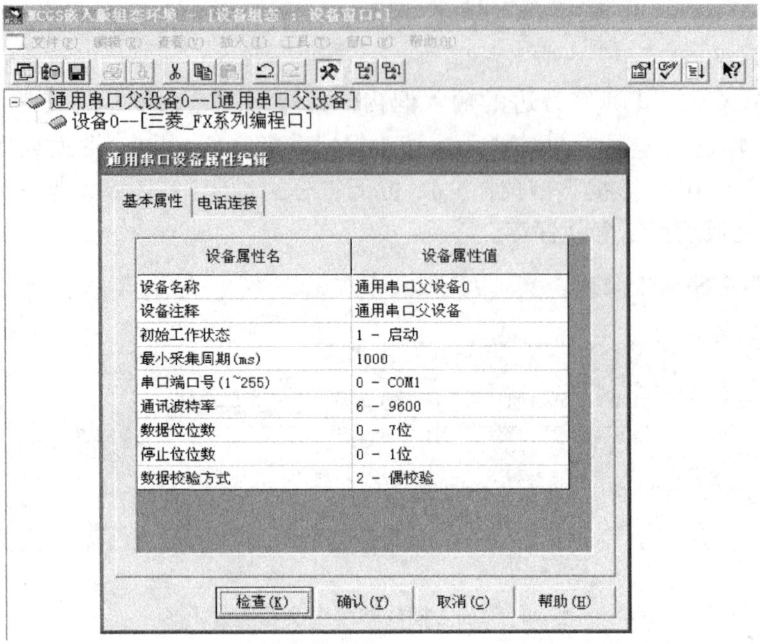

图 4-45　“通用串口父设备”编辑框

在用户窗口进入“三菱 FX 控制”动画组态，打开“工具箱”，组态绘制页面如图 4-46 所示。包括 3 个按钮、2 个输入框、3 个指示灯、3 个电动机、3 个文本框。

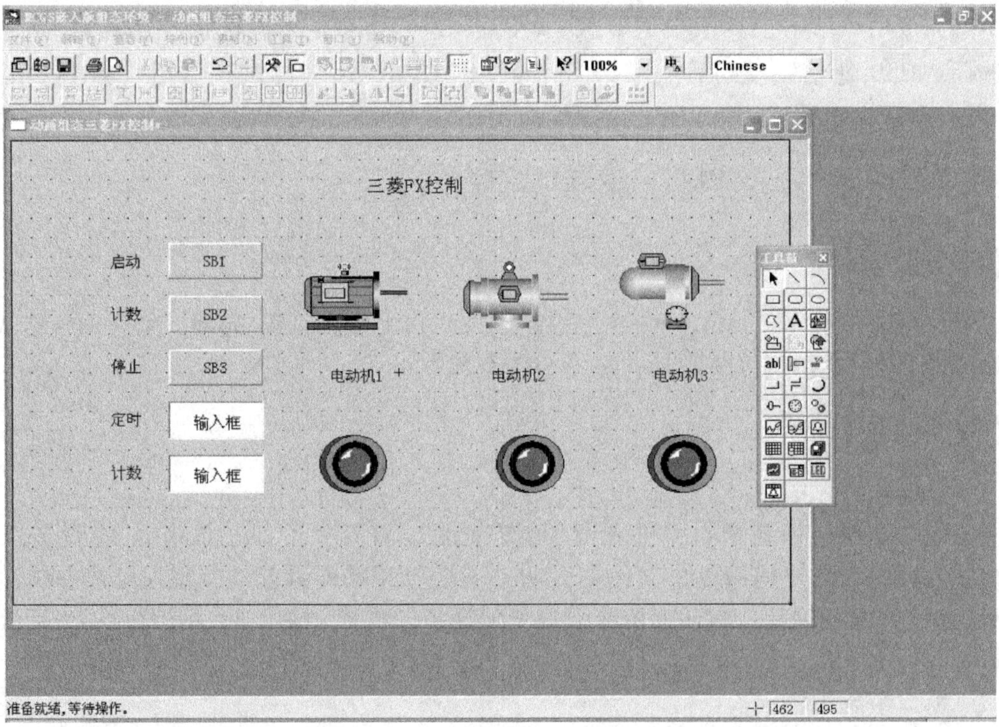

图 4-46　“三菱 FX 控制”动画组态页面

(3) 数据连接

TPC 与 PLC 变量对应关系见表 4-14。根据变量对应关系进行数据链接。

表 4-14　TPC 与 PLC 变量对应关系

设备	变　量							
TPC	SB1	SB2	SB3	定时输入框	计数输入框	指示灯 1 电动机 1	指示灯 2 电动机 2	指示灯 3 电动机 3
PLC	M1	M2	M3	D0	D1	Y1	Y2	Y3

1）按钮：3 个按钮进行排列对齐，双击 SB1，单击操作属性，数据对象值操作为“按 1 松 0”。单击?进行变量选择，选择“根据采集信息生成”，通道类型为“M 辅助寄存器”，地址为“1”。然后单击确认，如图 4-47 所示。SB2、SB3 参照设置，对应的通道地址分别为“2”和“3”。

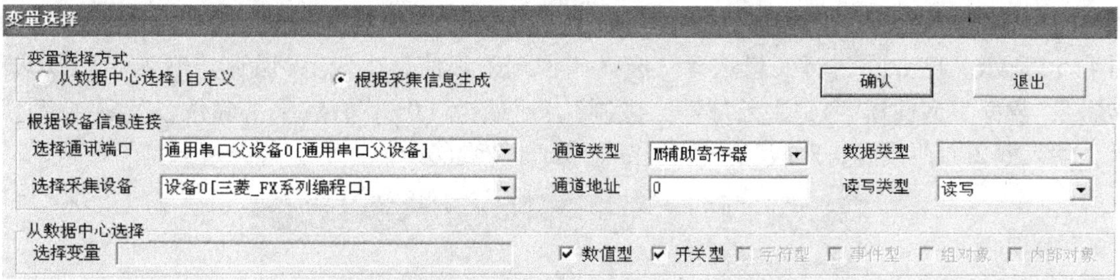

图 4-47　SB1 按钮通道链接

2）指示灯：双击 M1 电动机指示灯，选择数据对象，单击“@开关量”，如图 4-48 所示，单击?进行变量选择，选择“根据采集信息生成”，通道类型为：“Y 输出寄存器”，地址为“1”。然后单击确认如图 4-49 所示。指示灯 2、指示灯 3 参照设置，对应的通道地址分别为“2”和“3”。

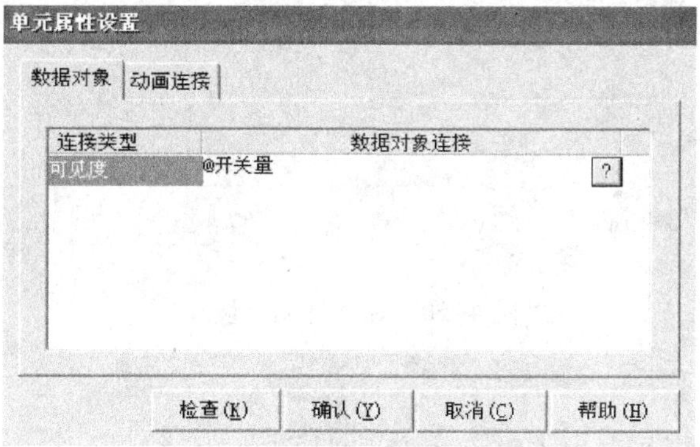

图 4-48　指示灯属性设置

3）标签：单击工具箱中的“标签”构件，绘制 9 个“标签”，如图 4-46 所示，双击该标签，弹出“标签动画组态属性设置”对话框，在“扩展属性”选项卡项设置“文本内容输入”为“起动”“计数”“停止”“延时”“计数”“电动机 1”“电动机 2”“电动机 3”

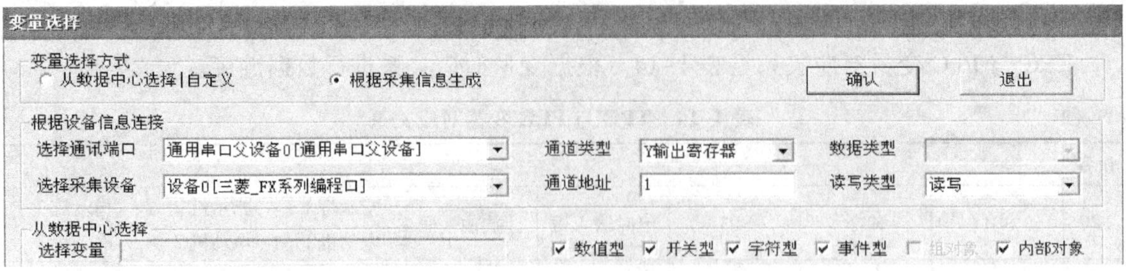

图 4-49　指示灯通道链接

“三菱 FX 控制电动机程序启动”，其中填充颜色和字符颜色可按自己喜好设置。

在窗口按住鼠标左键，拖放出两个一定大小的“输入框”，分别摆放在标签的旁边位置。

4）输入框：单击工具箱中的“输入框”构件，在窗口按住鼠标左键，拖放出两个一定大小的“输入框”，分别摆放在标签的旁边位置。双击“输入框”，选择“操作属性”，如图 4-50 所示。单击?进行变量选择，选择“根据采集信息生成”，通道类型为“D 数据寄存器”，数据类型选择“16 位无符号二进制”，地址为“0”。然后单击确认，如图 4-51 所示。输入框 2 参照设置，对应的 D 数据寄存器通道地址为“1”。

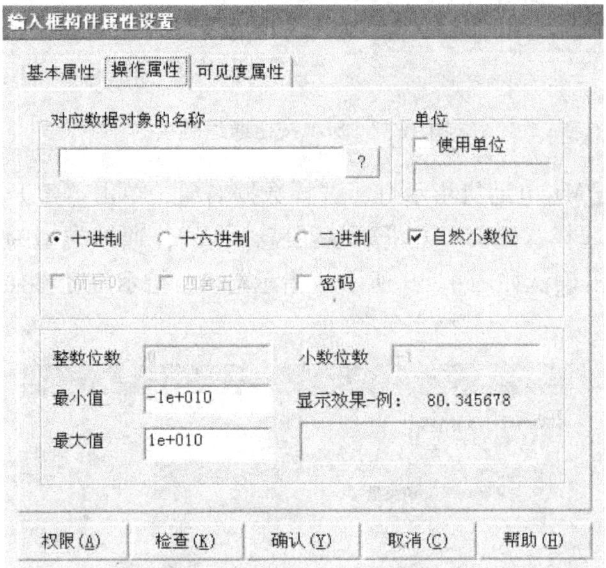

图 4-50　输入框属性设置

（4）运行调试

第一步：先模拟运行完成后下载本工程到 TPC；

第二步：编写 PLC 程序，并写入 PLC；

第三步：连接 PLC 编程口和 TPC 的 RS－232 口；

第四步：联机操作，TPC 上电后，在初始状态时，在输入框输入 D0 数据为 100（定时），D1 数据为 3（计数），并且进行调试。

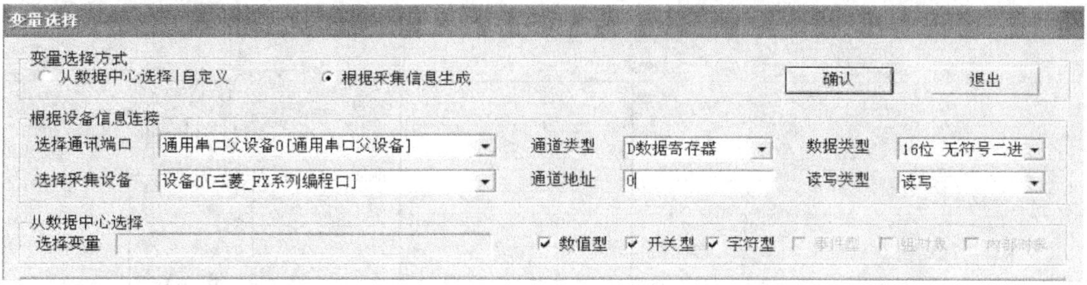

图 4-51　输入框通道链接

【实训总结】

本任务中 SB1、SB2、SB3 功能设计在触摸屏中实现，许多设备操作需触摸屏和外部按钮控制相结合。

思考：1）如 SB1、SB2、SB3 功能由 PLC 的 X1、X2、X3 端实现，该如何设计？外接按钮控制有何优点？

2）如 PLC X1、X2、X3 和触摸屏 SB1、SB2、SB3 一样可控制顺序起动停止，该如何设计？

3）按钮 SB1、SB2、SB3 变量能否连接 PLC 输入端 X1、X2、X3？

4.2.5　“触摸屏 + 变频器”控制正反转调速

【任务要求】

设计一个组态控制页面，编写 PLC 程序，实现 TPC 控制 PLC，PLC 控制变频器调速，实现正反转无级调速。

【实训步骤】

(1) 在了解工作任务的基础上，首先绘制出触摸屏 TPC + PLC + 变频器电气控制接线图，如图 4-52 所示。

(2) 设置变频器输出的额定频率、额定电压、额定电流、额定功率和额定转速，使用变频器外部端子控制电动机运行的操作。正反转对应的变频器频率设置如表 4-15 所示。

表 4-15　正反转变频器参数功能表

变频器参数	出厂值	设定值	功能说明
Pr. 1	50	50	上限频率（50 Hz）
Pr. 2	0	0	下限频率（0 Hz）
Pr. 7	5	10	加速时间（10 s）
Pr. 8	5	10	减速时间（10 s）
Pr. 9	0	1.0	电子过电流保护
Pr. 160	9999	0	扩张功能显示选择
Pr. 79	0	3	操作模式选择
Pr. 179	61	61	STR 反向启动信号

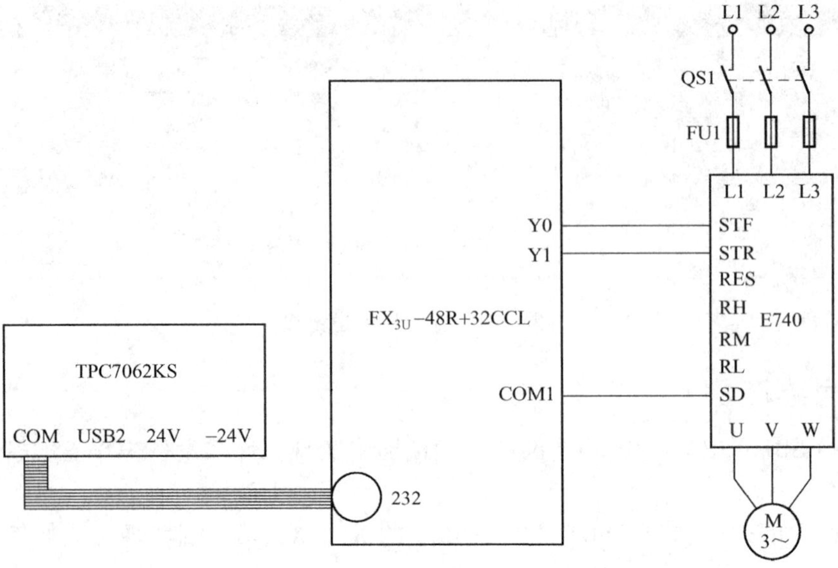

图 4-52 触摸屏 TPC +PLC+变频器正反转电气控制接线

(3) PLC 编程

对应正反转的 PLC 程序如图 4-53 所示。

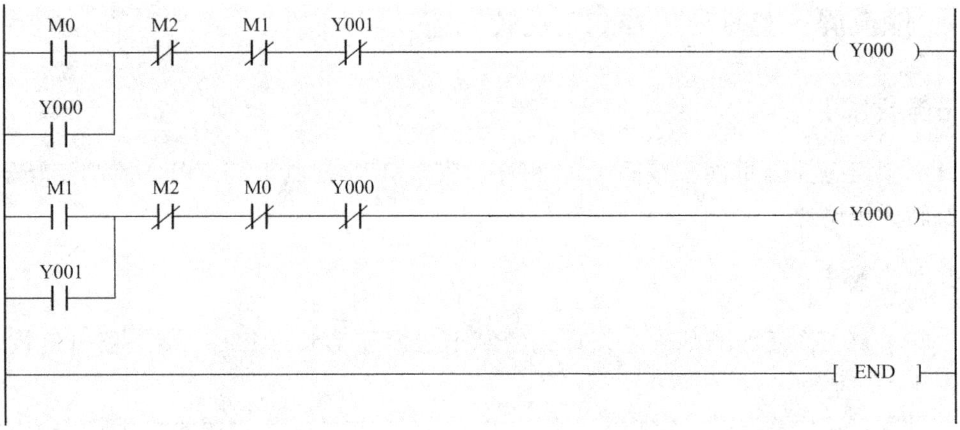

图 4-53 对应正反转的 PLC 程序

从图 4-53 所示的 PLC 程序中可以看出，本程序中的 M0、M1、M2 均为辅助寄存器，M0、M1、M2 既与组态中相应模拟按钮链接的实时数据库中的数据相对应，又代替了 PLC 输入端口 X0、X1、X2 所连接的三个现实输入控制开关，从而达到用组态中的模拟按钮控制现实电动机正反转的目的。

(4) 组态编辑

1) 创建用户窗口。

打开嵌入版组态软件，单击文件菜单中“新建工程”选项，弹出“新建工程设置”对话框，TPC 类型选择为“TPC7062K”，单击确认。选择文件菜单中的“工程另存为”菜单项，弹出文件保存窗口。在文件名一栏内输入工程名称“正反转实训”，单击“保存”按钮，工程创建完毕。在工作台中激活用户窗口，单击“新建窗口”按钮，建立新画面“窗口0”，接下来单击“窗口属性”按钮，弹出“用户窗口属性设置”对话框，在基本属性页，将“窗口名称”修改为“正反转”，单击确认进行保存。如图4–54所示。

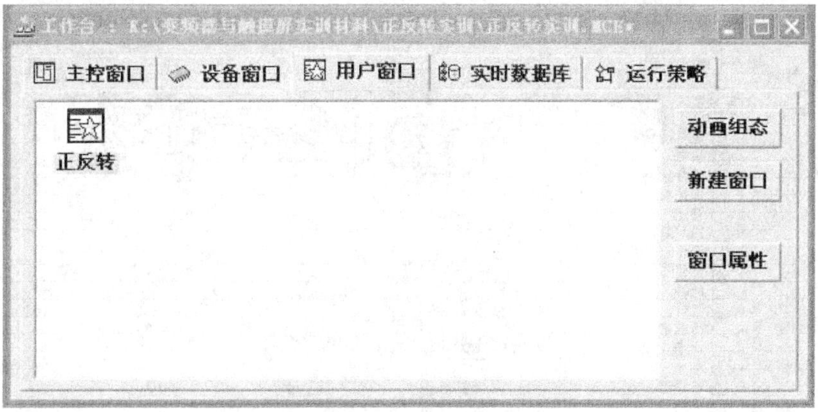

图4–54　新建窗口

2）用户窗口中建立基本元件。

在用户窗口双击“正反转”图标进入，单击⚒打开“设备工具箱”。需要放置3个按钮、一个电动机。

① 按钮：从工具箱中单击选中“标准按钮”构件，在窗口编辑位置按住鼠标左键，拖放出一定大小后，松开鼠标左键，这样一个按钮构件就绘制在了窗口画面中。接下来双击该按钮打开“标准按钮构件属性设置”对话框，在基本属性页中将“文本”修改为“正转”，单击确认按钮保存，按照同样的操作分别绘制另外两个按钮，文本修改为“停止”和“反转”。按住键盘的Ctrl键，然后单击鼠标左键，同时选中3个按钮，使用工具栏中的等高宽、左（右）对齐和纵向等间距对3个按钮进行排列对齐。如图4–55所示。

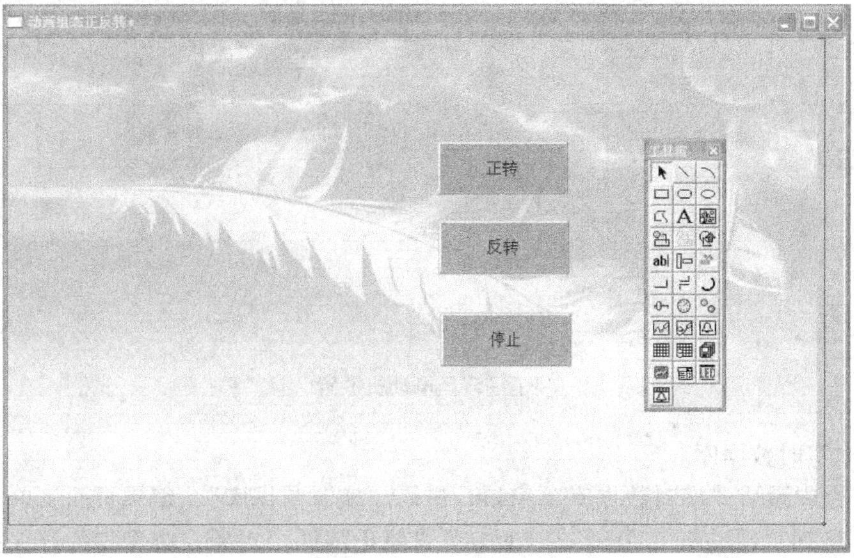

图4–55　3个按钮绘制

② 电动机：从工具箱中单击选中“插入元件”构件，在“对象元件库管理”选择“马达”，选中“马达2”如图4-56所示。单击确定将“马达2”放到用户窗口编辑页面中，调整大小如图4-57所示。电动机放置完毕。

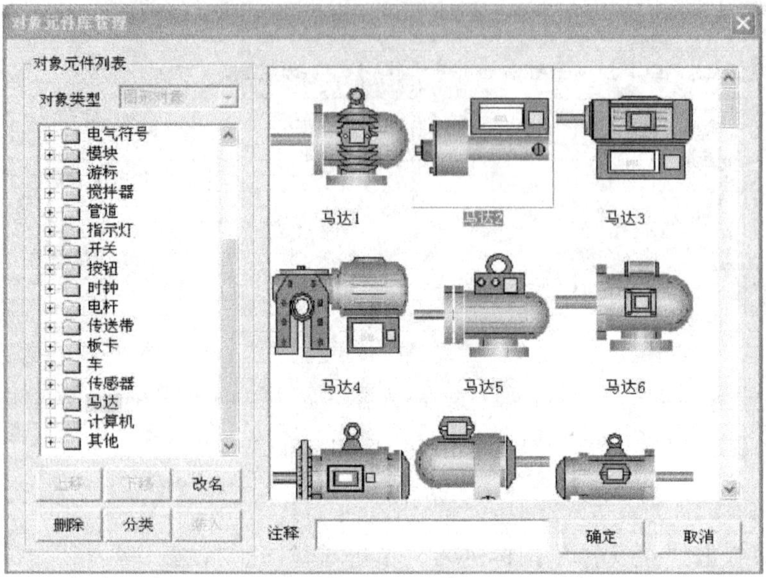

图4-56 “插入元件”“马达2”的示意图

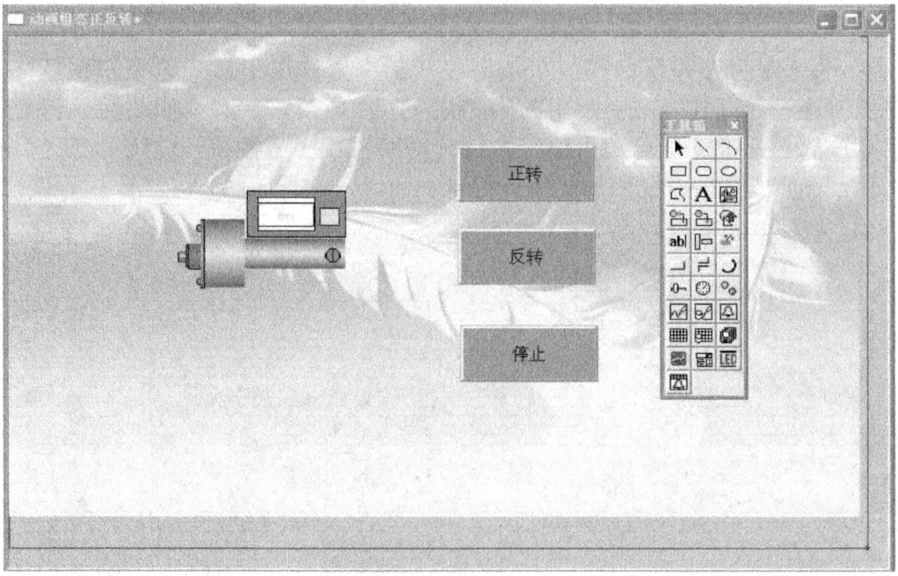

图4-57 电动机放置

3）建立实时数据库。

在工作台中激活“实时数据库”窗口，进入“实时数据库”，编辑页面。单击“新增对象”按钮，增加“电动机”“正转”“反转”“停止”四个对象，类型均为开关型，具体设置如图4-58所示。

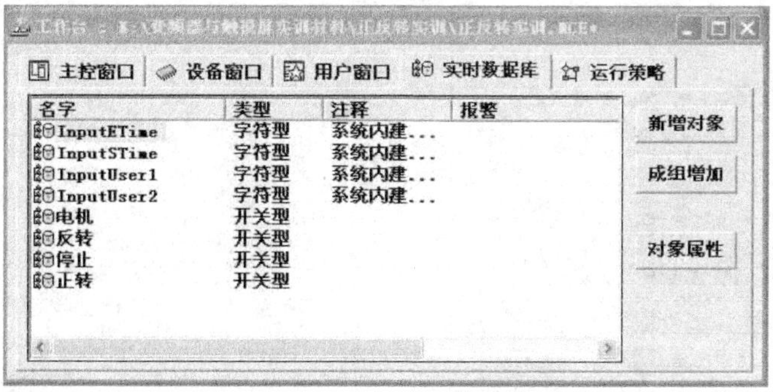

图 4-58 “实时数据库”编辑窗口

4）设备组态。

在工作台中激活设备窗口，进入设备组态画面，打开“设备工具箱”。在设备工具箱中，按先后顺序双击“通用串口父设备”和“三菱_FX 系列编程口”添加至组态画面。提示使用三菱 FX 系列编程口默认通信参数设置父设备，选择“是”后关闭设备窗口。编辑后的设备窗口如图 4-59 所示。

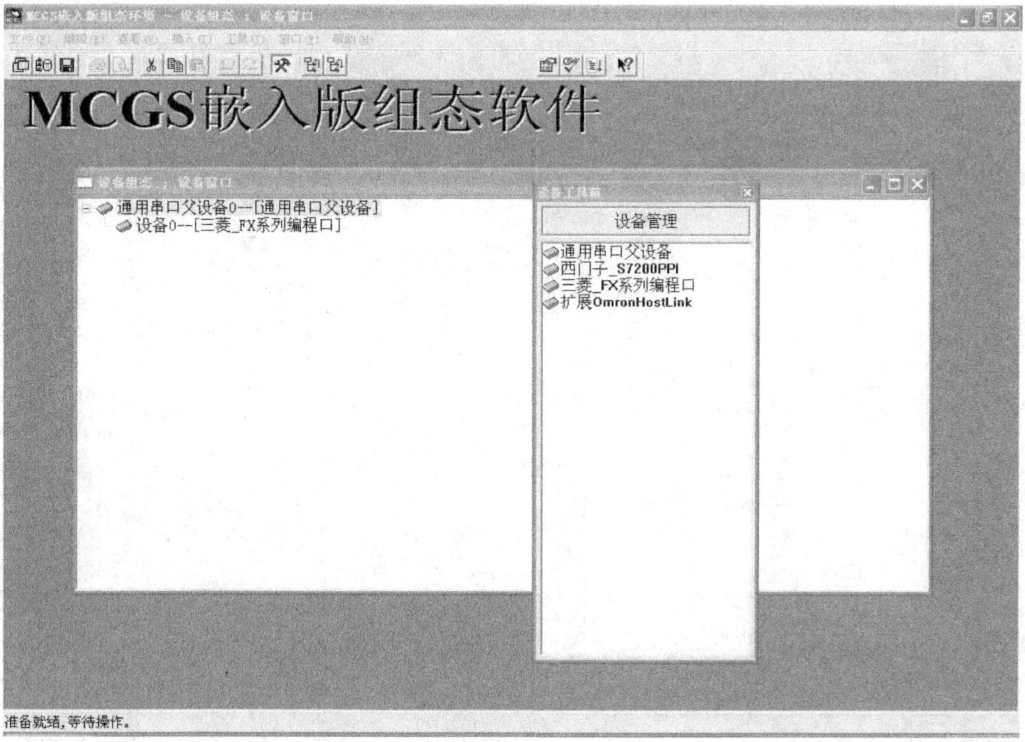

图 4-59 设备窗口

5）添加设备通道。

双击 设备0--[三菱_FX系列编程口]，进入设备编辑窗口。单击“设置设备内部属性”，再单击“设置设备内部属性”右侧...。弹出通道属性设置对话框如图 4-60 所示。单击“增加通道”，弹出如图 4-61 所示对话框。增加 3 个读写“M 辅助寄存器”通道。

图 4-60　通道属性设置对话框

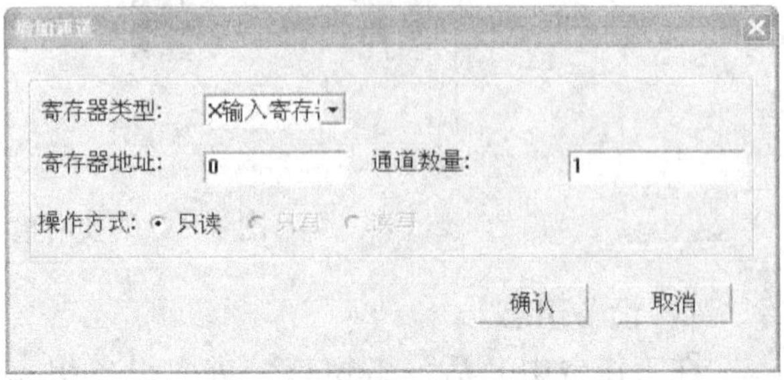

图 4-61　“增加通道”

在设备编辑窗口中，单击“连接变量”与对应的通道名称进行连接。结果如图 4-62 所示。

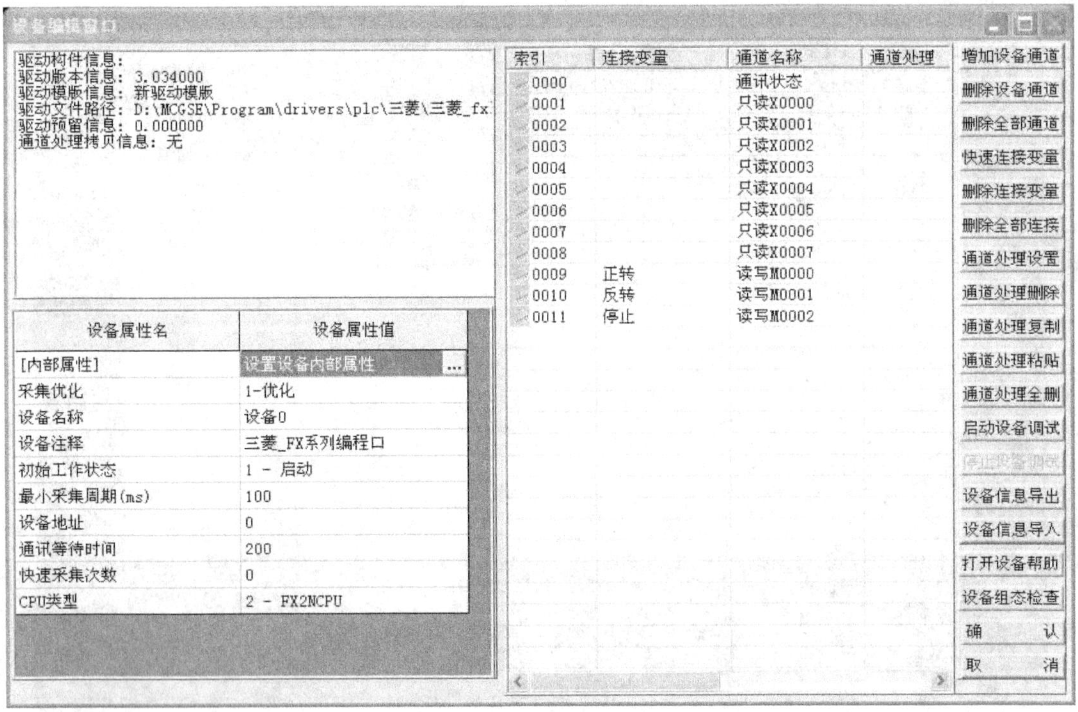

图 4-62　“连接变量”设置

6）数据连接。

3 个按钮进行排列对齐，双击“正转”按钮，单击操作属性，“数据对象值操作”为“按 1 松 0”，如图 4-63 所示。单击“?”进行变量选择，选择“从数据中心选择自定义”，再选择“正转”变量，然后单击确认，如图 4-64 所示。“停止”按钮设置中，变量选择为“停止”；“反转”按钮设置中，变量选择为“反转”。

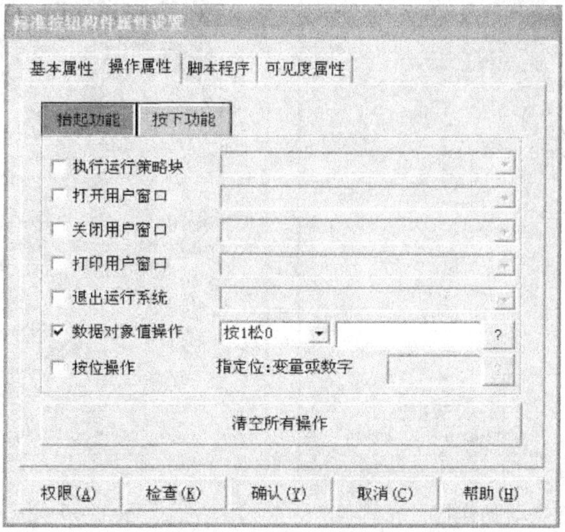

图 4-63　标准按钮构件属性设置

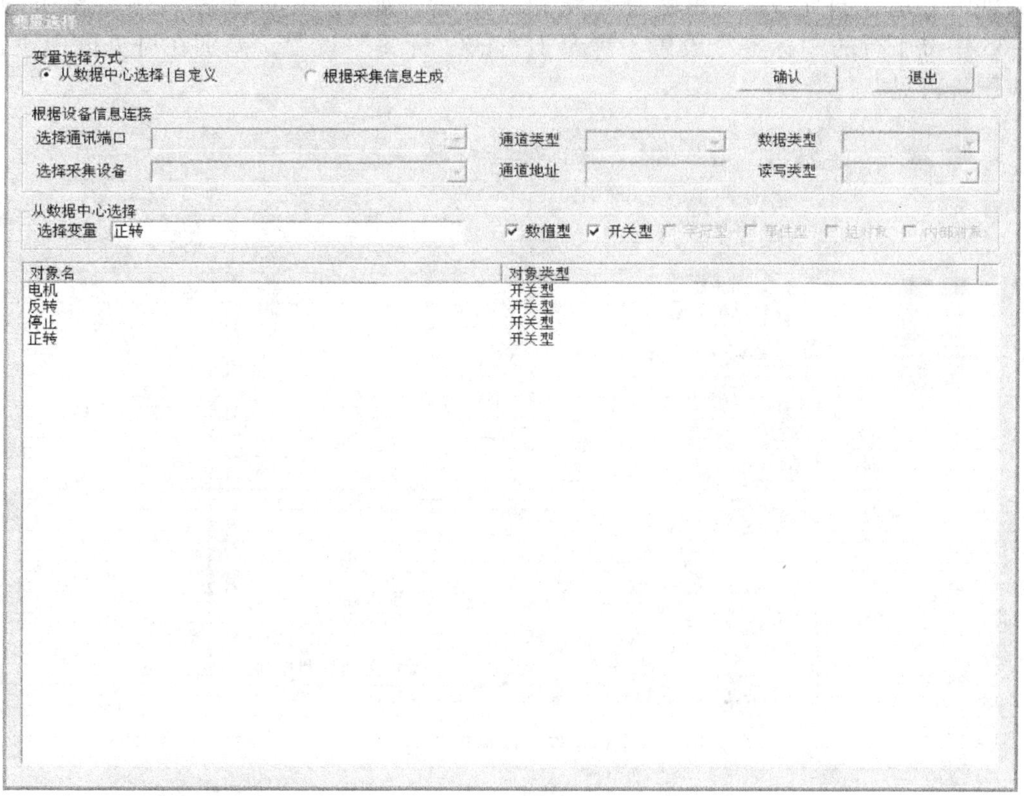

图 4-64　变量选择

双击电动机，选择动画连接，单击“填充颜色”对应的“@开关量”，如图 4-65 所示。单击 进入标签动画组态设置如图 4-66 所示。

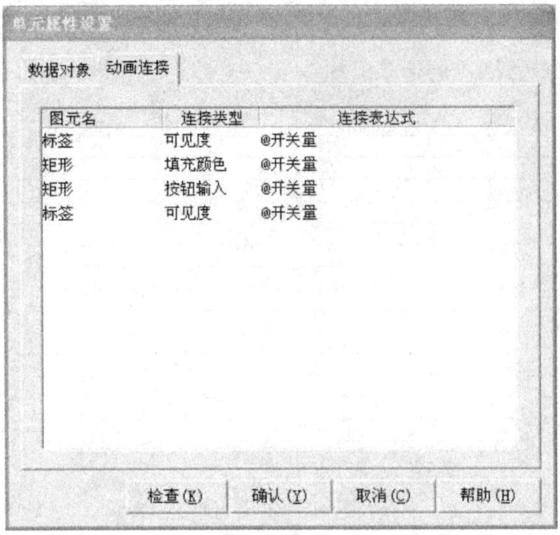

图 4-65　电动机“动画连接”

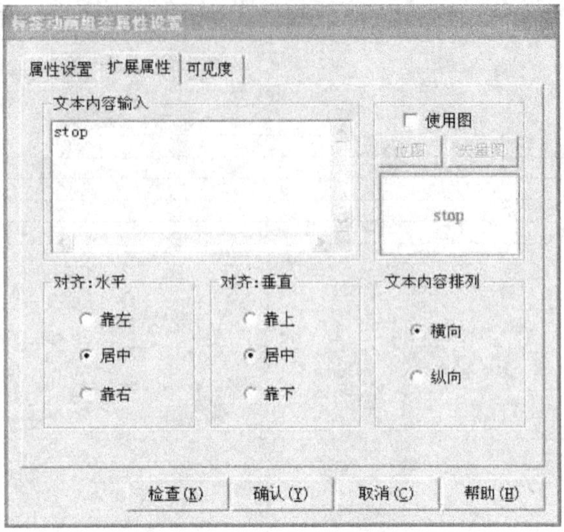

图 4-66　标签动画组态设置

选择可见度，弹出如图 4-67 所示设置框，设置“对应图符不可见”。单击?，选择“从数据中心选择自定义”，再选择“电机”变量，如图 4-68 所示，然后单击确认。图 4-65 中最下行的“标签”设置参考最上行的“标签”设置，差别在可见度中设置为“对应图符可见”。

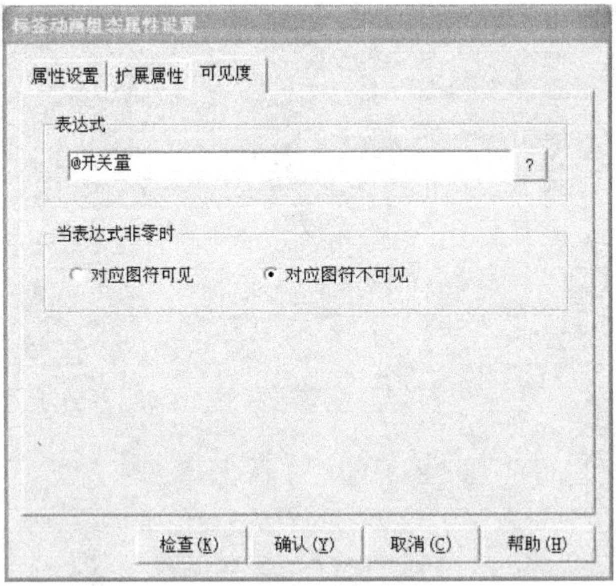

图 4-67　可见度设置

图 4-65 中矩形的设置时，填充颜色按图 4-69 所示设置。按钮动作参照图 4-70 所示设置。另一个矩形设置与前一个矩形设置相同。

（5）工程下载

组态完成后，单击工具条中的下载按钮，进行下载配置。选择“连机运行”，连接方

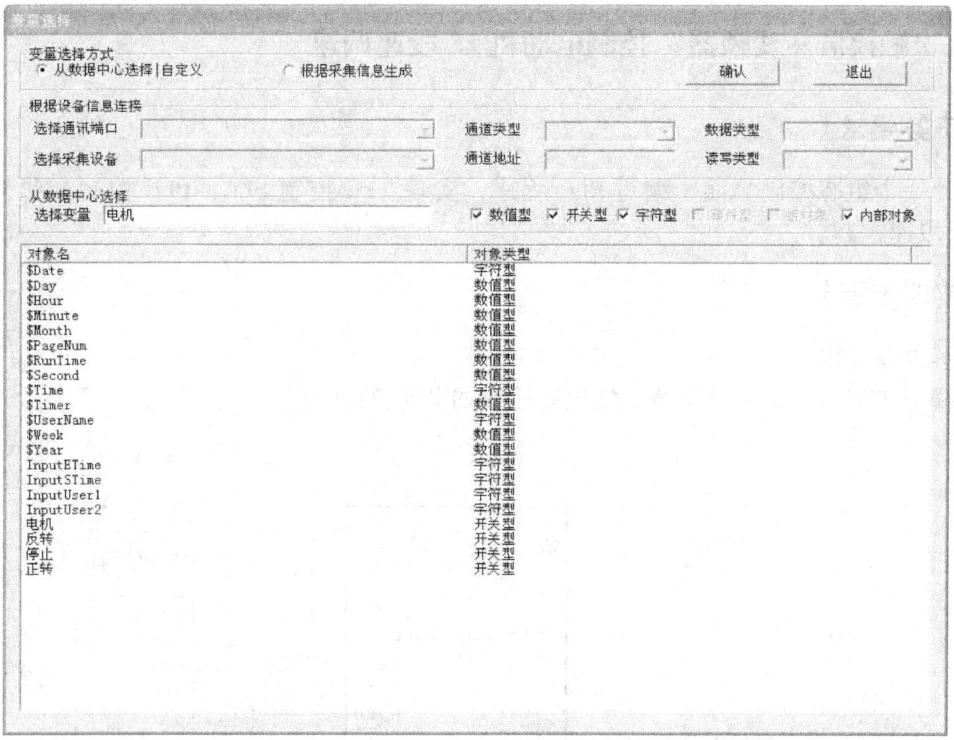

图 4-68　电动机变量连接

式选择“USB 通信”，然后单击“通信测试”按钮，通信测试正常后，单击“工程下载”。并在触摸屏中调试运行。

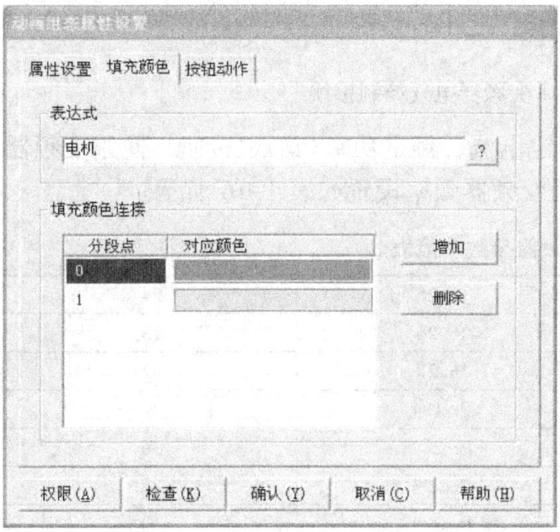

图 4-69　填充颜色设置

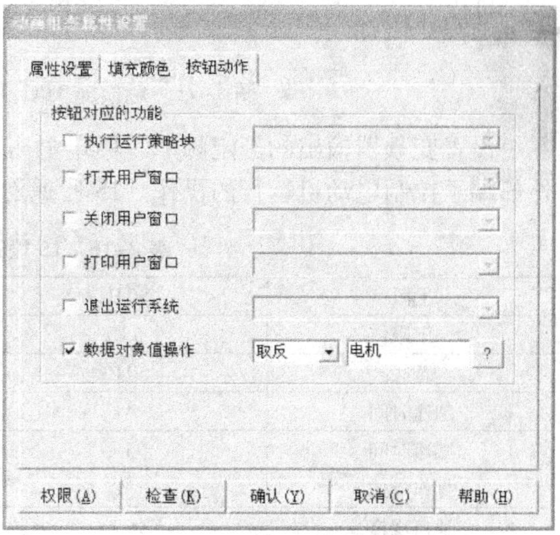

图 4-70　按钮动作设置

（6）调试

按图连接好各设备后，用 TPC 控制电动机“正、停、反”和“反、停、正”运行，并在运行中观察电动机能否无级调速。如有问题及时解决。

4.2.6 “触摸屏＋变频器”控制电动机15段速调速

【任务要求】

设计一个组态控制页面，编写PLC程序，实现TPC控制PLC，PLC控制变频器调速，实现15段速控制。

【实训步骤】

(1) 设备连接

触摸屏TPC ＋PLC＋变频器电气控制接线如图4-71所示。

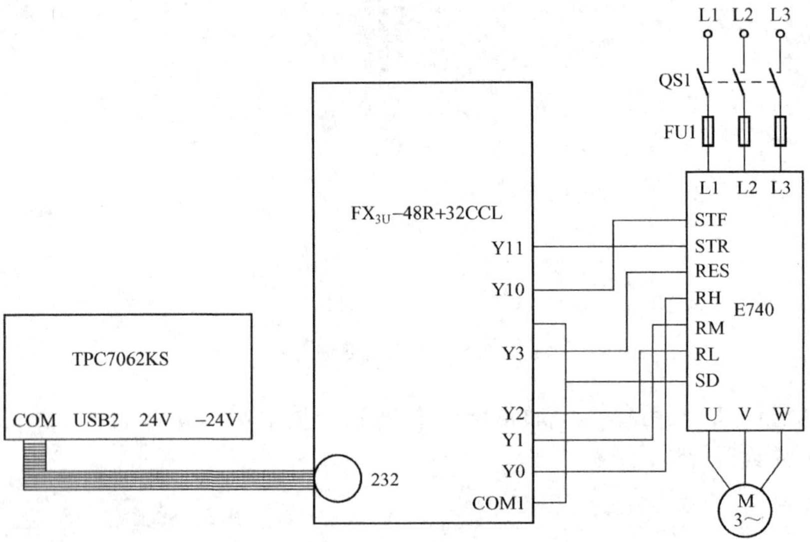

图4-71 触摸屏TPC ＋PLC＋变频器电气控制接线

设置变频器输出的额定频率、额定电压、额定电流、额定功率和额定转速，使用变频器外部端子控制电动机运行的操作。15段速对应的变频器频率设置如表4-16所示。

表4-16 15段速变频器参数功能表

上限	50 Hz	Pr. 25	24
下限	5 Hz	Pr. 26	28
基底	50 Hz	Pr. 27	32
加速时间	4 s	Pr. 184	8
减速时间	3 s	Pr. 232	36
操作模式	3	Pr. 233	38
通信规格	9999	Pr. 234	40
参数号：		Pr. 235	42
Pr. 4	8	Pr236	44
Pr. 5	12	Pr. 237	46
Pr. 6	16	Pr. 238	48
Pr. 24	20	Pr. 239	50

(2) 编制 PLC 程序

15 段速控制的 PLC 参考程序如图 4-72 所示。

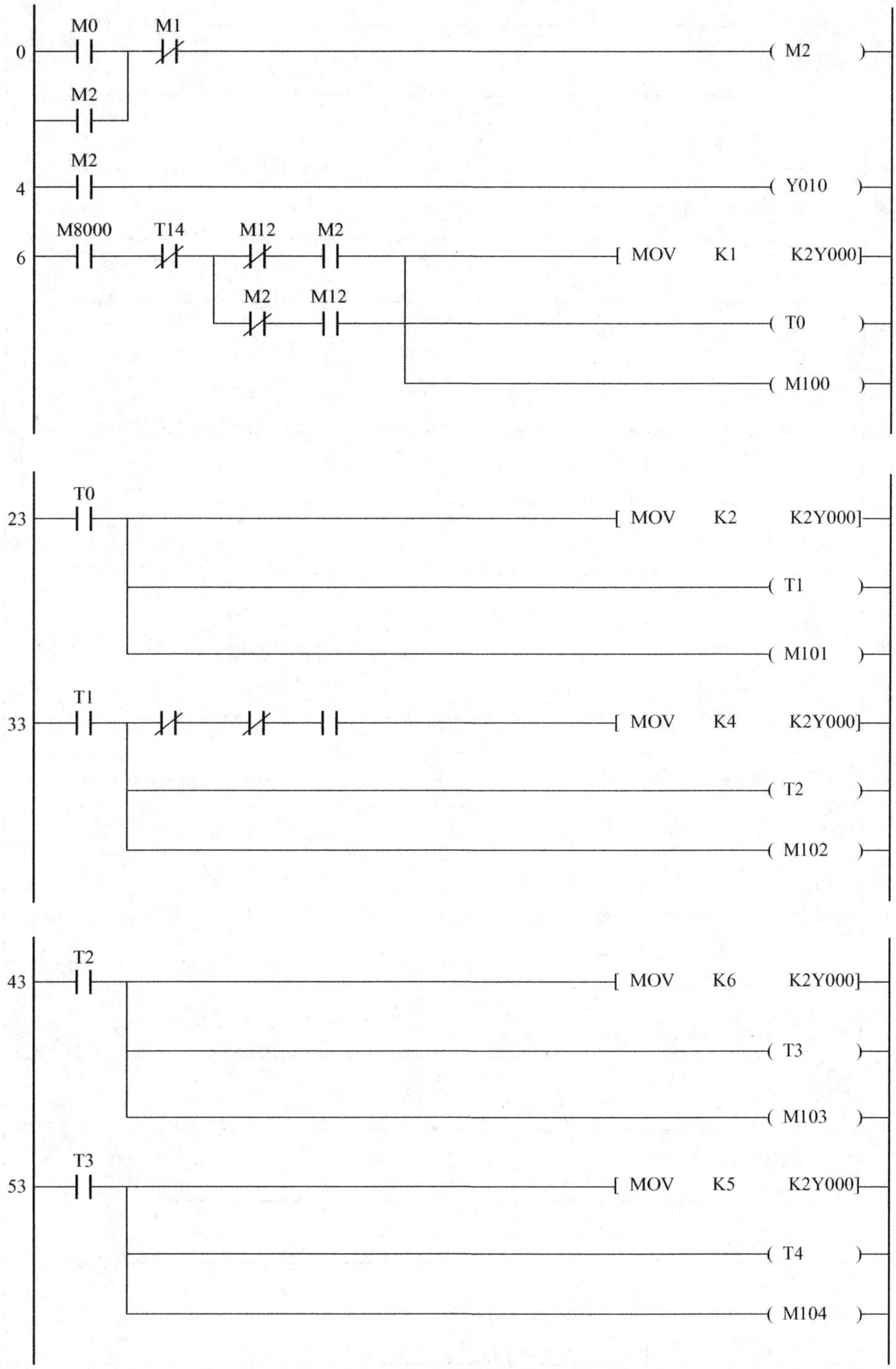

图 4-72 三菱 PLC 15 段速程序示例

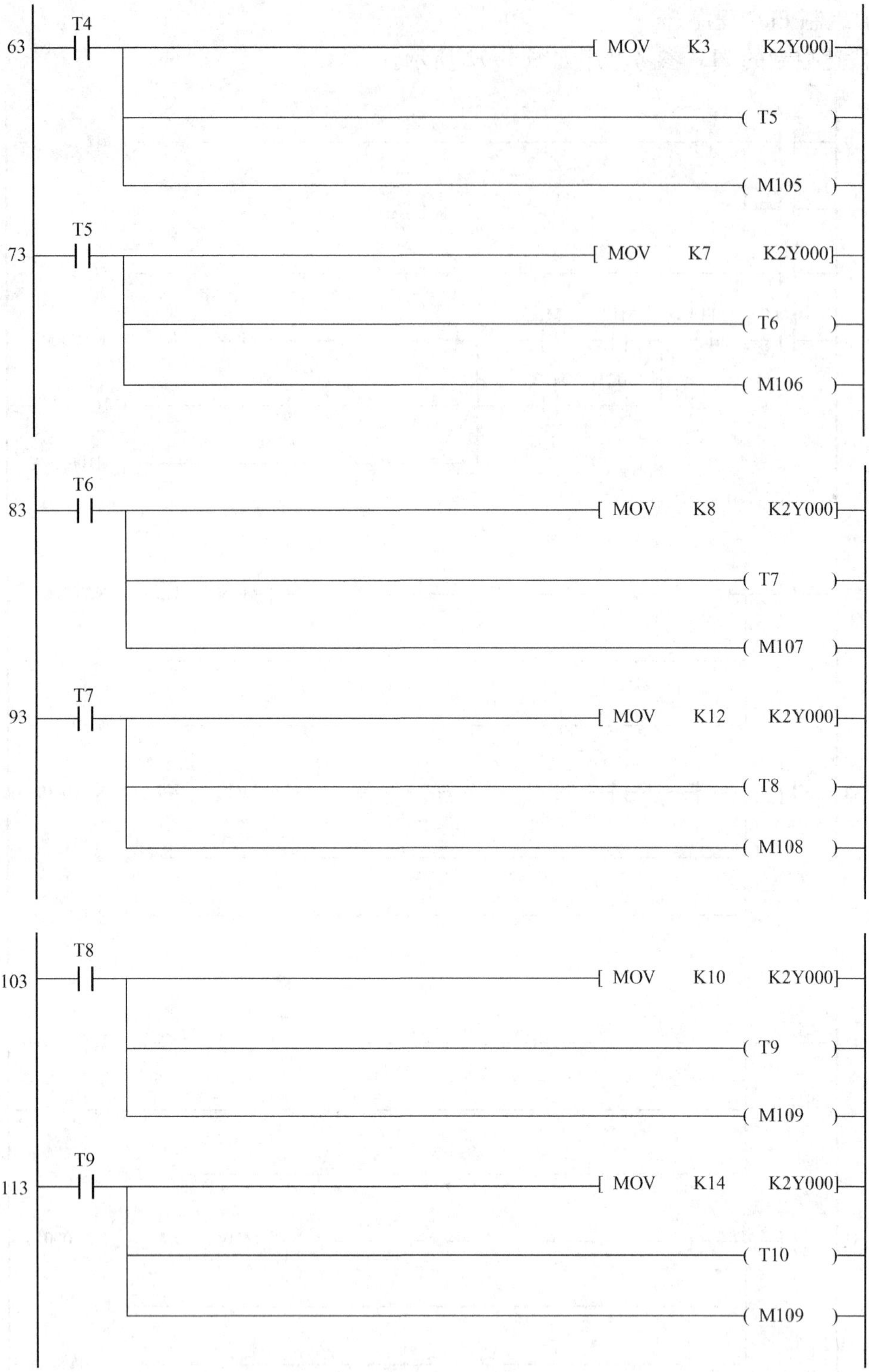

图 4-72　三菱 PLC 15 段速程序示例（续）

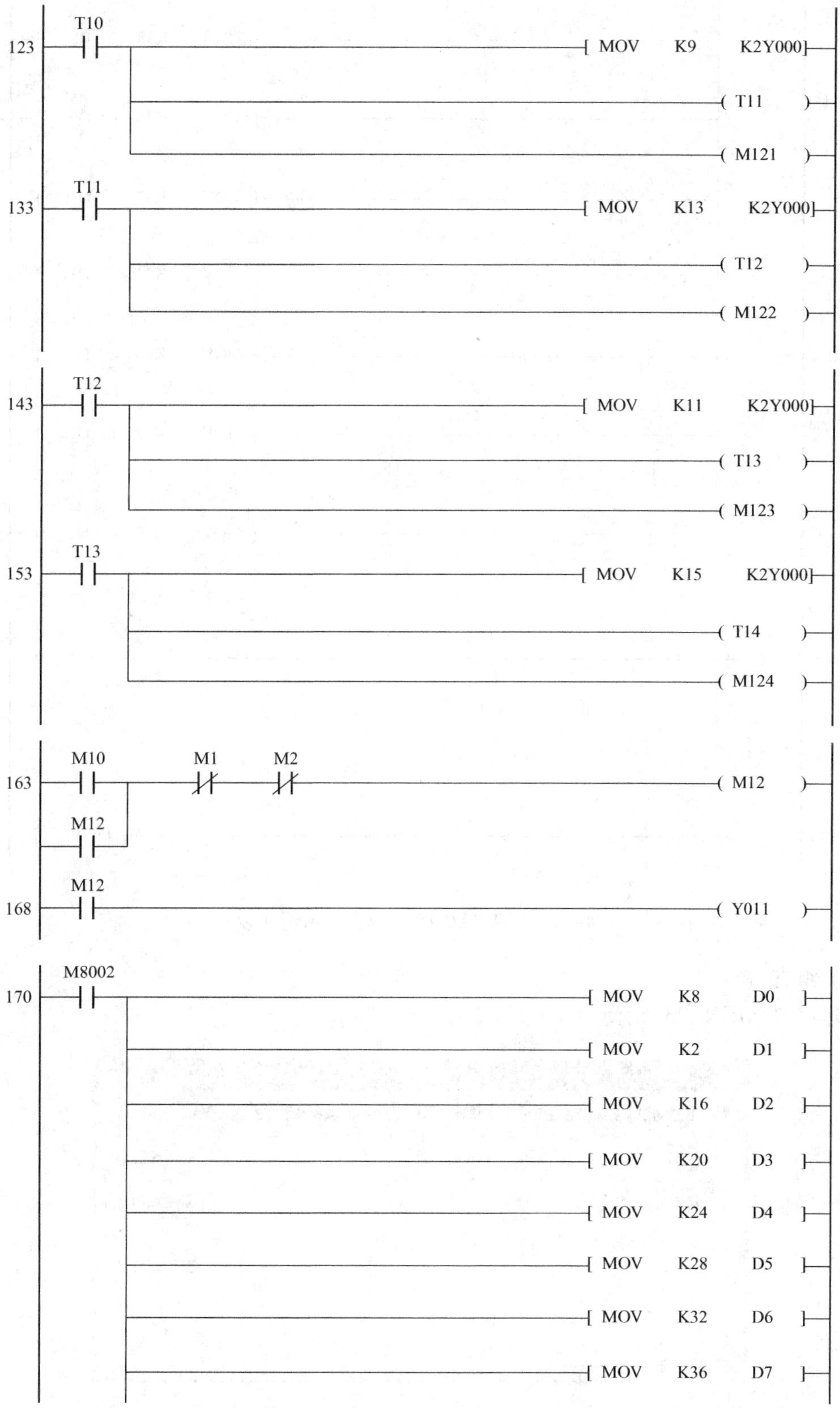

图 4-72 三菱 PLC 15 段速程序示例（续）

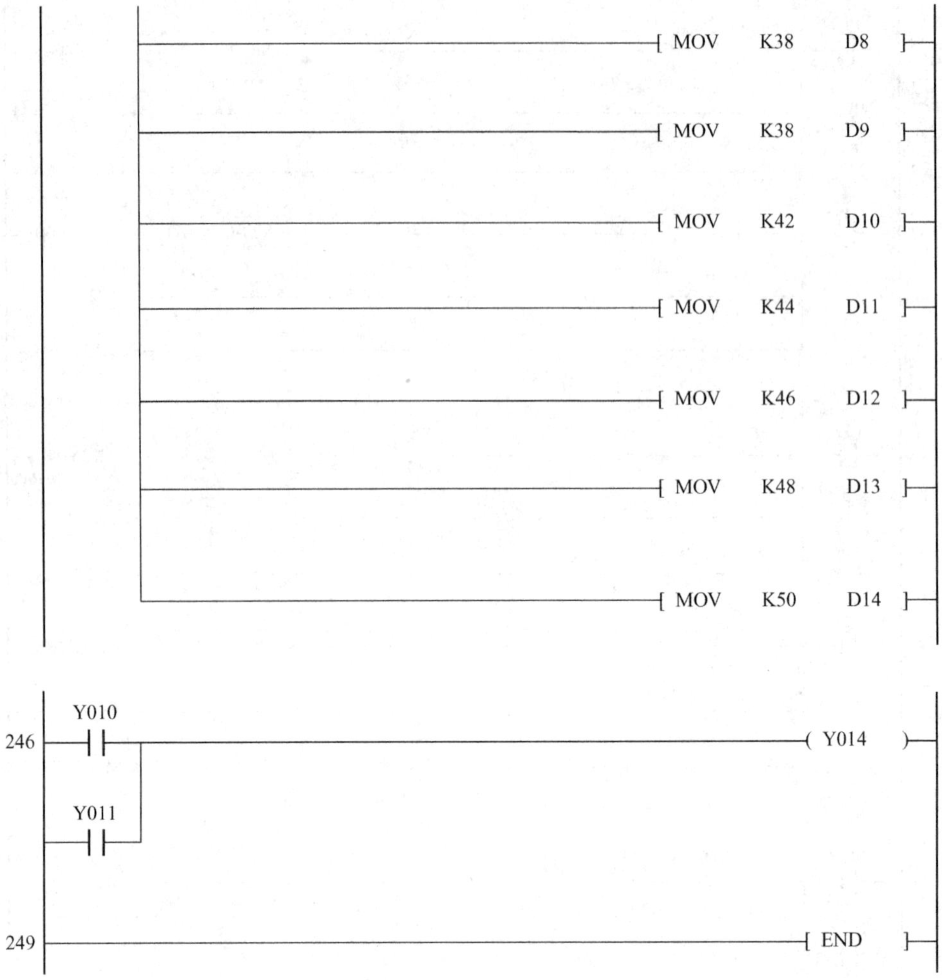

图 4-72　三菱 PLC 15 段速程序示例（续）

（3）组态编辑

新建窗口如图 4-73 所示。

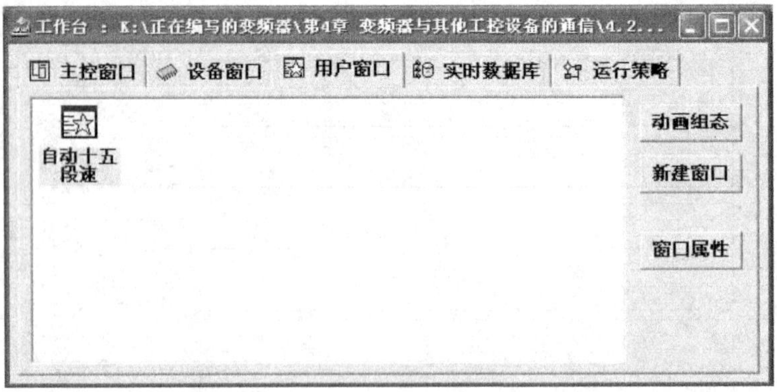

图 4-73　新建窗口

在用户窗口双击“自动十五段速”图标，单击⚒打开“工具箱”。需要放置 3 个按钮、15 个小灯、15 个输入框、15 个文本框、一个电动机（如图 4-74 所示）。

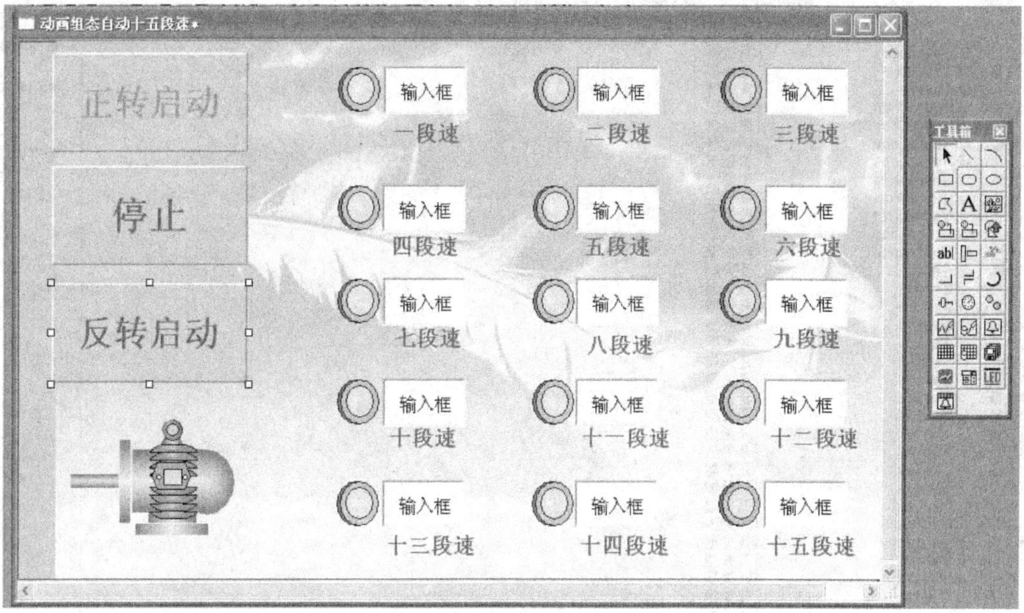

图 4-74　组态窗口绘制

在工作台中激活“实时数据库”窗口，进入“实时数据库”，编辑页面。如图 4-75 所示。

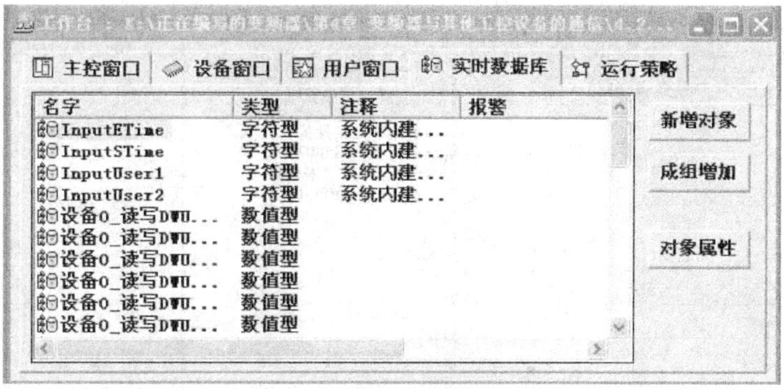

图 4-75　“实时数据库”窗口

单击“新增对象”按钮，增加一个“Y 输出寄存器”，类型为开关型；28 个“M 辅助寄存器”，类型为开关型；15 个“D 数据寄存器”，类型为数值型。具体设置如图 4-76 所示。

在工作台中激活设备窗口，进入设备组态画面，打开“设备工具箱”。在设备工具箱中，按先后顺序双击“通用串口父设备”和“三菱_FX 系列编程口”添加至组态画面。提示使用三菱 FX 系列编程口默认通信参数设置父设备，选择“是”后关闭设备窗口。编辑后的设备窗口如图 4-77 所示。

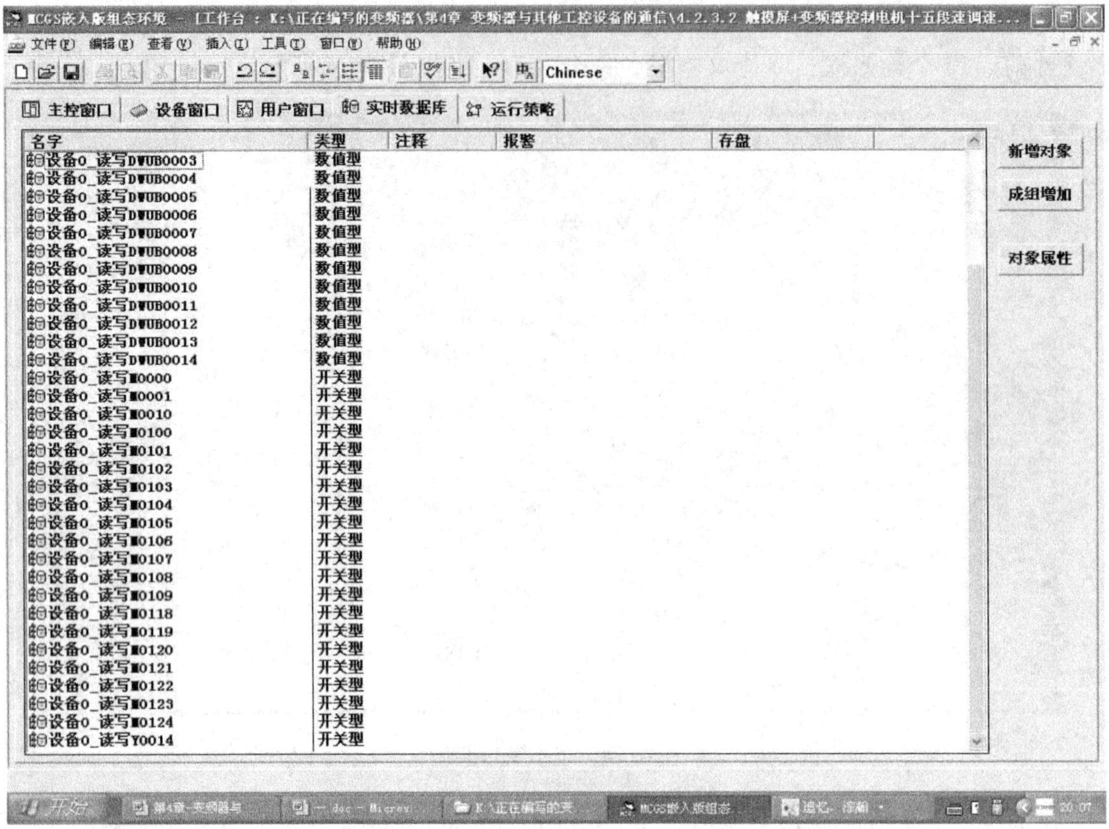

图 4-76　新增对象

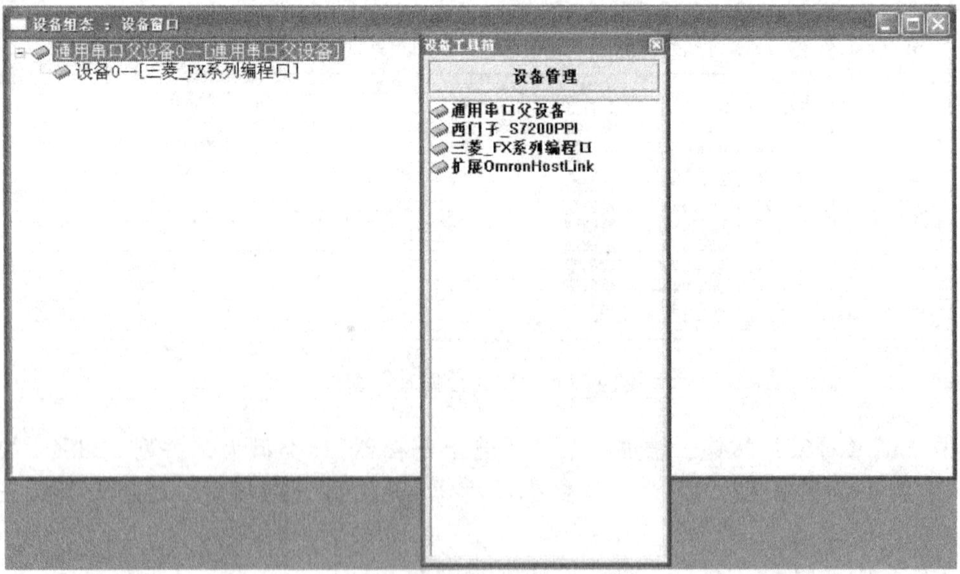

图 4-77　设备窗口添加设备

双击设备0--[三菱_FX系列编程口]，进入“设备编辑窗口”，如图 4-78 所示。

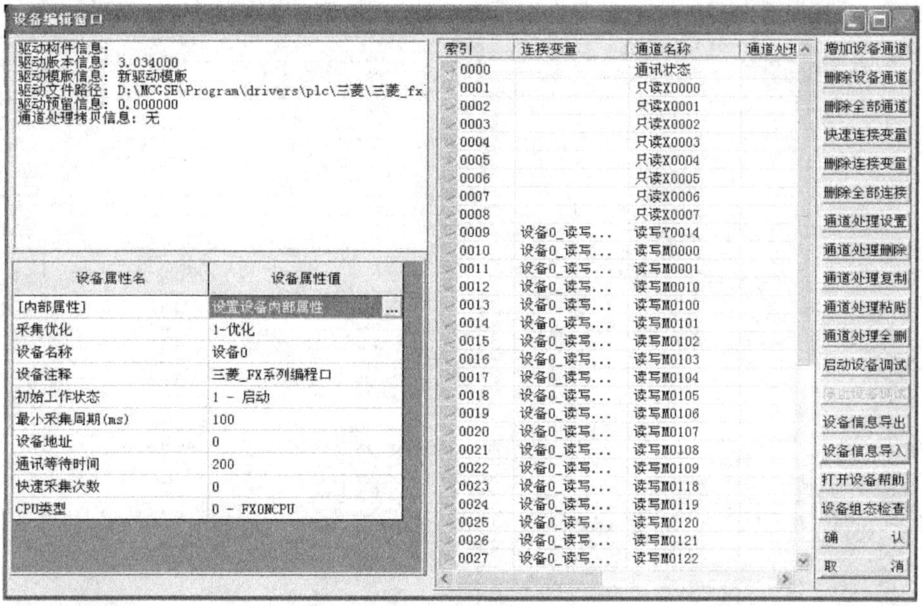

图 4-78 “设备编辑窗口”

单击“设置设备内部属性”，再单击“设置设备内部属性”右侧…。弹出通道属性设置对话框如图 4-79 所示。单击“增加通道”，弹出如图 4-80 所示对话框。增加 1 个“Y 输出寄存器”、28 个“M 辅助寄存器”、15 个“D 数据寄存器”。

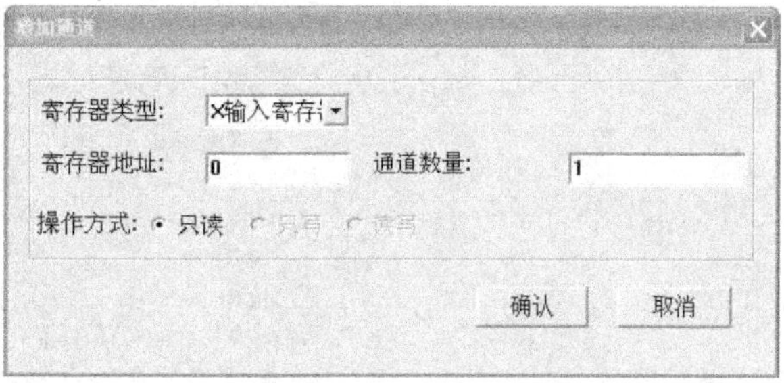

图 4-79 “设置设备内部属性”

图 4-80 “增加通道”

在设备编辑窗口中，单击“连接变量”与对应的通道名称进行连接。结果如图 4-81 所示。

数据连接如下：

1）按钮。

3 个按钮进行排列对齐，双击“正转起动”按钮，单击操作属性，数据对象值操作为“按 1 松 0”，如图 4-82 所示。单击“问号”进行变量选择，选择“从数据中心选择自定

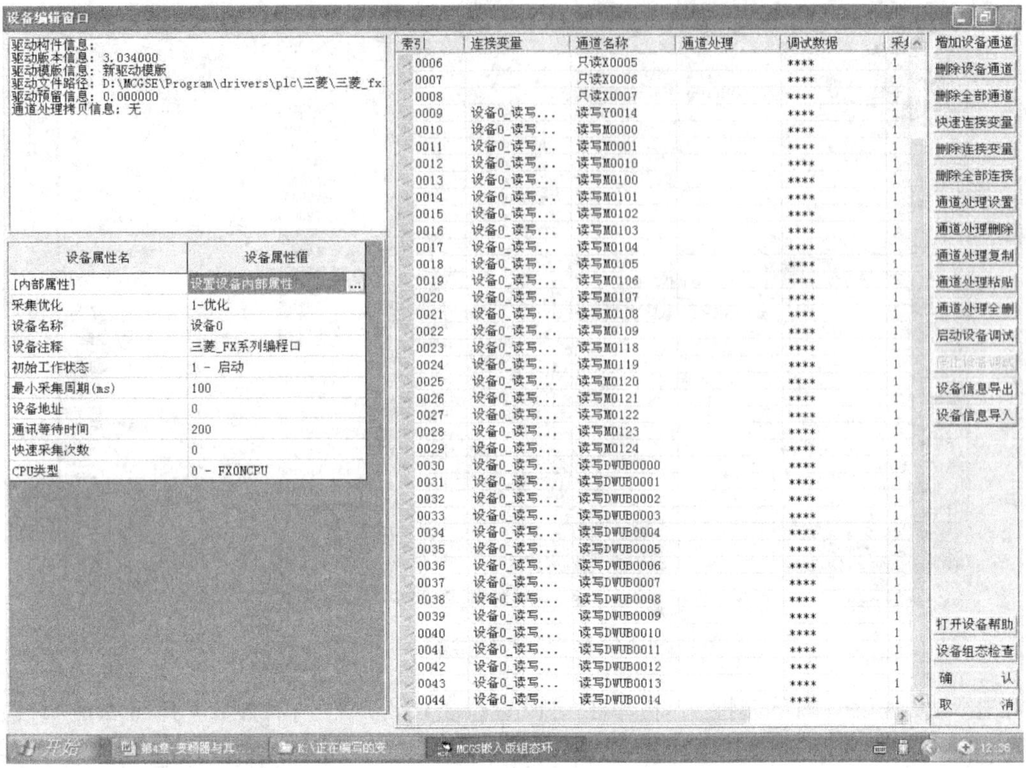

图 4-81　连接变量

义”，再选择“设备 0_读写 M0000”变量，然后单击确认，如图 4-83 所示。“停止”按钮设置中，变量选择为“设备 0_读写 M0001”；“反转起动”按钮设置中，变量选择为“设备 0_读写 M0010”。

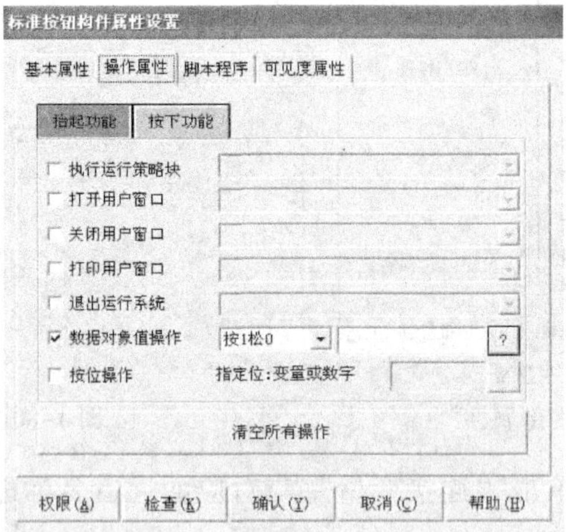

图 4-82　“正转起动”按钮操作属性

2）输入框。

双击“输入框”，选择“操作属性”，如图 4-84 所示。单击?进行变量选择，选择“从

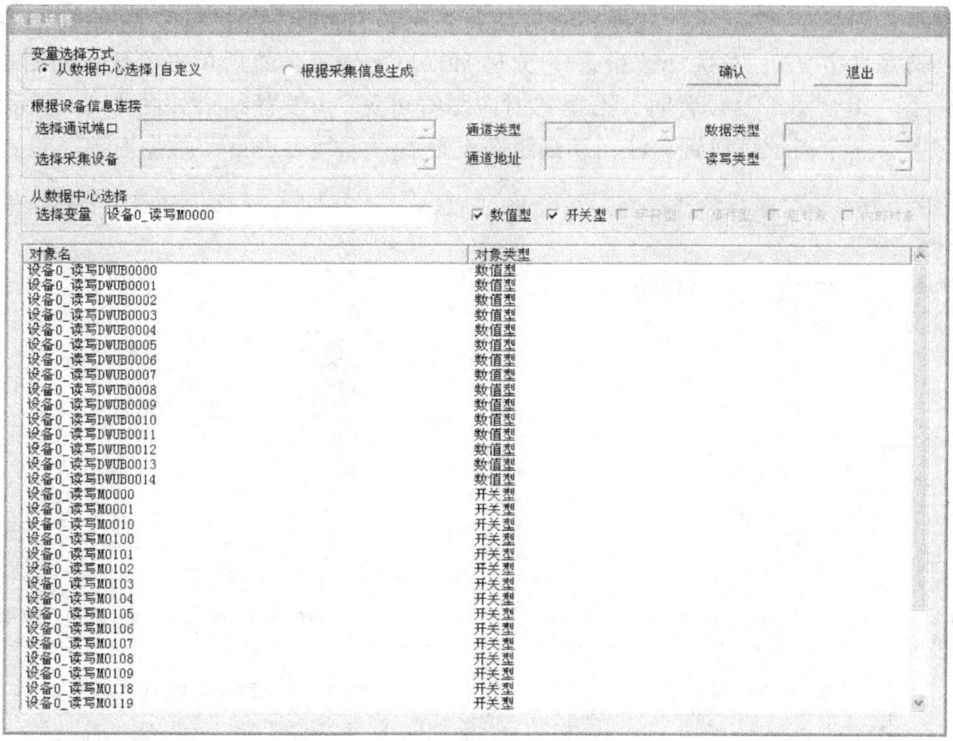

图 4-83　“正转起动”按钮变量选择

数据中心选择自定义”，再选择“设备 0_读写 DWUB0000”变量，然后单击确认，如图 4-85所示（通道类型为“D 数据寄存器”，数据类型选择“16 位无符号二进制”，地址为“0”）。其他输入框参照设置。

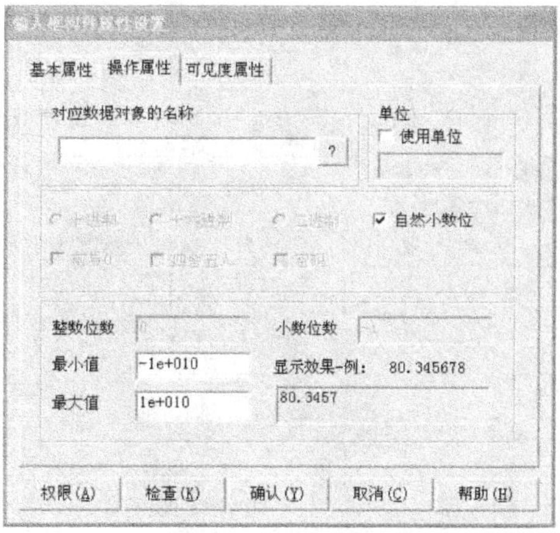

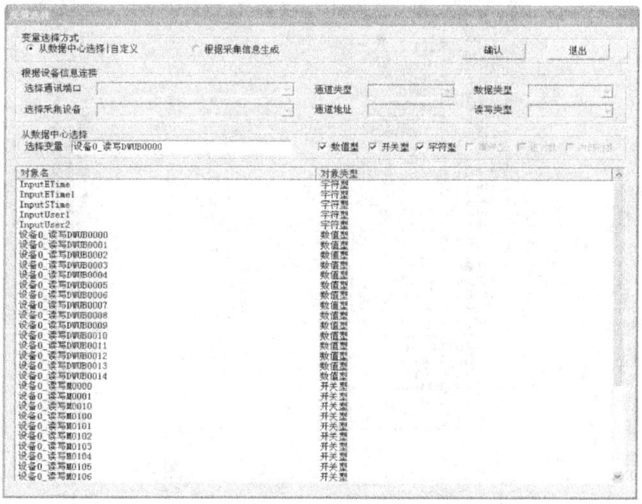

图 4-84　输入框“操作属性”

图 4-85　输入框变量选择

3）指示灯。

双击第一个指示灯，选择动画连接，单击“@ 开关量”，如图 4-86 所示。单击 进入动画组态设置如图 4-87 所示，选择“对应图符不可见”。单击?进行变量选择，选择“从数据中心选择自定义”，再选择“设备 0_读写 M0100”变量，然后单击确认，如图 4-88 所示。另一个“组合图符”设置时，选择“对应图符可见”，设置结果如图 4-89 所示。其他指示灯参照第一个指示灯设置。注：动画组态设置后，无须再进行“数据对象”设置。

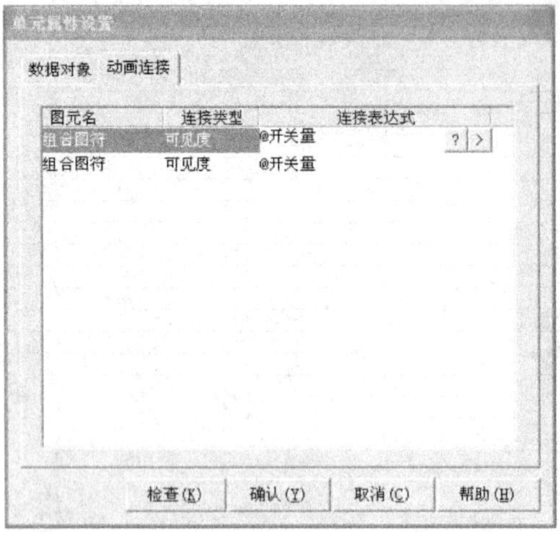

图 4-86　指示灯

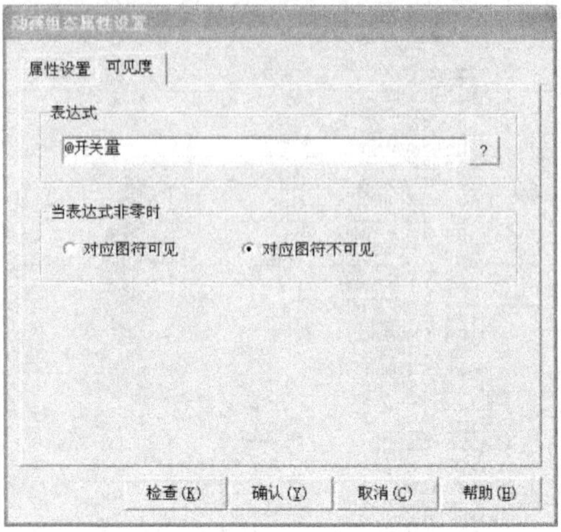

图 4-87　指示灯动画组态设置

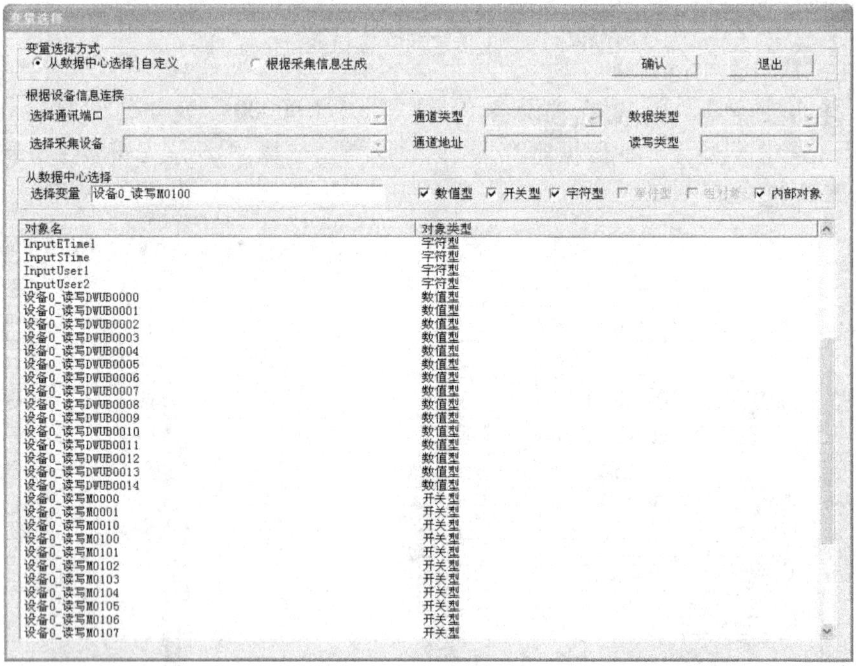

图 4-88　变量选择

4）标签。

双击第一个标签，弹出“标签动画组态属性设置”对话框，在“扩展属性”选项卡“文本内容输入”中输入“一段速”，如图 4-90 所示。其他项均参考进行设置。

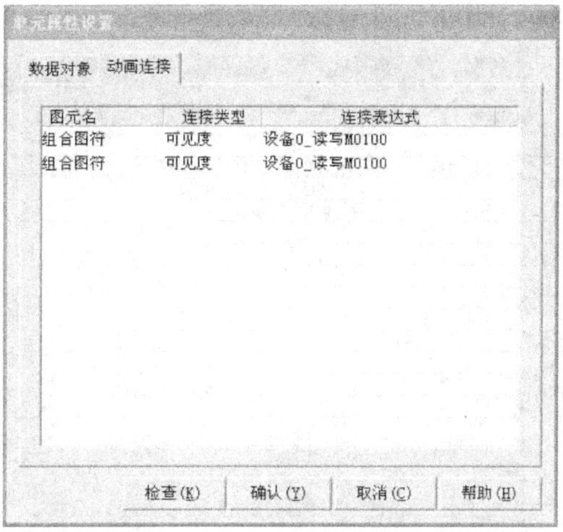

图 4-89 “组合图符”设置

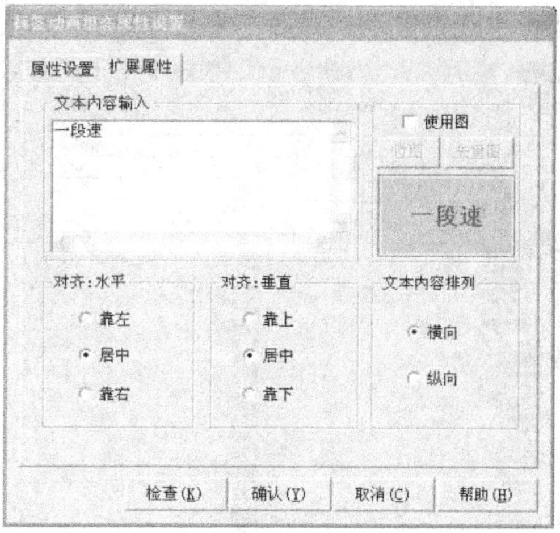

图 4-90 “标签动画组态属性设置”

5）电动机。

双击电动机，在图 4-91 中单击“填充颜色”对应的“@ 开关量”，单击 进入动画组态设置如图 4-92 所示页面。选择“按钮动作”，单击，选择“从数据中心选择自定义”，再选择“设备 0_读写 Y0014”变量，如图 4-93 所示，然后单击确认。

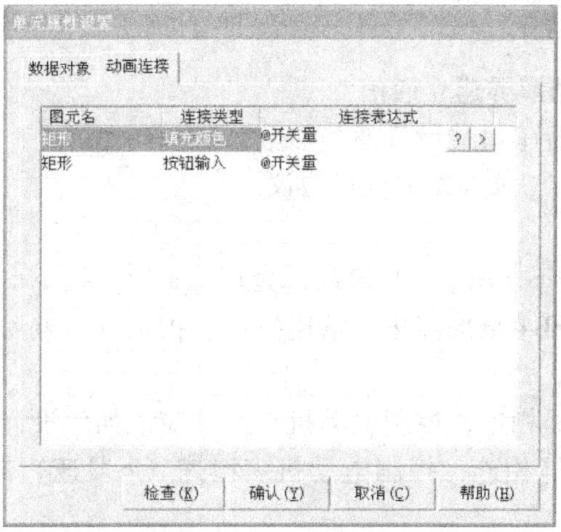

图 4-91 电动机“单元属性设置”

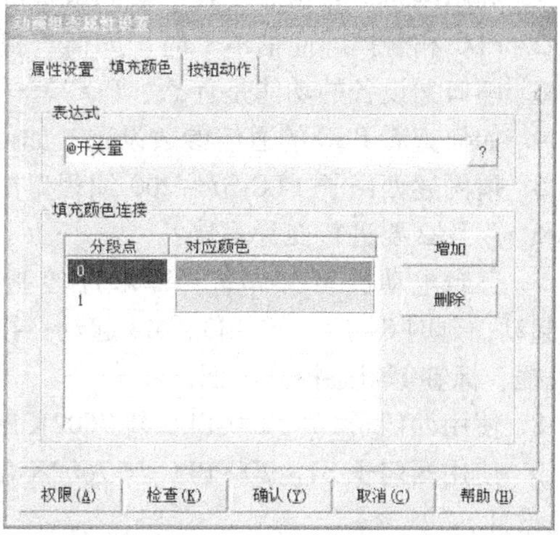

图 4-92 电动机“动画组态属性设置”

单击“按钮输入”对应的“@ 开关量”，单击进行变量选择，选择“从数据中心选择自定义”，再选择“设备 0_读写 Y0014”变量。设置结果如图 4-94 所示。

（5）工程下载

组态完成后，单击工具条中的下载按钮，进行下载配置。选择“连机运行”，连接方式选择“USB 通信”，然后单击“通信测试”按钮，通信测试正常后，单击“工程下载”。并在触摸屏中调试运行。

（6）调试

按图连接好各设备后，用 TPC 控制电动机“正、停、反”和“反、停、正”运行，并在运行中观察电动机是否按照设置的频率运行。如有问题及时解决。

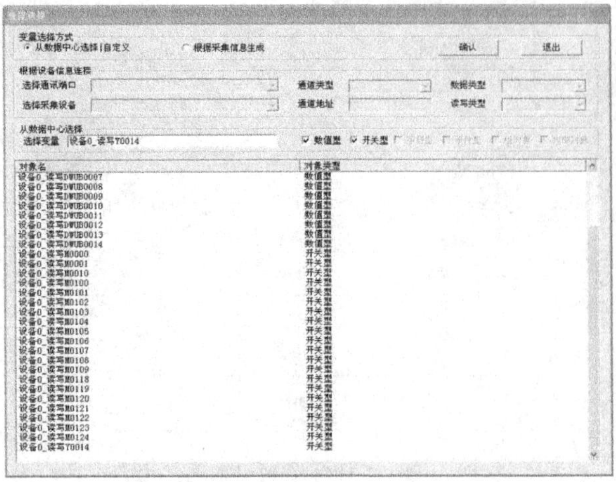

图 4-93 “按钮动作”

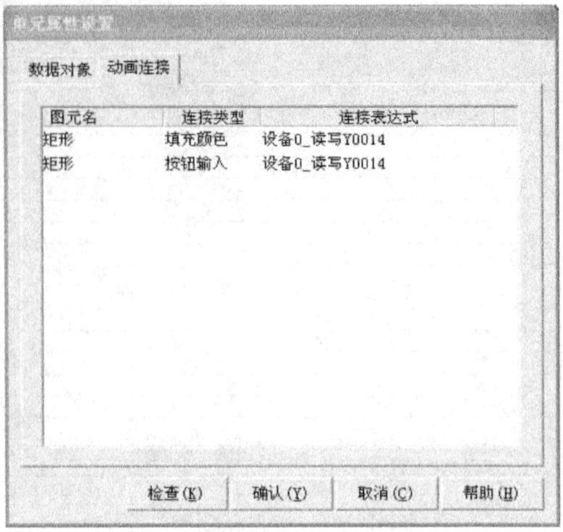

图 4-94 变量选择

4.3 思考与练习

1. 利用网络口将组态工程下载到触摸屏中的要点是什么?
2. PLC 和触摸屏通信不上时，如何查找故障点?
3. 串口父设备的功能是什么? PLC 怎样和触摸屏建立通信?
4. 如何查看 PLC 的通信参数设置? 如何设置串口父设备通信参数?
5. 请阐述西门子 PLC S7-200 编程口协议、三菱 FX 编程口协议。
6. 为什么要进行变量连接?
7. 三台电动机 M1、M2、M3 顺序控制：按下 SB1，M1 起动，延时 5 s 后，按下 SB2，M2 起动，延时 8 s 后，按 SB3，M3 起动；按下 SB4 全部停止。请用按钮、指示灯、电动机、输入框、标签等组态控制画面。
8. 使用西门子 S7-200 PLC 与 7602K 触摸屏相连，控制电动机正反转应该如何设计?
9. 使用西门子 S7-200 PLC 与 7602K 触摸屏相连，控制电动机多段速（7 段速）应该如何设计?
10. 如图 4-95 所示为三菱 FX PLC 通过编程来实现三菱 E700 系列变频器多段速的硬件

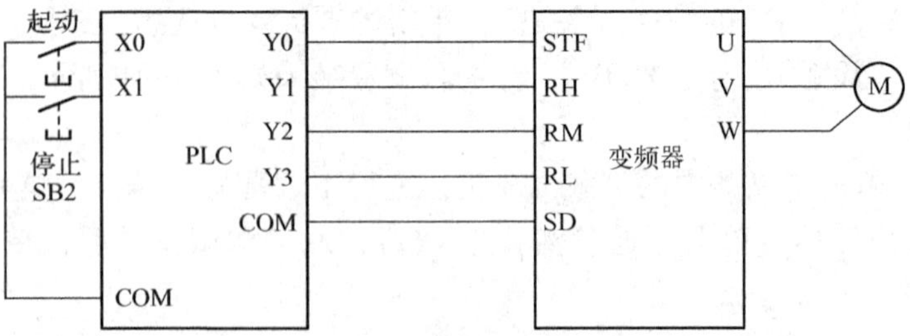

图 4-95 三菱 FX PLC 与三菱 E700 系列变频器的硬件接线

接线示意，请对三菱 PLC 进行编程，对三菱 E700 系列变频器进行参数设置，使电动机在预期的时间段内按预设以不同组合的转速运行（图 4-96）。

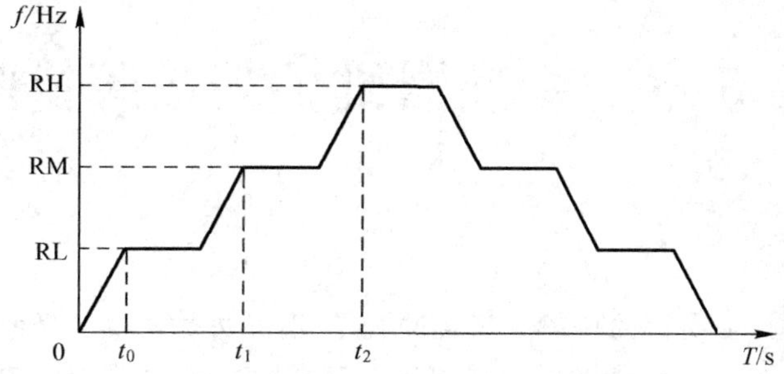

图 4-96　电动机频率曲线

第5章　变频器维护与故障排除

【导读】

变频器的整体结构主要由主回路、驱动电路、开关电源电路、保护检测电路、通信接口电路和控制电路等组成。一般情况下，变频器故障都会有故障显示，用户可以根据说明书的内容按图索骥进行故障排除；特殊情况下，变频器故障需要根据现场工况结合用户自身的经验进行故障诊断。常见的变频器故障包括输入缺相、输出缺相、过流、过载、过热、电动机轴承故障等。

知识目标

※ 了解变频器日常检查和定期检查内容；
※ 熟悉变频器故障与报警的分类；
※ 掌握变频器输入缺相、输出缺相的原因；
※ 掌握变频器过载、过热、过流的原因；
※ 掌握变频器驱动电动机后的轴承故障原因。

能力目标

☆ 能获取三菱E740变频器易耗件寿命信息；
☆ 能对三菱E740变频器冷的却风扇进行拆装；
☆ 能对三菱E740变频器报警/故障进行复位与确认；
☆ 能进行变频器多种故障的原因查找。

5.1　变频器维护与故障排除基础

5.1.1　变频器的日常检查

变频器是以半导体元器件为中心构成的电力电子产品，可能会因温度、湿度、尘埃、振动等使用环境的影响，以及其零部件长年累月的变化等原因而发生故障，为了防患于未然，必须对变频器进行日常检查和定期检查。

1. 日常检查

基本上是检查变频器运行中是否有异常现象。

① 安装地点的环境是否有异常？

② 冷却系统是否正常？

③ 变频器是否有异常振动、异常声音？

④ 是否有异常过热、变色？是否有异味？

⑤ 电动机是否有异常振动、异常声音和过热？是否有异味？

表 5-1 所示即为变频器日常检查的一些基本数据。

表 5-1　变频器日常检查的数据

检查对象	检查内容	周　期	检查手段	判别标准
运行环境	(1) 温度、湿度 (2) 尘埃、水及滴漏 (3) 气体	随时	(1) 温度计、湿度计 (2) 目视 (3) 目视	(1) 按规格书温度 < 50℃、40℃以上开盖运行 (2) 水漏痕迹 (3) 无异味
变频器	(1) 振动发热 (2) 噪声	随时	(1) 外壳触摸 (2) 听	(1) 振动平稳，风温合理 (2) 无异样响声
电动机	(1) 发热 (2) 噪声	随时	(1) 测温计 (2) 听	(1) 发热无异常 (2) 噪声均匀
过行状态参数	(1) 输出电流 (2) 输出电压 (3) 内部温度	随时	(1) 电流表 (2) 电压表 (3) 温度计	(1) 在额定值范围内 (2) 在额定值范围内 (3) 温升小于 35 K

2. 定期检查

检查不停止运行就不能检查的部位和需要定期检查的部位。根据使用环境，可以 3 个月或 6 个月对变频器进行一次定期检查。检查及处理内容如下。

① 冷却系统是否有异常？清扫电路板灰尘与风道灰尘。

② 紧固检查及加固。由于振动、温度变化等影响，螺钉、螺栓等紧固部分往往松动，要仔细确认后实施。

③ 导体、绝缘物是否有腐蚀、破损？

④ 确认保护回路等的动作，确认各部分的动作波形。

⑤ 测量绝缘电阻。

⑥ 检查与更换冷却风扇、平滑电容器、接触器、继电器等。

⑦ 对于一些专用变频器，如采用内置液位传感器实现进水池液位检测的恒压供水专用变频器，建议每月检查和清理一次检测电极。

表 5-2 所示为变频器定期检查的数据。

表 5-2　变频器定期检查的数据

	检查位置	检查事项	检查周期	检查周期	检查周期	检查方法	判定基准	使用仪表
			日常	定期 1 年	定期 2 年			
全部	周围环境	周围温度，湿度、尘埃等	√			观察、测量	周围温度 10 ~ 50℃、湿度 90% 以下、不结露	温度计、湿度计记录仪
全部	全部装置	是否有异常振动、异常声音	√			利用观察和听觉	没有异常	
全部	电源电压	主回路电压是否异常	√			测定变频器端子排 R、S、T 相间电压	220 V ± 20% 380 V ± 20%	万用表、数字式多用仪表

（续）

	检查位置	检查事项	检查周期	检查周期	检查周期	检查方法	判定基准	使用仪表
			日常	定期1年	定期2年			
主回路	全部	① 绝缘电阻表检查 ② 紧固部分是否松脱 ③ 是否有过热 ④ 清扫		√	√	① 拆下变频器接线，将 R、S、T、U、V、W 短路检测与地间绝缘电阻 ② 加强紧固 ③ 用测温计测量	① 在 5 MΩ 以上 ② 正常 ③ 正常	DC 500 V 绝缘电阻表、测温计
主回路	连接导体电线	① 导体是否歪斜 ② 导线是否破损		√		①②用眼观察	①②无异常	
主回路	端子	是否损伤		√		用眼观察	无异常	
主回路	功率模块	检查各端子间二极管特性			√	拆下接线检查 P、N 与 R、S、T、U、V、W 间二极管特性	满足二极管特性	万用表
主回路	电解电容	① 是否漏液 ② 安全阀是否膨胀显著 ③ 测定静电电容	√	√		①②用眼观察 ③用电容量测定器测量	①②无异常 ③额定容量的 85% 以上	容量计
主回路	继电器	① 动作时是否有异常声音 ② 触点是否粗糙		√		用听觉、触觉	①②无异常	
电动机	全部	① 是否有异常振动与异常声音 ② 是否有异味	√			① 用听觉、视觉 ② 由于过热损伤产生的异味	①②无异常	
电动机	绝缘电阻	绝缘电阻表检测		√		拆下 U、V、W 连接线与电动机连接线	应在 5 MΩ 以上	500 V 绝缘电阻表

3. 零部件的更换

变频器易损件主要有冷却风扇、滤波用电解电容器和故障继电器，其寿命（表 5-3）与使用的环境及保养状况密切相关。

表 5-3 变频器易损件寿命

器件名称	寿命时间
风扇	3 ~ 4 万 h
电解电容	4 ~ 5 万 h
继电器 TA/TB/TC	约 10 万次

（1）冷却风扇

用于冷却主回路半导体元器件等发热器件的风扇，寿命时间为 3 ~ 4 万 h，因此对于运行时间较长运转的装置，通常需要以 3 年一次的周期更换冷却风扇或轴承。另外检查时如发现异常声音、异常振动，同样需要更换。

（2）电解电容器

在主回路直流部分作为滤波使用大容量电解电容，由于脉动电流等影响，其特性要劣化。劣化受周围温度及使用条件很大影响，在有空调的一般环境条件下使用时，大约 5 年需要更换一次。

电容器的劣化经过一定时间后发展迅速，检查周期最低为 1 年，接近寿命时最好为半年以内。

检查电容器外观时的判断基准为：

◆ 外壳的状态：外壳侧面、底面的膨胀。

◆ 封口板的状态：明显的弯曲、严重的裂痕。

◆ 防爆阀的状态：阀的膨胀显著、已经动作过。

其他：外表裂痕、变色、漏液，定量的判断，电容器容量下降到额定容量 85% 以下时为其寿命。

（3）故障继电器

可能损坏原因：腐蚀，频繁动作。

判断标准：开闭失灵。

5.1.2　三菱 E740 变频器易耗件寿命信息的获取

【任务要求】

通过读取三菱 E740 变频器的相应参数来获取该变频内部主电路电容器等易耗件的寿命信息。

【实训步骤】

1）通过查询 Pr. 255 获取变频器内部部件寿命报警显示信息。

对于控制电路电容器、主电路电容器、冷却风扇、浪涌电流抑制电路的各零件是否到达寿命报警输出水平，可以在 Pr. 255 寿命报警状态显示中进行确认（图 5-1）。表 5-4 所示为易耗件的寿命信息含义。

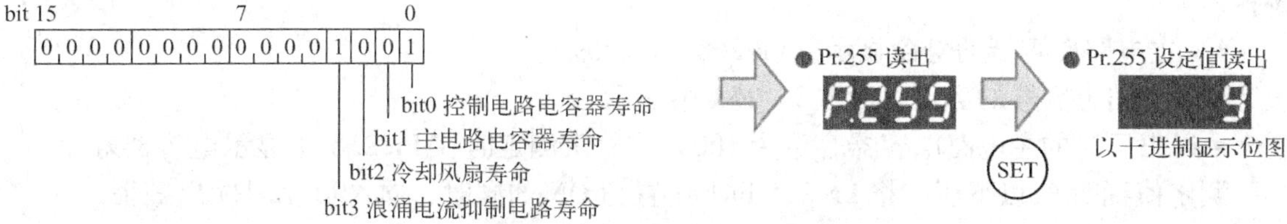

图 5-1　读取寿命信息步骤

表 5-4　寿命信息含义

Pr. 255（十进制）	bit（二进制）	浪涌电流抑制电路寿命	冷却风扇寿命	主电路电容器寿命	控制电路电容器寿命
15	1111	○	○	○	○
14	1110	○	○	○	×
13	1101	○	○	×	○
12	1100	○	○	×	×
11	1011	○	×	○	○
10	1010	○	×	○	×

（续）

Pr. 255（十进制）	bit（二进制）	浪涌电流抑制电路寿命	冷却风扇寿命	主电路电容器寿命	控制电路电容器寿命
9	1001	○	×	×	○
8	1000	○	×	×	×
7	0111	×	○	○	○
6	0110	×	○	○	×
5	0101	×	○	×	○
4	0100	×	○	×	×
3	0011	×	×	○	○
2	0010	×	×	○	×
1	0001	×	×	×	○
0	0000	×	×	×	×

○：有报警
×：无报警

2）浪涌电流抑制电路的寿命显示（Pr. 256）。

● 浪涌电流抑制电路（继电器、导线以及浪涌吸收电阻）的寿命在 Pr. 256 中显示。

● 计算接点（继电器、导线、半导体开关元件）ON 次数，从 100%（0 次）开始以每 1%/1 万次进行倒数计数。

达到 10%（90 万次）时，在 Pr. 255 bit3 为 ON 的同时，向 Y90 信号输出警报。

3）控制电路电容器的寿命显示（Pr. 257）。

● 控制电路电容器的劣化程度在 Pr. 257 中显示。

● 在运行状态下，根据通电时间和温度计算控制电路电容器的寿命，从 100% 倒数计数。

控制电路电容器寿命下降 10% 时，将 Pr. 255 bit0 设置为 ON 的同时，向 Y90 信号输出警报。

4）主电路电容器的寿命显示（Pr. 258、Pr. 259）。

● 主电路电容器的劣化程度在 Pr. 258 中显示。

● 以出厂时的主电路电容器容量为 100%，每次测定时在 Pr. 258 中显示电容器寿命。

测定值到 85% 以下后，将 Pr. 255 bit1 设置为 ON 的同时，向 Y90 信号输出警报。

● 按下列方法测定电容器的容量，确认电容器容量的劣化程度（表 5-5）。

表 5-5　Pr. 259 参数内容

Pr. 259	内　　容	备　　注
0	无测定	初始值
1	测定开始	通过电源 OFF 使测定开始
2	测定中	仅显示，无法设定
3	测定结束	
8	强制结束	
9	测定错误	

a. 请确认电动机已经接上而且是停止状态。

b. 设定 Pr. 259 ＝“1”（测定开始）。

c. 关闭电源。关闭电源时变频器向电动机输出直流电压，测定电容容量。

d. 确认操作面板的 LED 灭灯后，再投入电源。

e. 确认 Pr. 259 ＝“3”（测定结束），读取 Pr. 258，确认主电路电容器的劣化程度。

小知识

为了正确测定主电路电容器的寿命，避免受电容器温度变化的影响，应在切断电源经过 3 h 以上后再实施测定。

若在下列条件下进行主电路电容器的寿命测定，可能会发生“强制结束”Pr. 259 ＝“8”）、“测定错误”（Pr. 259 ＝“9”）等情况或保持“测定开始”（Pr. 259 ＝“1”）不变，因此请不要在下列情况下进行测定。另外，在下列条件下即使显示“测定结束”（Pr. 259 ＝“3”），测定也不能正常完成。

① FR－HC、FR－CV 连接上；

② 在端子＋、－上连接了直流电源；

③ 测定中电源置为 ON；

④ 电动机没有接到变频器上；

⑤ 电动机转动时（自由运行状态）；

⑥ 相对于变频器容量，电动机的容量小两个等级以上；

⑦ 变频器在报警停止中或电源 OFF 时发生了报警；

⑧ 因 MRS 信号，变频器切断输出；

⑨ 测定中输入了起动指令；

⑩ 参数单元（FR－PU04－CH/FR－PU07）连接上；

⑪ 将端子 PC 作为电源使用；

⑫ 控制端子排的输入输出端子为 ON（导通）。

5.1.3 三菱 E740 变频器冷却风扇的拆装

【训练要求】

由于主要用于变频器发热零件的冷却，冷却风扇的更换期受周围温度的影响很大。在检查时发现异常声音、异常振动时，必须立即更换冷却风扇。请对 E740 变频器进行冷却风扇的拆装（以 FR－E740－1.5K－CHT 为例）。

【训练步骤】

1）拆卸风扇。

首先从上部按压卡爪，卸下风扇盖板，如图 5-2 所示。

接着拆下风扇连接器。

最后卸下风扇，如图 5-3 所示。

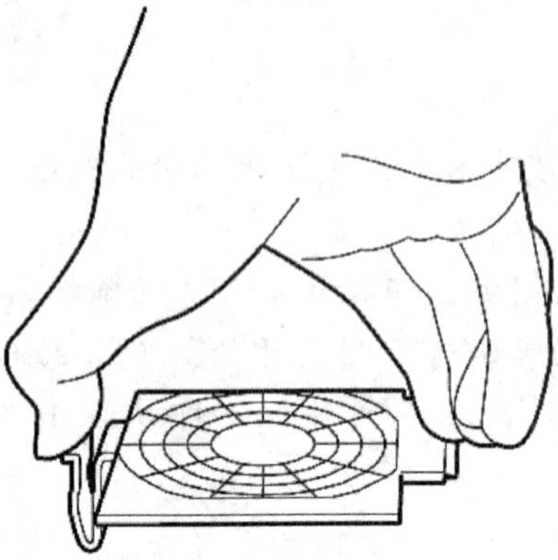

图 5-2　卸下风扇盖板

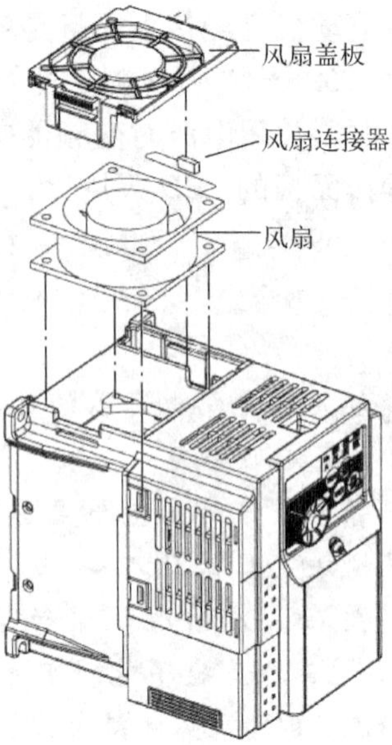

图 5-3　卸下风扇

2）安装风扇。

首先确认风扇的方向后，使“AIR FLOW”的箭头朝上安装风扇，如图 5-4 所示。接着连接上风扇连接器，如图 5-5 所示。当接线时，小心电线被风扇卡住。

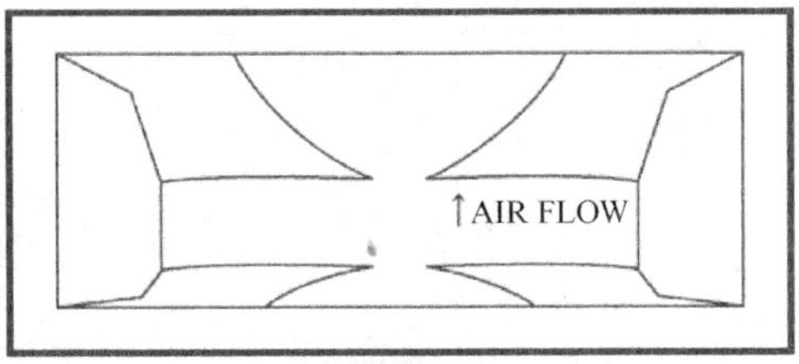

图 5-4　风扇方向

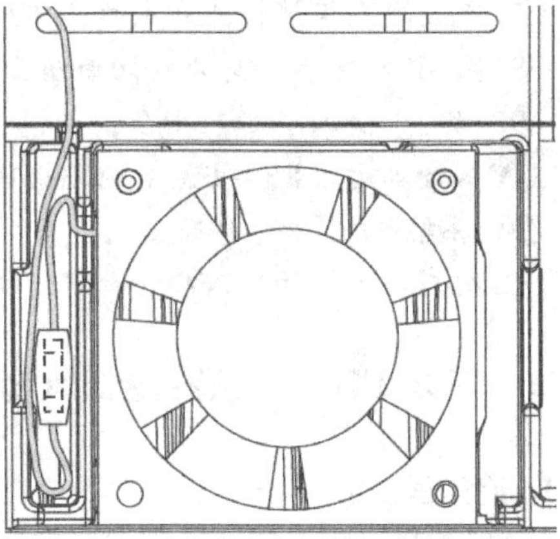

图 5-5　连接风扇连接器

最后安装风扇盖板，如图 5-6 所示。

要点

如果弄错了风向，变频器寿命将缩短。安装风扇时，请注意不要夹住电线。更换风扇时，请切断电源再操作。即便切断电源，由于变频器内部仍有充电，可能会引发触电，因此请务必在本体盖板装上的状态下进行更换作业。

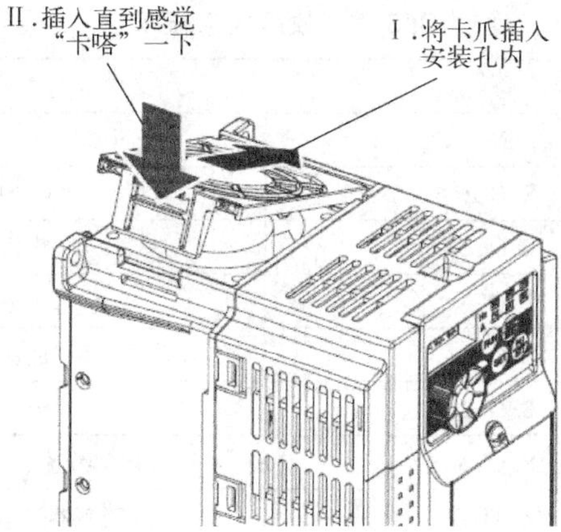

图 5-6　安装风扇盖板

5.1.4　变频器故障与报警的分类与排除

一般来说，变频器故障或报警都可以在操作面板进行显示，大致有错误信息、报警和故障等几类。表 5-6 ~ 表 5-8 所示分别是三菱 E740 变频器的操作面板异常显示表。

表 5-6　错误信息显示

操作面板显示		名　称
E - - -	E ---	报警历史
HOLd	HOLD	操作面板锁定
LOCd	LOCd	密码设定中
Er 1~ Er 4	Er1 ~ Er4	参数写入错误
Err.	Err.	变频器复位中

表 5-7　报警信息显示

操作面板显示		名　称
OL	OL	失速防止（过电流）
oL	oL	失速防止（过电压）
rb	RB	再生制动预报警
TH	TH	电子过电流保护预报警
PS	PS	PU 停止
MT	MT	维护信号输出
Uv	UV	电压不足

表 5-8　故障信息显示

操作面板显示		名　　称
Fn	FN	风扇故障
E.OC1	E. OC1	加速时过电流切断
E.OC2	E. OC2	恒速时过电流切断
E.OC3	E. OC3	减速时过电流切断
E.Ov1	E. OV1	加速时再生过电压切断
E.Ov2	E. OV2	恒速时再生过电压切断
E.Ov3	E. OV3	减速、停止时再生过电压切断
E.THT	E. THT	变频器过载切断（电子过电流保护）
E.THM	E. THM	电动机过载切断（电子过电流保护）
E.FIn	E. FIN	散热片过热
E.ILF	E. ILF	输入缺相
E.OLT	E. OLT	失速防止
E. bE	E. BE	制动晶体管异常检测
E. GF	E. GF	起动时输出侧接地过电流
E. LF	E. LF	输出缺相
E.OHT	E. OHT	外部热继电器动作
E.PTC	E. PTC	PTC 热敏电阻动作
E. PE	E. PE	变频器参数存储元件异常
E.PUE	E. PUE	PU 脱离
E.rET	E. RET	再试次数溢出
E.CPU	E. CPU	CPU 错误
E.IOH	E. IOH	浪涌电流抑制回路异常
E.AIE	E. AIE	模拟量输入异常

常见的主要有两种故障或报警排除方式。

1. 参数设置

变频器操作面板是最重要的人机操作界面，它不仅能够实现参数的输入功能，还能实现频率、电流、转速、线速度、输出功率、输出转矩、端子状态、闭环参数、长度等物理量的显示，以及对这些物理量进行在线存储与修改，还可以显示变频器故障的基本信息，所有这些都可以为变频器的故障排除提供必要的信息。

变频器一旦检测到故障信号，即进入故障报警显示状态，闪烁显示故障代码。按功能键可以浏览停机参数；若要查看故障信息，可按相应功能键进入编程查询，也可以通过操作面板的复位键、控制端子或通信命令进行故障复位操作。如故障持续存在，则维持显示故障代码。

由于变频器的很多故障或报警是源于参数设置不当或者参数需要优化，因此通过参数设置来消除故障报警这是一种最简单的办法。同时，在变频器进行部件更换或重新初始化后，变频器的参数设置也是最关键的一步。

- 当选择自动重起动功能时，由于电动机会在故障停止后突然再起动，所以应远离设备。

- 操作面板上的“STOP”键仅在相应功能设置已经被设定时才有效，特殊情况应准备紧急停止开关。
- 如果故障复位是使用外部端子进行设定，将会发生突然起动。请预先检查外部端子信号是否处于关断位，否则可能发生意外事故。
- 参数初始化后，在运行前需要再次设定参数。当参数被初始化后，参数值又重新回到出厂设置。
- 变频器可以容易地设定为高速运行，在运行前先检查一下电动机或机械设备的容量。
- 使用直流制动功能时，不会产生停止力矩。当需要停止力矩时，需安装单独设备。
- 当驱动400V变频器和电动机时，用绝缘整流器和采取措施抑制浪涌电压。由于在电动机接线端子配线常数问题引起的浪涌电压，有可能毁坏绝缘和损坏电动机。

2. 硬件拆装与维护

变频器有些故障是由于自身出了问题，如主回路或控制回路元器件故障，此时需要进行硬件拆装与维护，并注意以下事项。

- 当电源已经送电或变频器处于运行状态时，不要打开变频器的外壳。否则，可能发生电击。
- 变频器前盖被打开时，不要运行变频器。否则，可能受到高压端子或裸露在外的充电电容的电击。
- 除了进行定期检查或者接线外，不要打开变频器的外壳，即使变频器未接输入电源。否则，可能由于接近充电回路而受到电击。
- 硬件拆装应该在拆除输入电源并使用仪器对直流侧电压进行放电（低于DC 30V）至少10 min以后再操作。

5.1.5 三菱E740变频器报警/故障的复位与确认

【任务要求】

在三菱E740变频器出现报警或故障后，进行复位与信息确认。

【实训步骤】

1）变频器复位。

执行下列操作中的任一项均可复位变频器。注意，复位变频器时，电子过电流保护器内部的热累计值和再试次数将被清零。复位所需时间约为1 s。

第一种方法，通过操作面板，按STOP/RESET键复位变频器，如图5-7所示。只在变频器保护功能（重故障）动作时才可操作。

第二种方法，断开（OFF）电源，再恢复通电，如图5-8所示。

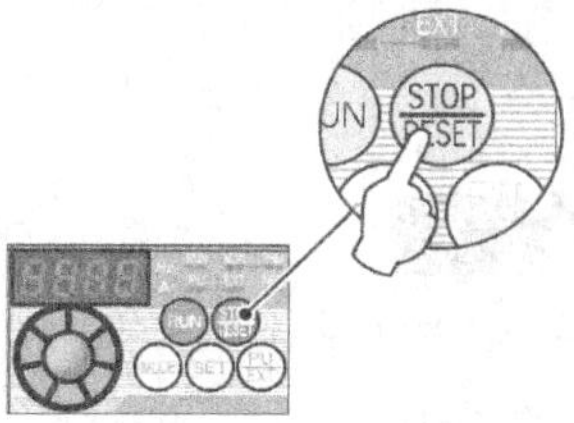

图5-7　复位故障

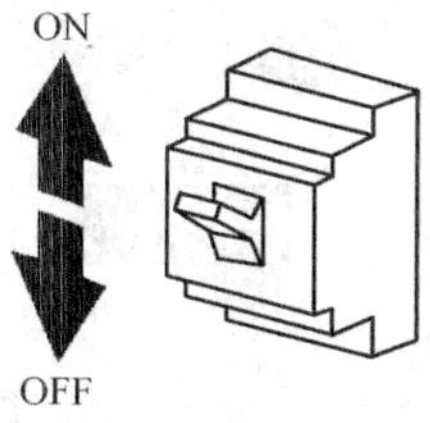

图5-8　断开电源

第三种方法，如图 5-9 所示，接通复位信号（RES）0.1 s 以上。RES 信号保持 ON 时，显示“Err”（闪烁），表示正处于复位状态。RES 信号可以是多功能输入端子中的任何一个，其对应的 Pr. 178 ~ Pr. 182 参数设置为“62：变频器复位”。

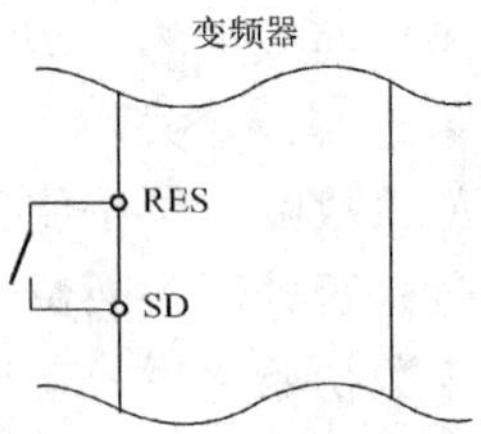

图 5-9 外接复位开关

2）变频器报警或故障信息的确认（图 5-10）。

小知识

设置为 Er. CL 报警历史清除 = “1” 时可以清除变频器的报警历史。如果设定 Pr. 77 参数写入选择 = “1”，则无法清除。

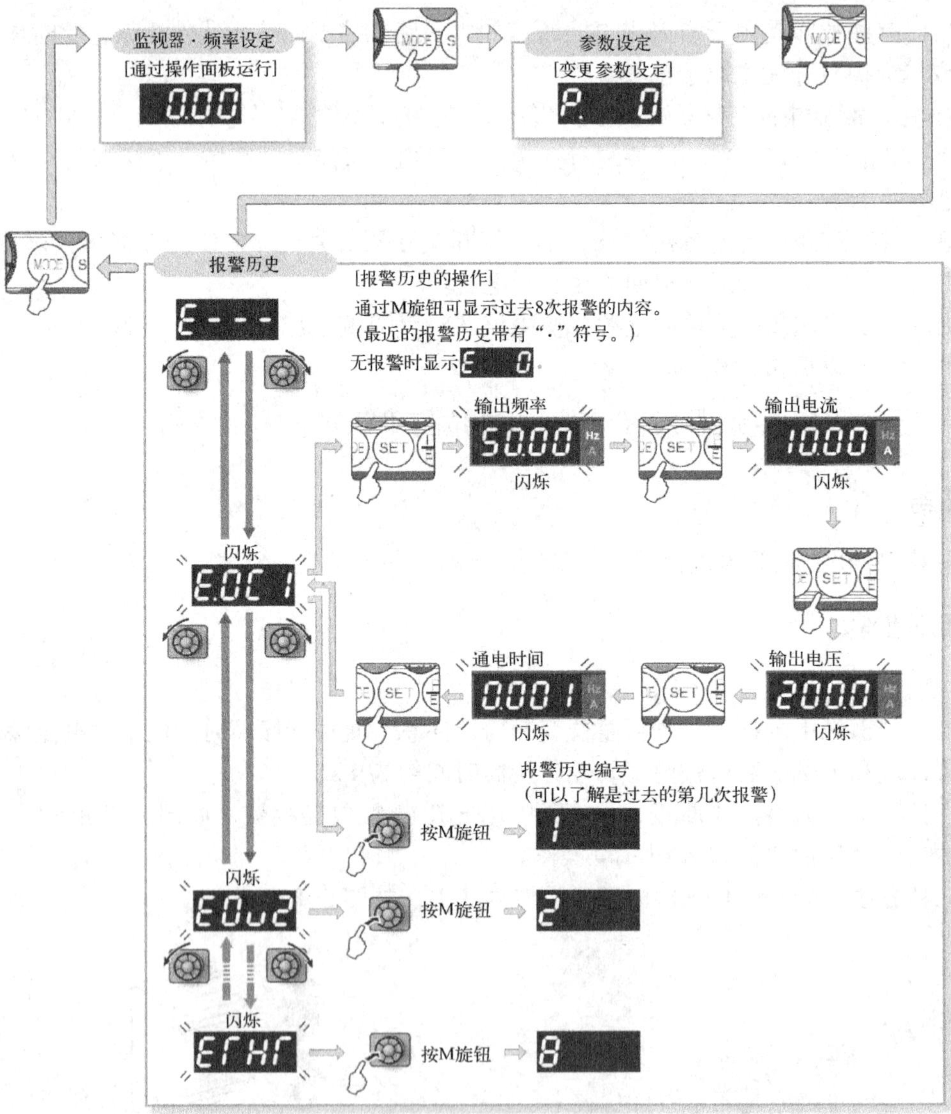

图 5-10 报警/故障信息确认

5.1.6 变频器主回路元器件损坏常用判断方法

主回路元器件如图 5-11 所示，损坏常用的判断方法为：

1）整流桥：可采用万用表的二极管测量档判断。

2）电容器：可观察外观、用指针式万用表电阻档测充放电特性或数字万用表测电容档来测量容量。

3）变压器：用万用表电阻档检测是否断路、依据温升判断匝间短路等。

4）接触器：检测线圈是否断路、触点是否接触良好。

5）逆变桥：IPM 或 IGBT 采用万用表的二极管档测量判断。

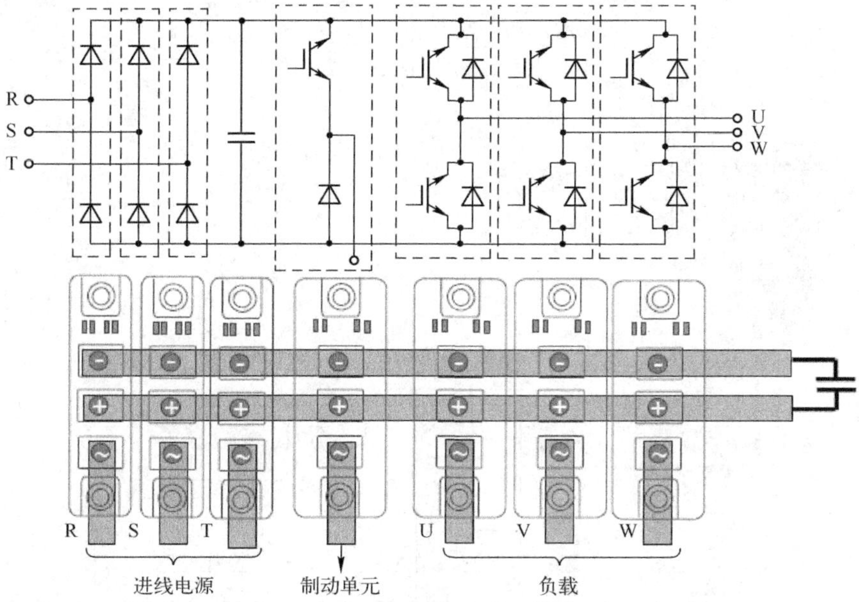

图 5-11　变频器主回路元器件

5.1.7 用万用表检查变频器的功率模块

【任务要求】

请选择合适的万用表来判定变频器的功率模块是否正常，并选择任意一种 IGBT 模块，检测其有效性。

【实训步骤】

1）判定变频器的功率模块的正常与否。

功率模块的检查方法主要有以下训练步骤：拆下与外连接的电源线（R、S、T）和电动机线（U、V、W）；准备好万用表（使用档位为 ×1 电阻测量档或二极管测量档）；在变频器的端子排 R、S、T、U、V、W、P、N 处，交换万用表极性，测定它们的导通状态，便可判断其是否良好，具体如图 5-12 和图 5-13 所示。

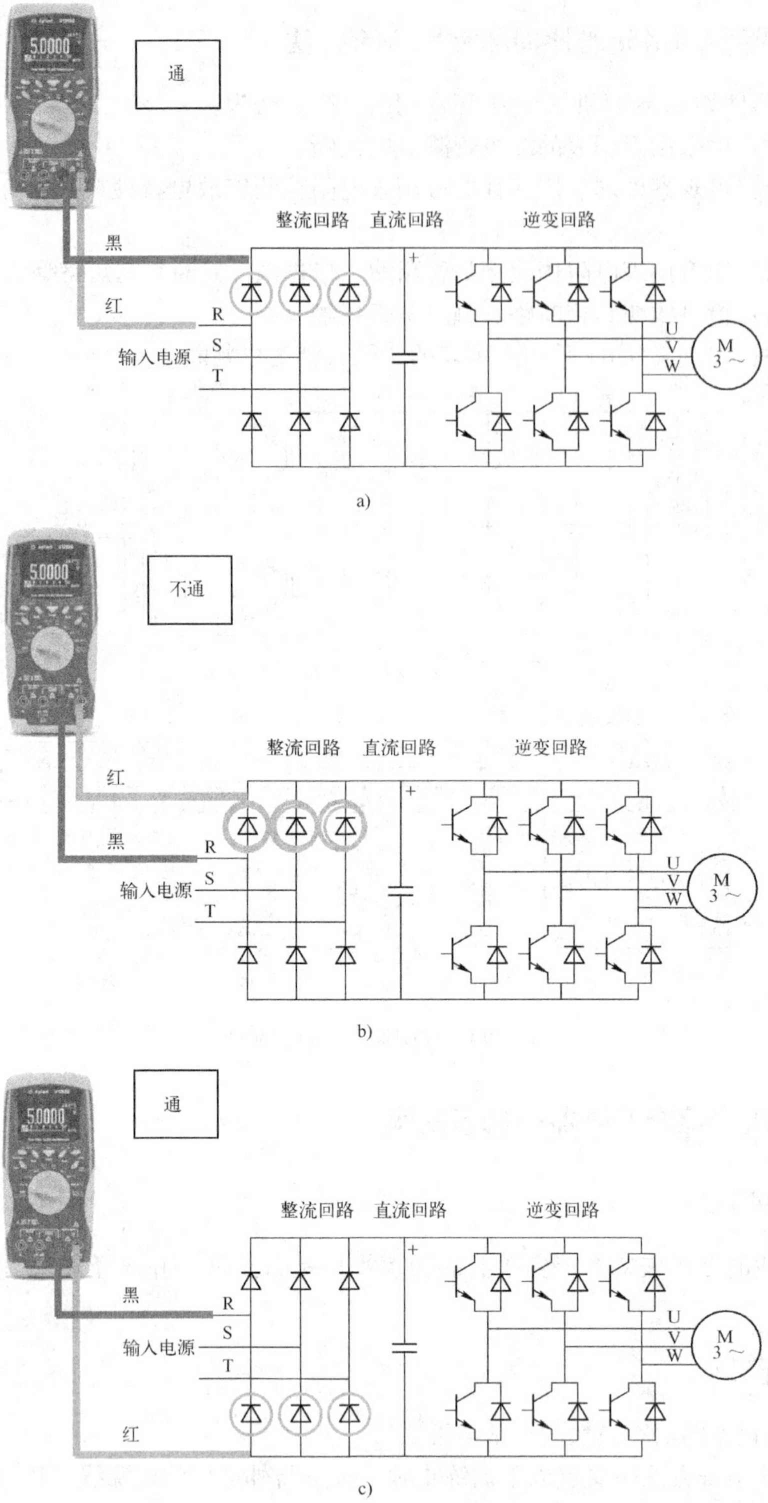

图 5-12　检测整流回路

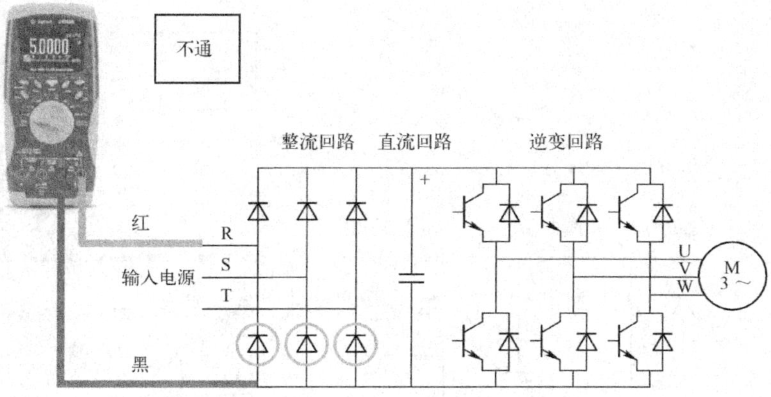

d)

图 5-12　检测整流回路（续）

a）检测变频器整流回路的上半桥正向导通　b）检测变频器整流回路的上半桥反向不通

c）检测变频器整流回路的下半桥正向导通　d）检测变频器整流回路的下半桥反向不通

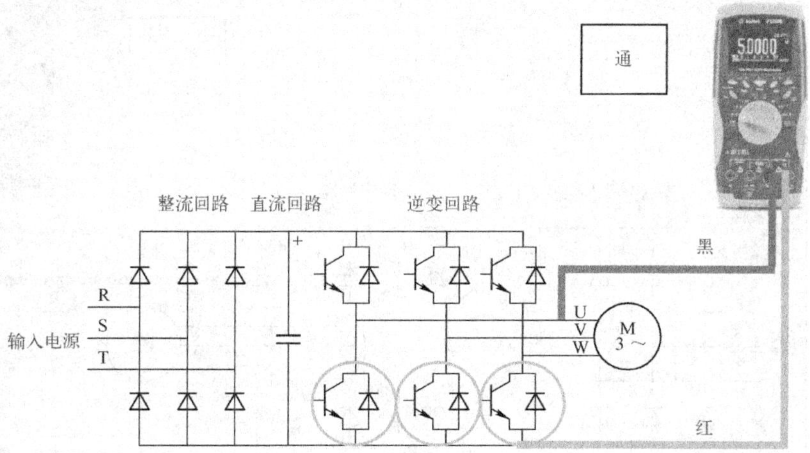

a)

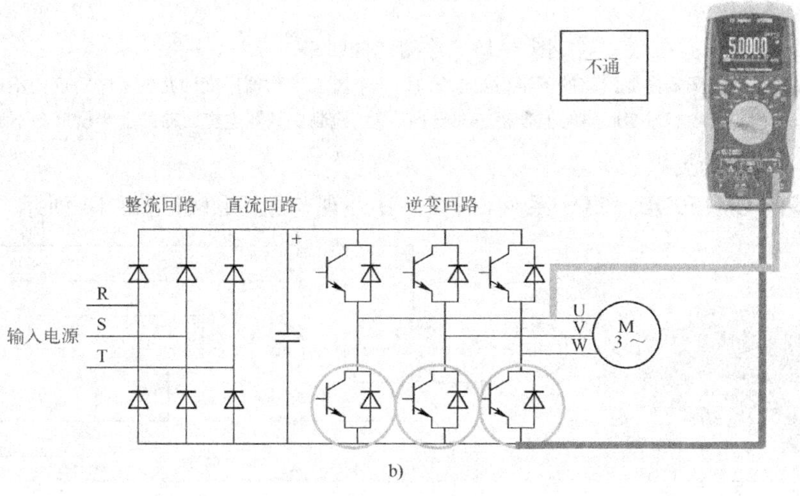

b)

图 5-13　检测逆变回路

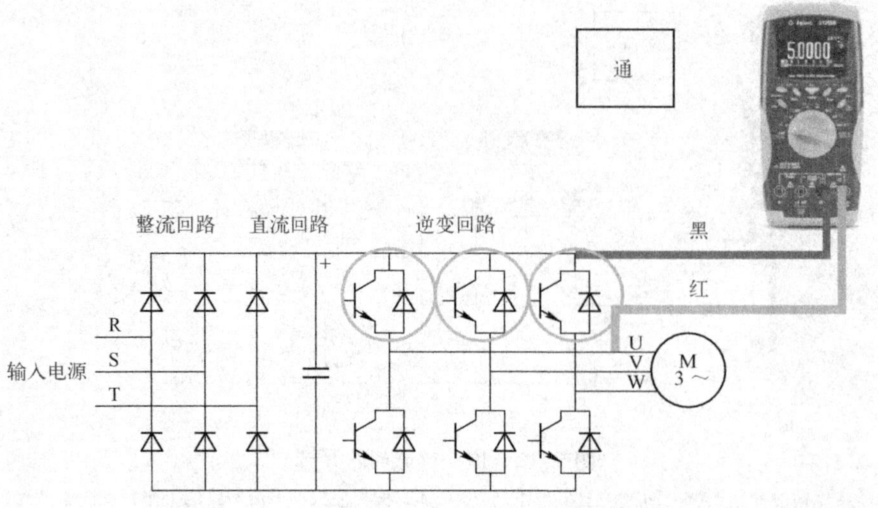

c)

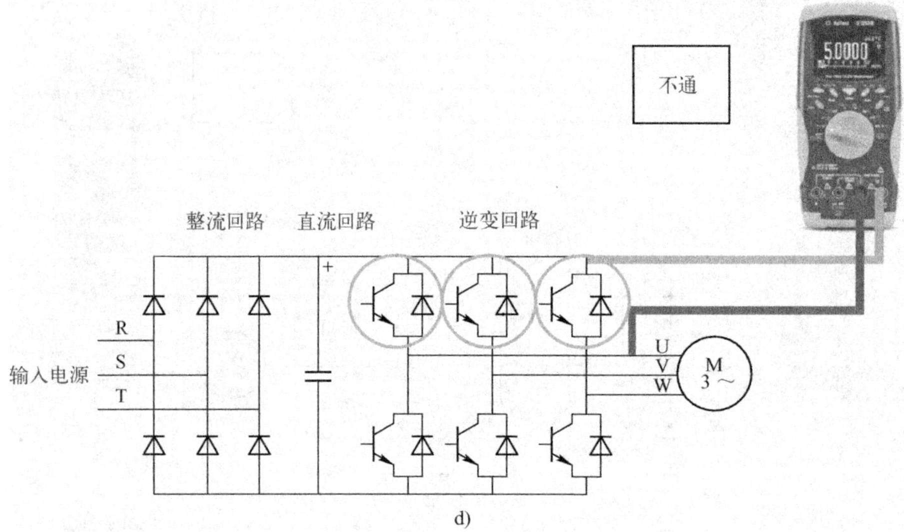

d)

图 5-13　检测逆变回路（续）

a）检测变频器逆变回路的下半桥正向导通　b）检测变频器逆变回路的下半桥反向不通

c）检测变频器逆变回路的上半桥正向导通　d）检测变频器逆变回路的上半桥反向不通

2）三菱 IGBT 的更换。

选择三菱的 CM150DU－24H 系列 IGBT，其外观与原理图如图 5-14 所示。

a)

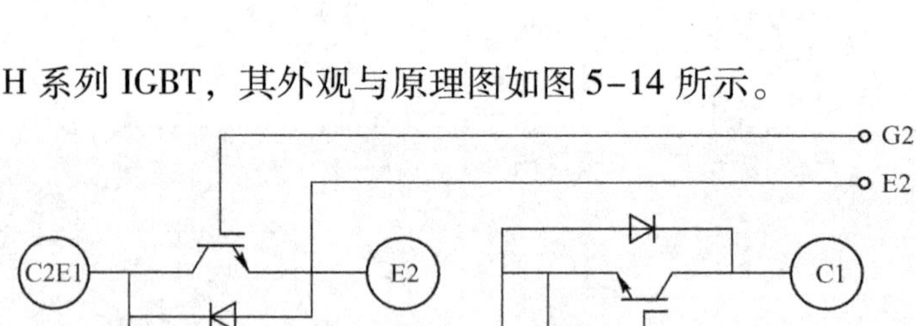

b)

图 5-14　三菱 IGBT 外观与工作原理

a）外观　b）工作原理

IGBT 的主要参数是通态电压、关断损耗和开通损耗。一般其耐压均选用在 12 kV 以上，额定输出电流常见的有 50 A、75 A、100 A、150 A 等，其典型编号如 CM150DU－24H（150 A/2400 V）。

具体测量 IGBT 好与坏时可用万用表（只适用于指针表，如 MF500 或 MF47 型）×10 kΩ 电阻档，红表笔接 E，黑表笔接 C。但因 IGBT 的内阻极高（MOS 管输入），所以在常态下也易受到外界干扰而自开通，这只需 G、C 两点短路一下即可消除。然后再测一下各极之间有无短路（注意 CE 间的二极管）。当然也可用较简便的方法，即直接测 G、E 的极间电容，如可检测到有一小电容存在的就可以大致认为无损坏。

在替换 IGBT 时，同一台机内的两只 IGBT 最好用同一批次的同型管，以避免因工艺参数不同造成桥臂失衡。在更换 IGBT 时还应小心静电击穿，最好在更换过程中用一短路线短封 G、E 两极。

5.2 变频器输入缺相的处理

当变频器的输入电源发生缺相和瞬时停电、输入电源的接线端子松动和三相不平衡时，都会发生变频器输入缺相。输入缺相将直接导致直流母线回路电压处于较低的电压值或是纹波系数增大，进一步损害变频器。因此，必须从硬件回路或软件回路对输入缺相进行检测并报警。

5.2.1 变频器输入缺相故障现象

某锅炉厂选用三菱 FR－F740－37K－CH 变频器对鼓风机进行变频节能改造，如图 5-15 所示，即采用温度变送器、变频器、控制器、鼓风机组成的温度闭环回路自动控制鼓风机的转速，使锅炉蒸汽出口的温度保持一稳定值，同样也既提高了控制精度，又节约了能源（电能和燃料），使鼓风机控制具有一定的合理性。

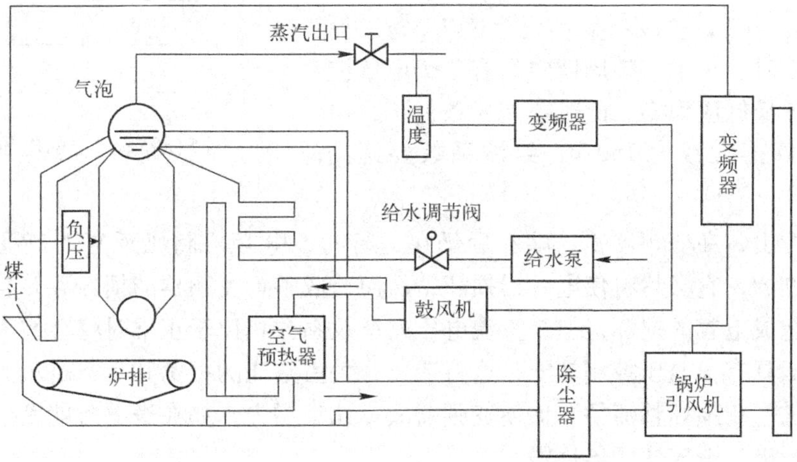

图 5-15　锅炉鼓风机变频控制系统

安装调试顺利结束后，变频器正常运行。两周左右，用户反映经常不定期出现变频器跳闸，显示故障代码 E. ILF（输入缺相）。

5.2.2 变频器输入缺相的检测方法

变频器产品中主要有单相 220 V 与三相 380 V 的区分，当然输入缺相检测只存在于三相的产品中。图 5-16 所示为变频器主电路，R、S、T 为三相交流输入，当其中的一相因为熔断器或断路器的故障而断开时，便认为是发生了输入缺相故障。

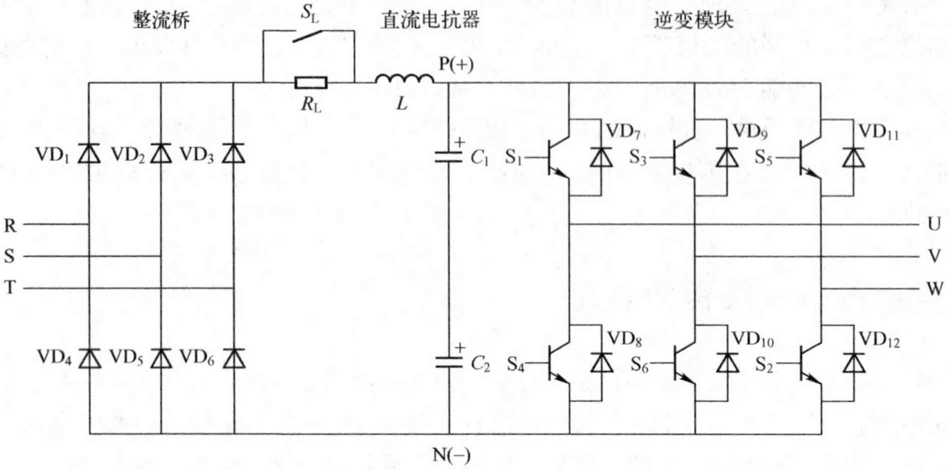

图 5-16　变频器主回路

当变频器在不发生缺相的正常情况下工作时，U_{dc}上的电压波形如图 5-17 所示，一个工频周期内将有 6 个波头，此时直流电压 U_{dc}将不会低于 470 V，实际上对于一个 7.5 kW 的变频器而言，其电容值大小一般为 900 μF，当满载运行时，可以计算出周期性的电压降落大致为 40 V，纹波系数不会超过 7.5%。而当输入缺相发生时，一个工频周期中只有 2 个电压波纹，且整流电压最低值为零。此时在上述条件下，可以估算出电压降落大致为 150 V，纹波系数要达到 30%左右。

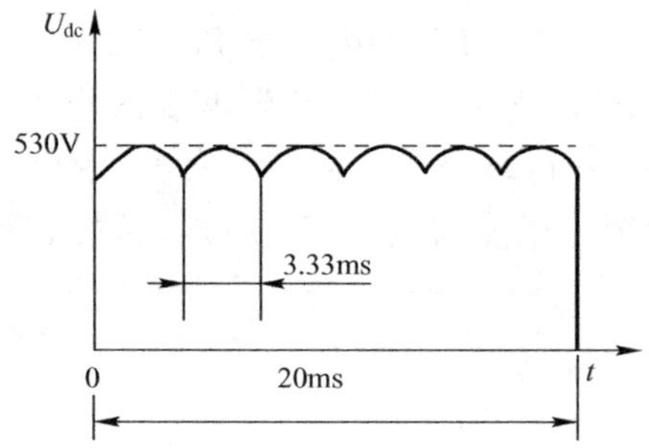

图 5-17　U_{dc}上的电压波形

由此可以看出，在变频器输入缺相后仍在运行时，电容 C 将被反复大范围的充电，这种情况是不允许的，它必然将使电容器损坏，从而造成整台变频器的损坏。并且，若负载较轻，虽然不会造成电容的损坏，但是直流电压的波纹系数相比于正常时将会增大很多，而且目前变频器一般具有恒电压控制功能，这将造成开关占空比的振荡和负载电流的振荡。而负载较大时，则进一步损坏整流桥，促使变频器故障几率增大，如在送电时就发生缺相，由于单相大电流运行极易造成变频器烧毁。

检测变频器输入缺相，最简单的一种方法就是使用硬件检测。

（1）检测方法一

如图 5-18 所示是其中的一种方法。该电路中 C_0上的电压高低将反映 R、S、T 三相输入有无缺相，当发生缺相时，C_0上的电压降低，光耦器件将不导通，A 点的信号为高电平，对应缺相的发生。

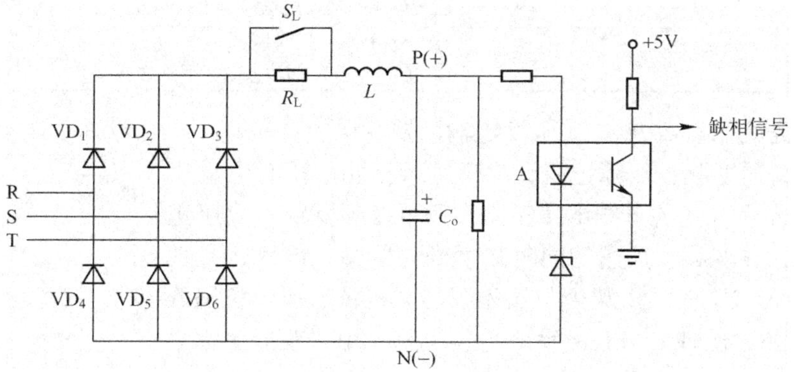

图 5-18　变频器输入缺相的硬件检测方法一

（2）检测方法二

如图 5-19 所示为另外一种硬件检测方法，由 R、S、T 端输入的三相电压，经 R_{53} ~ R_{55}、R_{13} ~ R_{18}电阻降压电路，接入由 D_{17} ~ D_{22}组成的三相整流桥，当输入三相正常时，R_{53} ~ R_{55}压敏电阻呈击穿状态，整流桥的输出电压高于稳压管 D_{23}的机床电压值，光耦 PC_{13}动作，将低电平信号经 CN2 的 3 端子送 CPU 主板电路；当输入缺相时，如 R 相断路，压敏电阻 R_{53}开路，则整流电压值低于 D_{23}的击穿值，PC_{13}不动作，则输出给 CPU 一个高电平信号。

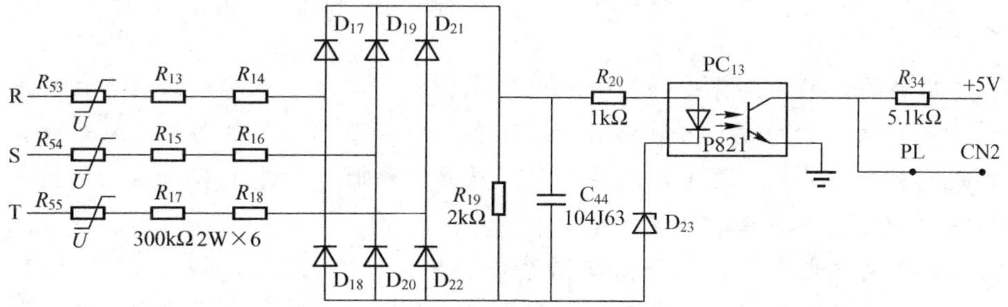

图 5-19　变频器输入缺相的硬件检测方法二

当然，还可以从软件上进行输入缺相的检测，这是因为 U_{dc}在正常情况下，除直流成分外，其主要交流成分的周期为 3. 33 ms，而在缺相的情况下，其主要交流成分的周期将变为 10 ms，因此通过检测 U_{dc}的交流成分的周期，就可以判断其是否缺相。

5. 2. 3　风机变频器输入缺相分析处理

查三菱变频器 F700 系列说明书，E. ILF（输入缺相）需要检查要点如表 5-9 所示。

表 5-9　输入缺相需要检查要点

操作面板显示	E. ILF	E.ILF
名称	输入缺相	
内容	在 Pr. 872 输入缺相保护选择里设定为功能有效（ =1）是三相电源输入中缺相时的动作	

（续）

检查要点	三相电源的输入用电缆是否被断开
处理	① 正确接线 ② 确认 Pr. 872 的输入缺相保护选择

第一步，先确认参数 Pr. 872 未设定输入缺相保护；

第二步，查看变频器故障记录，出现输入缺相故障时电动机电流均在65A 左右，直流母线电压正常，测量变频器输入电压正常，重新开机，在变频器加速的同时测量变频器输入电压，发现当电流达到60 A 以上时，R 端子与输入端的电压较其他两相偏低很多，在65 A 左右出现 E. ILF 故障。另经了解，用户改造工程只是在电动机前加装了变频器，其供电部分的低压断路器没有更换，用原来的低压断路器，如图 5-20 所示。

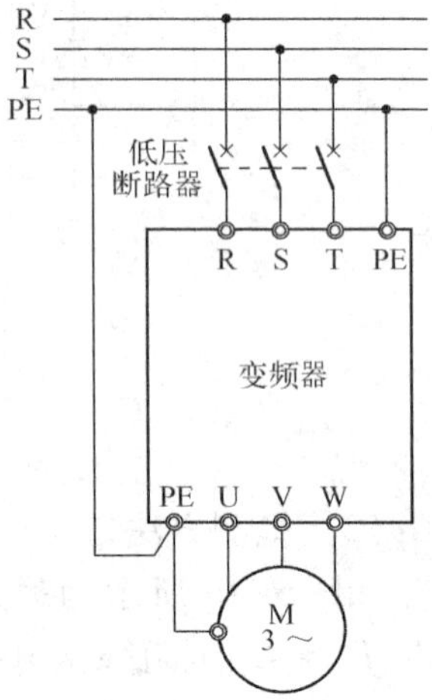

图 5-20 变频器接线图

经分析可能是低压断路器出现故障，打开低压断路器，发现一对触头发黑，当流过的电流较大时，火花出现，从而造成大的压降。低压断路器因使用年久，触点接触电阻变大，当有较大电流通过时，压降大。因而出现变频器不工作时输入电压正常，而带载后随着电流变大，变频器 R 端电压下降。变频器通过硬件电路检测三相输入电压缺相的故障。

小知识

低压断路器的主触点是靠手动操作或电动闭合的。当主触点闭合后，自由脱扣机构将主触点锁在合闸位置上。过电流脱扣器的线圈和热脱扣器的热元件与主电路串联，欠电压脱扣器的线圈和电源并联。当电路发生短路或严重过载时，过电流脱扣器的衔铁吸合，使自由脱扣机构动作，主触点断开主电路。

作为变频器的供电部分，低压断路器的作用非常大，为确保不出现“触头变黑”等情况，必须确保低压断路器的选型正确、确保与低压断路器连接的动力电缆不发热，否则就有可能出现问题。

5.3 变频器输出缺相的处理

变频器输出缺相，将直接导致电动机缺相运行，此时电动机电流增大 1.2 倍，发热严重，振动加剧，极易烧坏电动机。变频器可以通过检测输出电流，来判断三相输出是否缺相，并及时封锁 IGBT 模块。

5.3.1 变频器输出缺相故障现象

某动力厂使用三菱 FR－F740－S280K－CH 变频器用于江边取水泵站，如图 5-21 所示，水泵电动机额定频率为 220 kW，正常运行电流为 300 A，使用已有一年。最近使用中发现不定时输出电流有突变，电流约增加 1 倍达到 560 A，电动机振动厉害，但变频器不报故障。

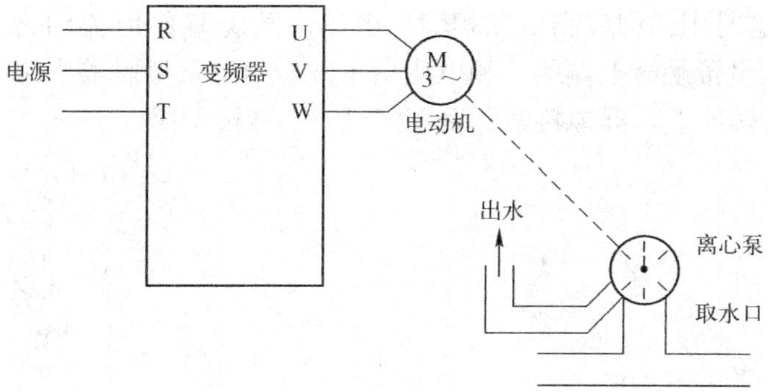

图 5-21　江边取水泵站控制示意

5.3.2　缺相故障的原理与分析

变频器输出缺相时，若电动机静止时起动，电动机就转不起来。若是在运行中缺相十分危险，极易烧坏电动机。变频器通过检测输出电流，就可以判断三相输出是否缺相。

对于变频器发生缺相故障时，可以通过电压表或钳形表来判断变频器输入输出是否正常，其主回路电气测量的说明如表 5-10 所示。

表 5-10　主回路电气测量

项　目	输入（电源）侧			直流中间环节	输出（电动机）侧		
电压波形 电流波形	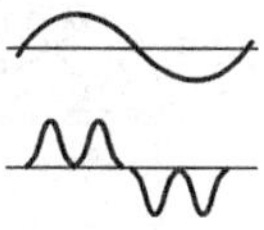			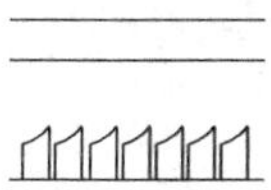	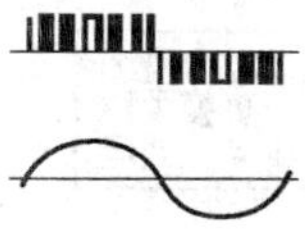		
测量仪表名称	电压表	电流表	功率表	直流电压表	电压表	电流表	功率表
仪表种类	动铁式	电磁式	电动式	磁电式	整流式	电磁式	电动式
所测参量	基波有效值	总有效值	总有效功率	直流电压	基波有效值	总有效值	总有效功率

在测量完之后，按照以下两个步骤进行。

1）检查变频器的输入和输出电路是否正常。

变频器的很多故障是来自于外围电路，如断路器、接触器、电抗器、滤波器等，只有确保外围电路是正确无误的情况下，才能使变频器工作在安全可靠的电气环境中。

2）检查变频器内部的主回路，包括整流桥、IGBT 和驱动板。

对于缺相故障，变频器故障代码会显示输入侧缺相或输出侧缺相。其中输出缺相故障定位如图 5-22 所示。

5.3.3　变频器输出缺相分析处理

现场检查发现变频器输出侧和电动机之间分别接有一个断路器和接触器，如图 5-23 所示，断开电动机，变频器空载运行，测量变频器的三相输出电压均衡；再带载运行，测量变频器的三相输出电压、电流，三相均衡，没有问题。正常运行约 1 h 后，电流突然增大，又出现了下述问题，这时用钳型表测量三相输出电流，发现 U 相电流约为 0，V 相和 W 相电流均为 560 A，再测量接触器上端的三相电压均正常，但测量接触器下端时发现 U 相电压为 0，说明问题出在接触器上。拆掉接触器后直接运行，故障消除。

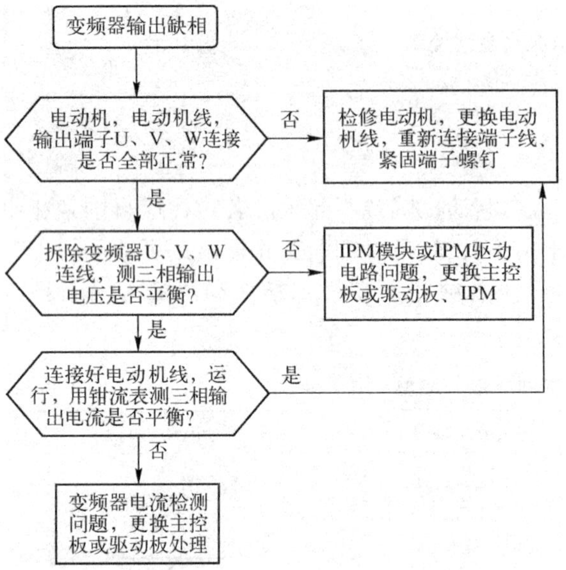

图 5-22　缺相故障定位

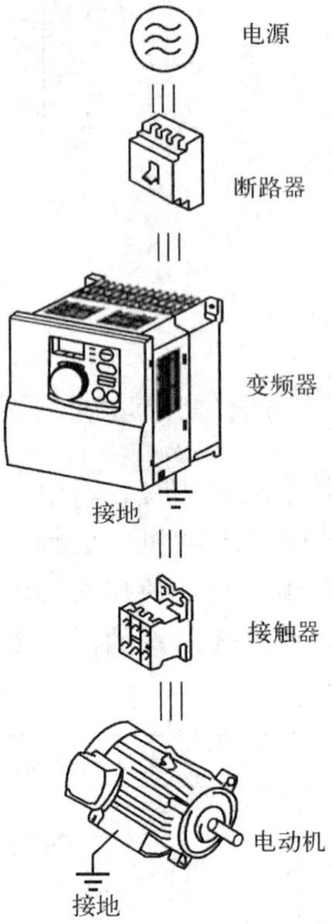

图 5-23　变频器外部器件图

小知识

交流接触器广泛用于电力的开断和控制电路。它利用主触点来开闭电路，用辅助触点来执行控制指令。交流接触器的触点，由银钨合金制成，具有良好的导电性和耐高温烧蚀性。

当接触器摆放不合理或者触点吸合不平时，就会产生或这或那的问题。另外，由于市场竞争激烈，有些厂家为降低成本，已经在偷工减料，比如：在线圈的制作时减小线径甚至少绕匝数，在触点上用不符合国标的材料或厚度和截面都不够。造成在实际使用中，标的是 100 A 的接触器或断路器，其实际负载量只能在 80 A 甚至更低，故障率很高。因此，很多变频器厂商都不建议在输出端设置接触器，除非用于多泵切换。

5.4　轧机变频器过载的处理

变频器运行过程输出电流大于变频器额定电流，但达不到变频器过流点，在运行一段时间后就会产生过载保护。变频器过载保护按反限时曲线调整，即动作限时与通入电流大小的二次方成反比，通入电流越大，则动作时限越短，该曲线在出厂时由机型参数唯一确定，用户不能改。

5.4.1 轧机变频器过载故障现象

如图 5-24 所示的某铝板生产线，包括了铸造、轧机和中心收卷等几部分内容，为了连续生产的需要，都要在传动部位安装变频器。

图 5-24 铝板轧机生产线

该铝板轧机采用 75 kW 三菱 A700 变频器（图 5-25 中的 VF2），并安装了编码器 PG，调试正常，但是当铝板卡死在轧机中起动时，容易发生过载 OL1。

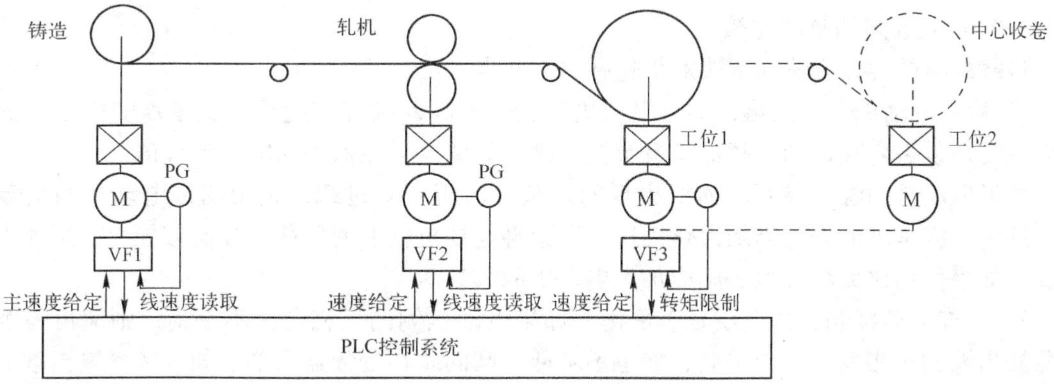

图 5-25 铝板轧机示意

5.4.2 变频器过载的主要原因、解决对策与故障定位

（1）过载的主要原因

电动机能够旋转，但运行电流超过了额定值，称为过载，如图 5-26 所示。过载的基本特征是：电流虽然超过了额定值，但超过的幅度不大，一般也不形成较大的冲击电流（否则就变成过流故障），而且过载是有一个时间的积累，当积累值达到时才报过载故障。

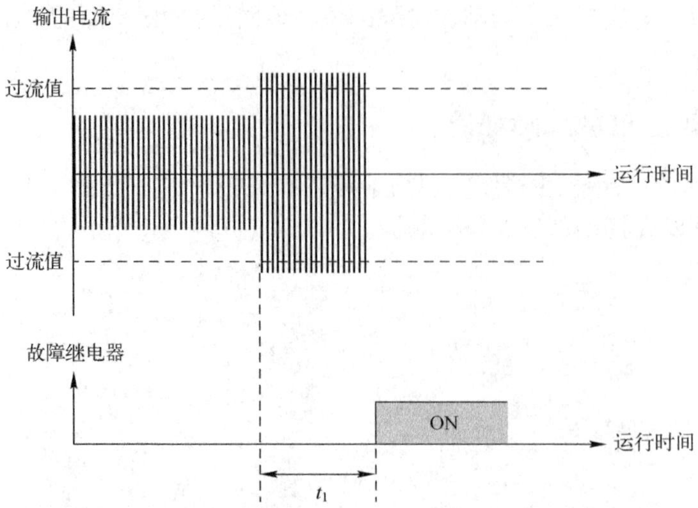

图 5-26　过载示意

过载发生的主要原因有以下几点。

1）机械负荷过重，其主要特征是电动机发热，可从变频器显示屏上读取运行电流来发现。

2）三相电压不平衡，引起某相的运行电流过大，导致过电流跳闸，其特点是电动机发热不均衡，从显示屏上读取运行电流时不一定能发现（因很多变频器显示屏只显示一相电流）。

3）误动作，变频器内部的电流检测部分发生故障，检测出的电流信号偏大，导致过载跳闸。

（2）过载故障的解决对策

过载故障的检查方法和解决对策包括以下几点。

1）检查电动机是否发热，如果电动机的温升不高，则首先应检查变频器的电子热保护功能预置得是否合理，如变频器尚有余量，则应放宽电子热保护功能的预置值。

如果电动机的温升过高，而所出现的过载又属于正常过载，则说明是电动机的负载过重。这时，应考虑能否适当加大传动比，以减轻电动机轴上的负载。如能够加大，则加大传动比。如果传动比无法加大，则应加大电动机的容量。

2）检查电动机侧三相电压是否平衡，如果电动机侧的三相电压不平衡，则应再检查变频器输出端的三相电压是否平衡，如也不平衡，则问题在变频器内部。如变频器输出端的电压平衡，则问题在从变频器到电动机之间的电路上，应检查所有接线端的螺钉是否都已拧紧，如果在变频器和电动机之间有接触器或其他电器，则还应检查有关电器的接线端是否都已拧紧，以及触点的接触状况是否良好等。

如果电动机侧三相电压平衡，则应了解跳闸时的工作频率。如工作频率较低，又未用矢量控制（或无矢量控制），则首先降低 U/f 比，如果降低后仍能带动负载，则说明原来预置的 U/f 比过高，励磁电流的峰值偏大，可通过降低 U/f 比来减小电流；如果降低后带不动负载了，则应考虑加大变频器的容量；如果变频器具有矢量控制功能，则应采用矢量控制方式。

(3) 过载故障定位

对应过载的变频器主要故障代码，变频器过载和电动机过载故障定位如图 5-27 所示。

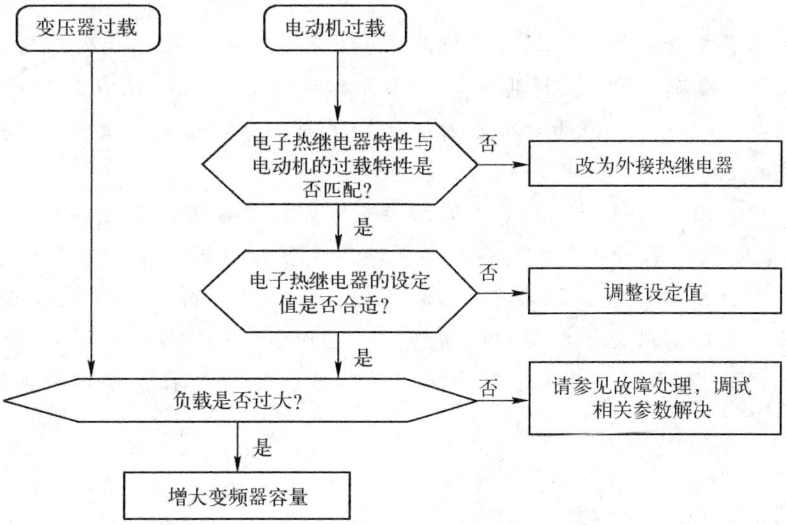

图 5-27　过载故障定位

5.4.3　轧机变频器过载分析处理

观察轧机变频器参数，发现变频器工作模式为 U/f 闭环带 PG 模式，改为矢量带 PG 模式，即重新设置 Pr. 800 参数：将“20”改为“0 ”。表 5-11 所示为三菱变频器的不同工作模式。

表 5-11　模式选择

Pr. 800 设定值	控制方式	控制模式	备注
0		速度控制	—
1		转矩控制	—
2		速度控制 - 转矩控制切换	MC 信号：ON 转矩控制 MC 信号：OFF 速度控制
3	矢量控制	位置控制	—
4		速度控制 - 位置控制切换	MC 信号：ON 位置控制 MC 信号：OFF 速度控制
5		位置控制 - 转矩控制切换	MC 信号：ON 转矩控制 MC 信号：OFF 位置控制
9	矢量控制试运行		
10		速度控制	—
11	实时无传感器矢量控制	转矩控制	—
12		速度控制 - 转矩控制切换	MC 信号：ON 转矩控制 MC 信号：OFF 速度控制
20（初始值）	先进磁通矢量控制	速度控制	—

参数修改后，轧机工作正常，即使卡死也能正常起动。

小知识

带速度传感器矢量控制与闭环 U/f 控制是有严格区别的。带速度传感器矢量控制与闭环 U/f 控制在安装编码器 PG 上有共同点，而且都有类似的 PID 环以及相应的参数设置，好像给人一种雷同的感觉。但两者存在着很大的区别，主要一点在于前者是矢量控制，而后者属于传统的 U/f 控制。

在本案例中，由于错误地选择了不同的控制方式，导致带速度传感器矢量控制与闭环 U/f 控制有两点明显的不同：①控制精度不同。带速度传感器矢量控制的速度控制精度能达到 0.05%，而闭环 U/f 控制则只有 0.5%（相当于无传感器矢量控制的水平）。②起动转矩不同。带速度传感器矢量控制的起动转矩可达到 200%/0Hz，而闭环 U/f 控制则只有 180%/0.5Hz。正是基于以上两点，对于轧机这种过载能力要求非常高的负载，必须选择合适的控制方式。

5.5 变频器散热器过热故障

电力电子器件工作时，会因功率损耗引起器件发热、升温。器件温度过高将缩短寿命，甚至烧毁，这是限制电力电子器件电流、电压大小的主要原因。为此，必须考虑器件的冷却问题。常用冷却方式有自冷式、风冷式、液冷式（包括油冷式、水冷式）和蒸发冷却式等。

变频器作为一种变流器，其核心为电力电子器件，因此在运行过程必定要产生一定的功耗。由于使用器件不同，控制方式不同，不同品牌，不同规格的变频器所产生的功耗也不尽相同。资料表明变频器的功耗一般为其容量的 4% ~5%。其中逆变部分约占 50%，整流及直流回路约 40%，控制及保护电路为 5% ~15%。10℃法则阐述了当器件温度降低 10℃，器件的可靠性增长一倍。可见如何处理变频器的散热、降低温升、提高器件的可靠性，从而延长设备的使用寿命是多么重要。

5.5.1 变频器散热器过热故障现象

某印染厂使用三菱变频器 A700 45 kW 作为卷染机的主传动。如图 5-28 所示，卷染机的工作过程如下：未染色的布匹首先通过上布电动机卷取到其中的一个辊筒上，在辊筒的传动轴上安装有计数用的接近开关，此时控制系统计下整卷布的道次，上卷完毕，采用人工的方式把布匹的一头卷到另外一个辊筒上面，待包覆紧密即可正常开始工作。此时两个辊筒朝着同一个方向运转，控制的要求是保持布匹上的张力恒定，保持布匹在染液经过的时间一致，也就是线速度恒定。

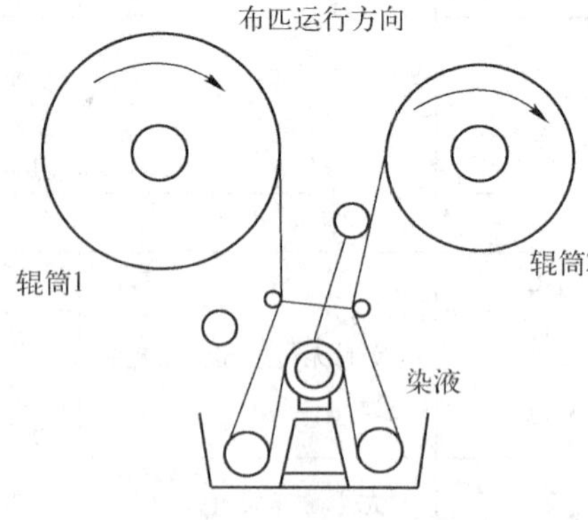

图 5-28　卷染机传动

在变频器正常运行三年后，变频器报故障 E. FIN（散热片过热），且无法复位。

5.5.2 变频器散热的结构分析与故障定位

（1）变频器散热的结构分析

从目前变频器的构造分析，散热一般可分为三种：自然散热、对流散热、液冷散热。

1）自然散热。

对于小容量的变频器一般选用自然散热方式，如图 5-29a 所示，其使用环境应通风良好，无易附着粉尘及飘浮物。此类变频器的拖动对象多为家用空调之类，功率很小，使用环境比较优良。

自然散热的另外一种方式就是穿墙式散热，这种散热方式最多可减少 80% 的热量，其特点是变频器的主体与散热片通过电控箱完全隔离，大大提高了变频器元器件的散热效果。如图 5-29b 所示。

a)　　　　b)

图 5-29　自然散热方式

a）普通散热　b）穿墙式散热

2）对流散热。

对流散热是普遍采用的一种散热方式，如图 5-30 所示。对流散热由于使用的器件（风机、散热器）选择比较容易，成本不是太高，变频器的容量可以做到从几十到几百 kVA，甚至更高（采取单元并联方式），因此被广为采用。

3）液冷散热。

水冷是工业液冷方式中较常用的一种方式，如图 5-31 所示。

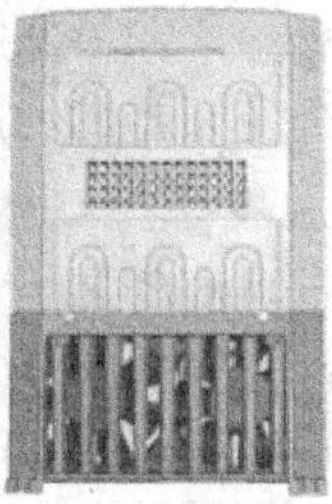

图 5-30　对流散热方式

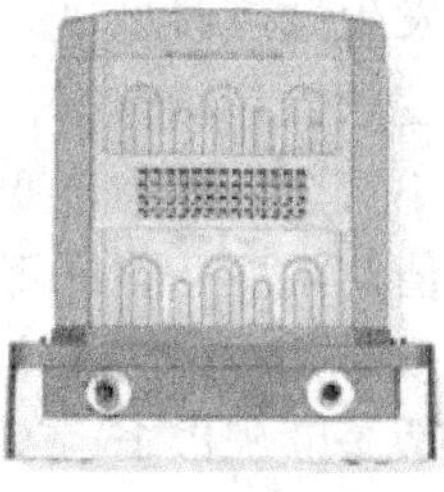

图 5-31　水冷散热方式

（2）变频器过热的处理方法

对于变频器过热故障，一般的处理方法有两种：采用风扇散热和降低运行环境温度。

变频器是电力电子装置，内含电子元件、电解电容等，所以温度对其寿命影响较大。通用变频器的环境运行温度一般要求 -10℃ ~50℃，如果能降低变频器运行温度，就延长了变频器的使用寿命，性能也稳定。

在具体问题处理过程中，不同的变频器过热故障应该按照自身的代码进行逐步定位，如过热故障代码会显示 IGBT/IPM 散热器过热、整流桥散热器过热等，其故障定位如图 5-32 所示。

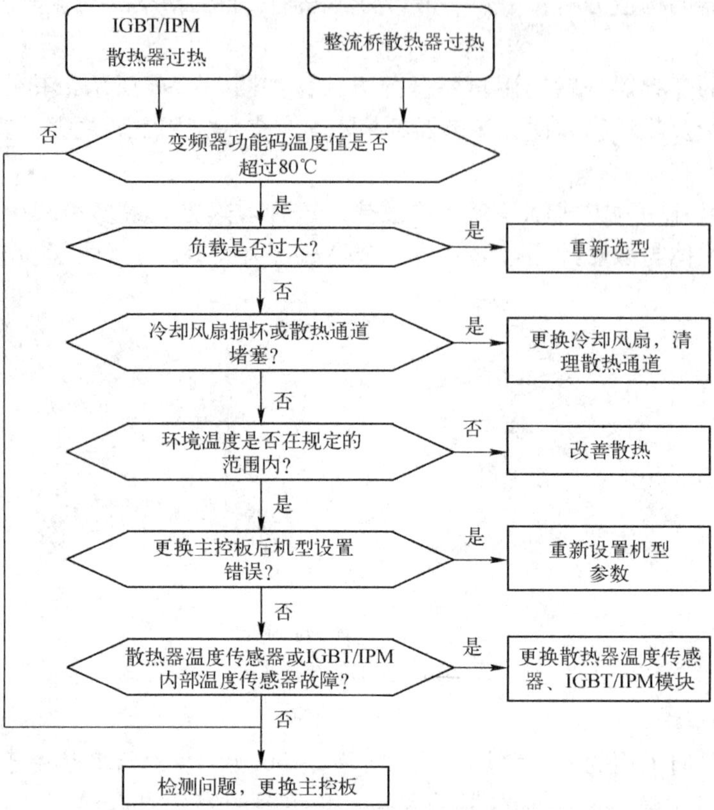

图 5-32　变频器过热故障定位

5.5.3　卷染机变频器散热器过热分析处理

三菱变频器发生散热器过热的故障有很多，包括风道堵塞、变频器实际温度过高、模块异常等，但经查变频器环境合适，排除外部故障问题。再检查变频器的温度传感器，发现已经开路，与实际不符合，因为该变频器所用温度传感器为正温度系统热敏电阻（PTC），正常情况下其电阻值与温度变化成正比关系，即当温度升高时电阻值随之增大。在常温下，热敏电阻值较小，仅有几欧姆至几十欧姆；当流经它的电流超过额定值时，其电阻值能在几秒钟内迅速增大至数千欧姆以上。

因此要排除散热器过热故障，需要重新更换温度传感器配件。由于温度传感器是紧贴在变频器铝散热器上，因此要注意拆卸和安装时的位置。

要点

PTC 热敏电阻是一种典型具有温度敏感性的半导体电阻，超过一定的温度（居里温度）时，它的电阻值随着温度的升高呈阶跃性的增高。

表征变频器 PTC 的特性除了阻温特性，即在不带电情况下测量电阻之外，还可以直接通过变频器内部回路来测量 IPM/IGBT 散热器温度检测信号，幅值范围 0～5V 对应实际温度，这样的特性又称 PTC 电阻的“电压－电流特性“（简称伏安特性）。

5.6 变频器驱动电动机的轴承故障处理

变频器驱动电动机的 PWM 电压中包含了较多的高频成分，高频电流能够通过轴承中的杂散电容流过轴承，形成轴承电流，对轴承造成损坏。轴承旋转时，转轴与轴瓦断续的接触，会产生电弧。这些电弧对轴承造成损伤，在轴承形成小坑，由于表面光洁度降低，轴承的旋转阻力增加，寿命缩短。

轴承电流的大小与电动机的结构、电动机的功率、驱动电压的幅度、脉冲上升时间、电缆长度等因素有关。电动机的功率越大、驱动电压越高、驱动电压的上升沿越陡、电缆越短，则轴承电流越大。

5.6.1 电动机轴承故障现象

某铅锌矿选矿厂的装矿站主要负责原矿的浮选任务，即原矿经过电振调配装到矿斗，再由空中索道输送到选矿厂进行浮选。作为输送原矿的电振电动机在生产过程中地位比较重要如图 5-33 所示，因而采用先进的变频器控制，以提高生产效益。开始很长一段时间内，变频器驱动的电振电动机经常跳闸，变频器故障显示为电流过大。

图 5-33　电振电动机

该电振电动机功率为 7.5 kW，采用三菱 D700 变频器，正常运行时电流为 12～16 A，频率为 42～46 Hz。但是，故障时电流却异常大，并导致过流跳闸。在随后的维修检查中发现，电动机轴承变黑，已经不能正常使用。

5.6.2 轴电压和轴电流引起的异常问题

由于变频器本身、负载以及参数均未出现任何问题，便更换轴承正常工作，但发现在同样的运行时间周期后，变频器过流故障，电动机轴承仍旧变黑，导致故障重演。此时，就怀疑是由于轴电压和轴电流问题。

图 5-34、图 5-35 为变频器驱动感应电机的电动机模型，C_{sf}为定子与机壳之间的等效电

容，C_{sr}为定子与转子之间的等效电容，C_{rf}为转子与机壳之间的等效电容，R_b 为轴承对轴的电阻；C_b（包括 C_{b1}、C_{b2}）和 Z_b 为轴承油膜的电容和非线性阻抗。由于在变频器高频 PWM 脉冲输入下，电动机内分布电容的电压耦合作用构成系统共模回路，从而引起对地漏电流、轴电压与轴承电流问题。

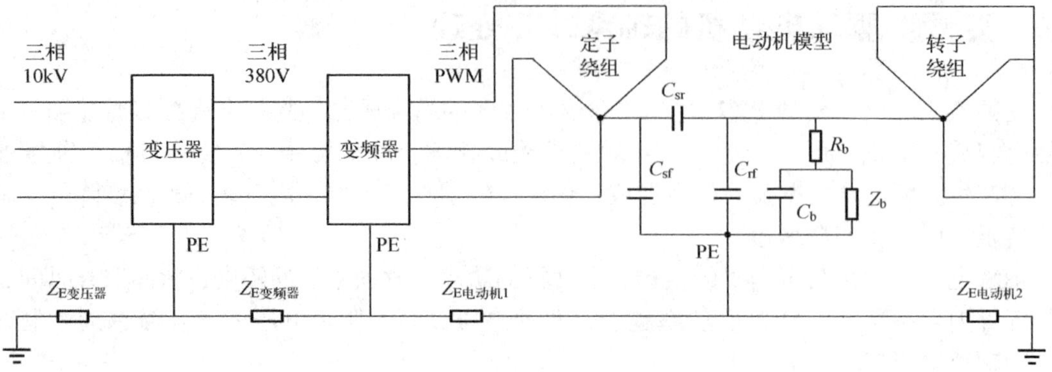

图 5-34　变频器驱动感应电机的电动机模型 1

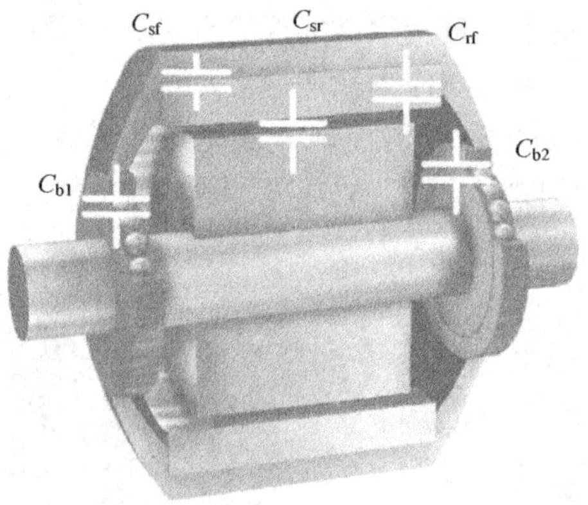

图 5-35　变频器驱动感应电机的电动机模型 2

其中轴承电流主要以三种方式存在：du/dt 电流、EDM（Electric Discharge Machining）电流和环路电流。du/dt 电流主要与 PWM 的上升时间 t_r 有关，t_r 越小，du/dt 电流的幅值越大；逆变器载波频率越高，轴承电流中的 du/dt 电流成分越多。EDM 电流出现存在一定的偶然性，只有当轴承润滑油层被击穿或者轴承内部发生接触时，存储在电机转子对地电容 C_{rf}上的电荷（$1/2C_{rf} \times U_{rf}$）通过轴承等效回路 R_b、C_b 和 Z_b 对地进行火花式放电，造成轴承光洁度下降，降低使用寿命，严重的造成直接损坏。环路电流发生在电网变压器地线、变频器地线、电动机地线及电动机负载与大地地线之间的回路（如水泵类负载）中。环路电流主要造成传导干扰和地线干扰，对变频器和电动机影响不大。

从以上分析可以知道，du/dt 电流是造成轴承电流的主要原因，也是本案例的问题症结所在，因此在本案例中必须装设 du/dt 输出滤波器，如 Schaffner 公司 FN510 系列输出滤波器 FN510 - 16 - 29，如图 5-32 所示。

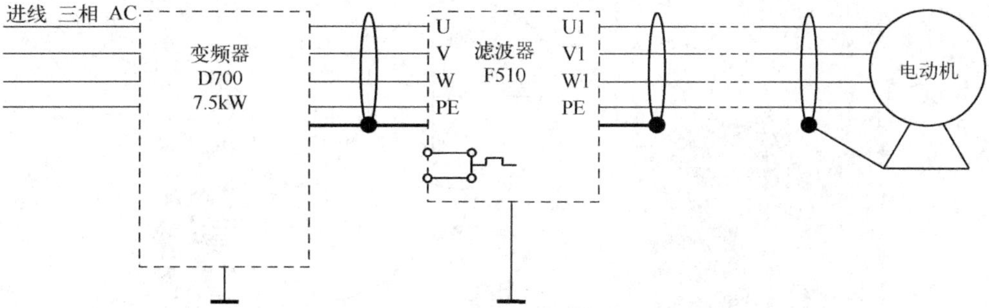

图 5-36　滤波器的安装原理

为了验证安装 F510 滤波器的功效，特别测量安装前的变频器输出波形、du/dt 波形和安装后的变频器输出波形、du/dt 波形，分别如图 5-37 ~ 图 5-39 所示。

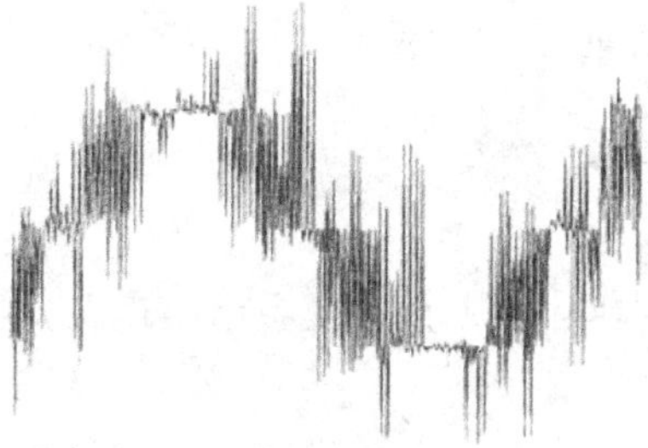

图 5-37　安装 du/dt 滤波器前的变频器输出波形

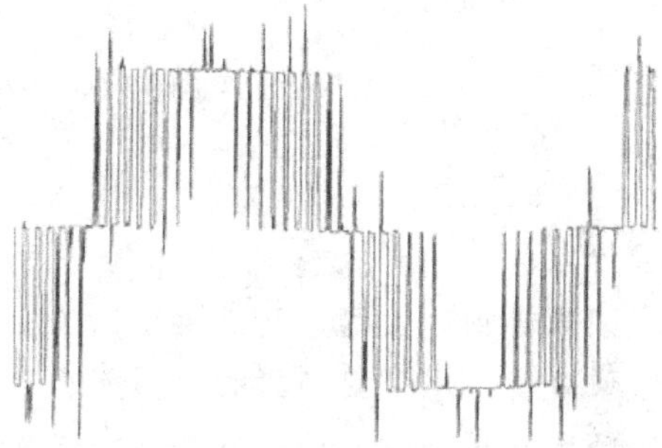

图 5-38　安装 du/dt 滤波器后的变频器输出波形

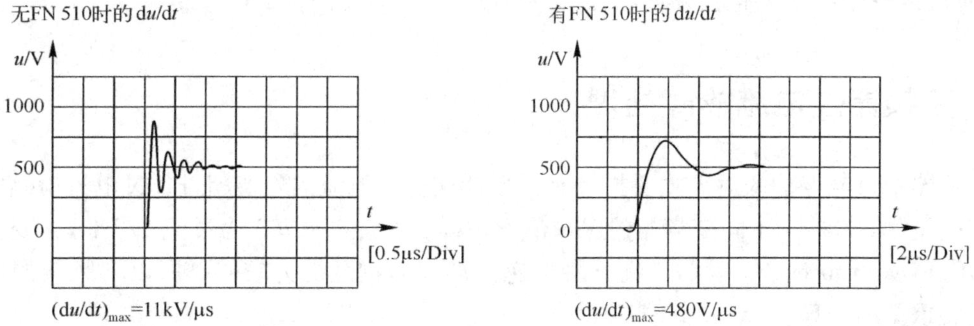

图 5-39　安装滤波器前后的 du/dt 波形

很明显，安装 F510 系列滤波器后，大大降低了 IGBT 电动机驱动端的输出电压 du/dt，变频器的输出波形也大为改善，且测试后满足 DIN VDE0530 标准。

5.6.3　总结归纳

装矿站电振电动机出现轴承损坏和过流的原因在于变频器输出的 PWM 导致轴承电流的出现，并大大损伤了电动机轴承，导致轴承损坏，负载变大，最终出现恒速过流。图 5-40 所示为安装滤波器后的实际效果图。实践证明，变频器输出滤波器可以使轴承电流减少到可以忽略的水平，电动机的使用寿命得以大大提高。

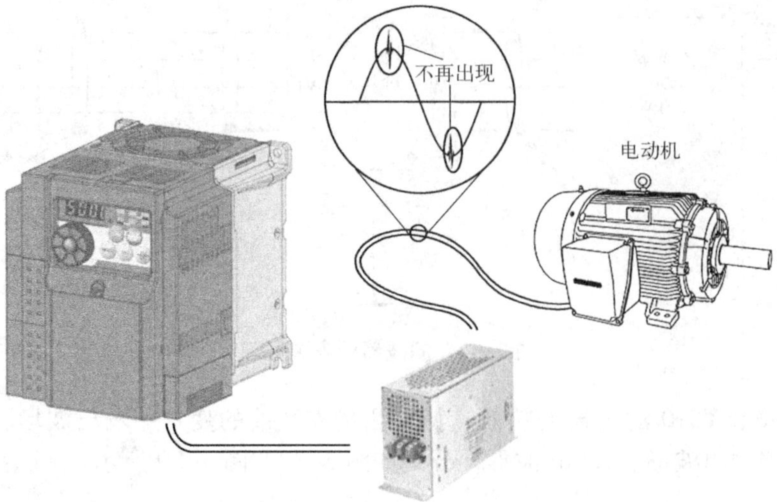

图 5-40　安装滤波器实际效果

要点

变频器专用滤波器，就是为了消除变频器工作时，对电网及其他数字电子设备产生干扰的频谱分量、增强变频器的电磁兼容性而专门设计的滤波器。

变频器专用滤波器由电感和电容组成的低通滤波电路构成，它允许有用信号的电流通过，对频率较高的干扰信号则有较大的衰减。由于干扰信号有差模和共模两种，因此滤波器要对这两种干扰信号具有衰减作用。

5.7　变频器过电流故障处理

变频器中过流保护的对象主要指带有突变性质的、电流的峰值超过了过电流检测值，约为额定电流的 200%（不同变频器的保护值不一样，如三菱 A700 为过流 220%），变频器则显示 OC（Over Current），表示过流。由于逆变器件的过载能力较差，所以变频器的过流保护是至关重要的一环。

过电流故障可分为加速、减速、恒速过流等，其可能是由于变频器的加减速时间太短、负载发生突变、负载分配不均、输出短路等原因引起的。

5.7.1　变频器过电流故障现象

如图 5-41 所示的分切机主传动采用 3.7 kW 变频器，在运行时经常出现“过电流”现象，有时停机时也会出现故障报警。

5.7.2　轴电压和轴电流引起的异常问题

根据“变频器上电或一运行就过电流”的现象初步断定该变频器的电流传感器有问题。通过电路板分析发现，该变频器在 U 和 V 输出端安装了两个霍尔传感器，如图 5-42 所示。

图 5-41　分切机主传动

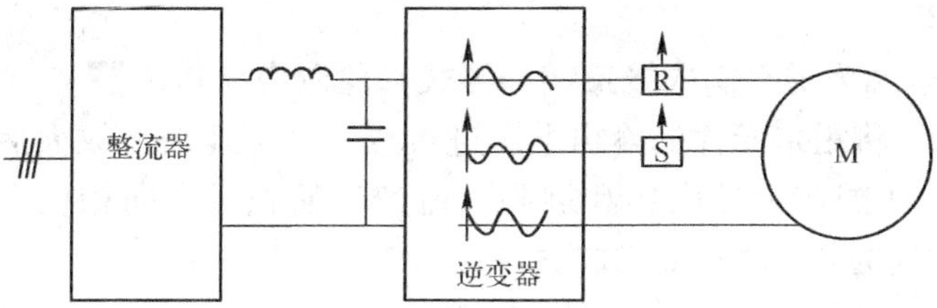

图 5-42　变频器的电流传感器安装位置

霍尔元件是一种基于霍尔效应的磁传感器，已发展成一个品种多样的磁传感器产品族，并已得到广泛的应用。霍尔元件可以检测磁场及其变化，可在各种与磁场有关的场合中使用。霍尔元件具有许多优点，它们的结构牢固，体积小，重量轻，寿命长，安装方便，功耗小，频率高（可达 1 MHz），耐振动，不怕灰尘、油污、水汽及盐雾等的污染或腐蚀。而且霍尔线性元件的精度高、线性度好；霍尔开关器件无触点、无磨损、输出波形清晰、无抖动、无回跳、位置重复精度高（可达 μm 级）。

霍尔电流传感器的结构如图 5-43 所示。用一环形导磁材料做成磁芯，套在被测电流流过的导线上，将导线中电流感生的磁场聚集起来，在磁芯上开一气隙，内置一个霍尔线性元件，元件通电后，便可由它的霍尔输出电压得到导线中流通的电流。图 5-43a 所示的传感器用于测量较小的电流，图 5-43b 所示的传感器用于检测较大的电流。实际的霍尔电流传感器有两种构成形式，即直接测量式和零磁通式。

1. 直接测量式霍尔电流传感器

将图 5-39 中霍尔元件的输出（必要时可进行放大）送到经校准的显示器上，即可由霍尔输出电压的数值直接得出被测电流值。这种方式的优点是结构简单、测量结果的精度和线性度都较高。可测直流、交流和各种波形的电流。但它的测量范围、带宽等受到一定的限制。在这种应用中，霍尔元件是磁场检测器，它检测的是磁芯气隙中的磁感应强度。电流增大后，磁芯可能达到饱和；随着频率升高，磁芯中的涡流损耗、磁滞损耗等也会随之升高。这些都会对测量精度产生影响。当然，也可采取一些改进措施来降低这些影响，例如选择饱

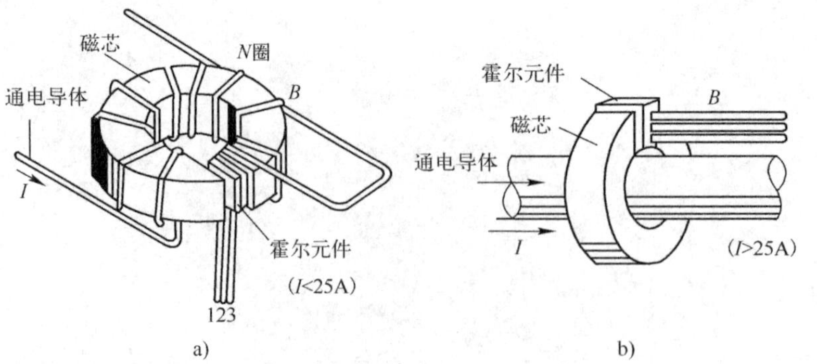

图 5-43　霍尔电流传感器的构成原理

a）测量较小电流　b）测量较大电流

和磁感应强度高的磁芯材料；制成多层磁芯；采用多个霍尔元件来进行检测等。

这类霍尔电流传感器的价格也相对便宜，使用非常方便，已得到极为广泛的应用，国内外已有许多厂家生产。

2. 零磁通式（也称为磁平衡式或反馈补偿式）霍尔电流传感器

如图 5-44 所示，将霍尔元件的输出电压进行放大，再经电流放大后，让这个电流通过补偿线圈，并令补偿线圈产生的磁场和被测电流产生的磁场方向相反，若满足条件 $I_oN_1 = I_sN_2$，则磁芯中的磁通为 0，这时下式成立

$$I_o = I_s(N_2/N_1) \tag{5-1}$$

式中，I_s 为被测电流，即磁芯中一次绕组中的电流，N_1 为一次绕组的匝数，I_s 为补偿绕组中的电流，N_2 为补偿绕组的匝数。由上式可知，达到磁平衡时，即可由 I_s 及匝数比 N_2/N_1 得到 I_o。

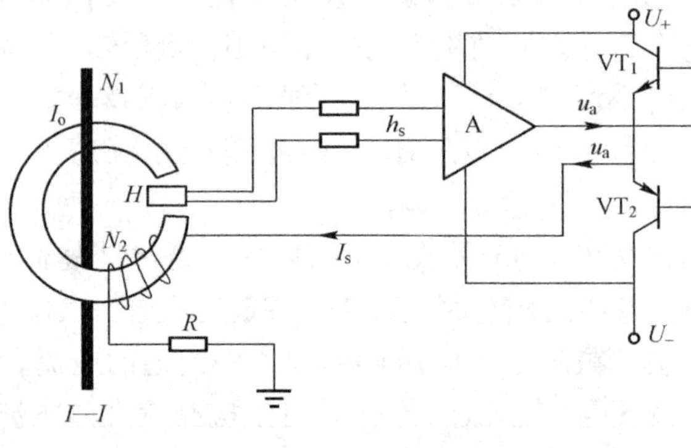

图 5-44　霍尔零磁通电流传感器

这个平衡过程是自动建立的，是一个动态平衡。建立平衡所需的时间极短。平衡时，霍尔元件处于零磁通状态。磁芯中的磁感应强度极低（理想状态应为 0），不会使磁芯饱和，也不会产生大的磁滞损耗和涡流损耗。恰当地选择磁芯材料和电路元件，可做出性能优良的零磁通电流传感器。

霍尔电流传感器的特点是可以实现电流的“无电位”检测。即测量电路不必接入被测电路即可实现电流检测，它们靠磁场进行耦合。因此，检测电路的输入、输出电路是完全电

隔离的。检测过程中，被测电路的状态不受检测电路的影响，检测电路也不受被检电路的影响。

根据以上两种原理，就能大致了解了图 5-45 所示的变频器电流采样电路。

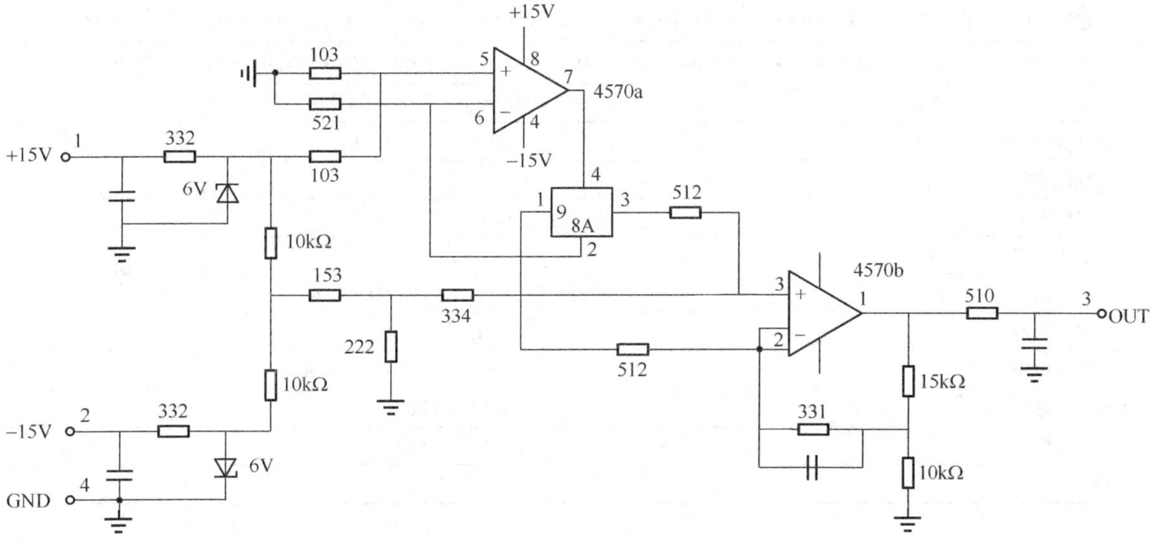

图 5-45　变频器电流采样电路

图 5-45 所示的电流采样电路具有一定的代表性，它实际上就是一个电流/电压转换器的电路，其主体为一圆形空心磁环（单匝或多匝），磁环有一个缺口，在该缺口中嵌入了四引线的霍尔元件。变频器的三相输出线作为一次绕组穿过铁心磁环，磁环的磁力线穿过霍尔元件的封装端面，最后转变为感应电压输出。变频器的电流采样电路主要由霍尔元件和一只精密双运放电路 4570 组成，其中 4570 a 接成恒流源输出方式，提供霍尔元件正常工作所需的 3 ~ 5 mA 恒定电流；随后加至霍尔元件的 4 和 2 引脚。霍尔元件的 1 和 3 引脚随输出电流变化而变化的感应电压，加到 4570 b 的 2、3 引脚两个输入端。

变频器在停机状态时，对地测量电流采样电路输出端 OUT，应为 0 V，在运行中，则输出随电流大小成比例输出的电压/电流信号。如果传感器损坏后，在变频器停机时即输出一个正或负的较高的直流电压。

5.7.3　总结归纳

一般说来，变频器会由于控制板连线或插件松动、电流检测元件损坏和电流检测放大比较电路异常导致电流检测电路故障，第一种情况需检查控制板连线或插件有无松动；第二种情况需更换或处理电流检测元件；第三种情况为电流检测 IC 芯片或 IC 芯片工作电源异常，可通过更换 IC 芯片或修复变频器辅助电源解决。

变频器在运行中出现过流，同时并伴有电流传感器故障，则电流检测电路出问题的可能性比较大，但问题出在哪，到底是控制连线还是霍尔元件问题，需对以下四方面一个个进行排除：控制板连线或插件松动，辅助电源损坏，霍尔元件损坏和放大电路异常。

表 5-12 所示为国产 HDC - N 系列霍尔电流传感器的电气参数，图 5-46 所示为该传感器的外部接线端子。

表 5-12　国产 HDC－N 系列霍尔电流传感器的电气参数（25℃）

型　　号							
参数	型号	HDC－100N	HDC－200N	HDC－300N	HDC－400N	HDC－500N	HDC－600N
额定测量电流	If	DC 100 A	DC 200 A	DC300 A	DC 400 A	DC 500 A	DC 600 A
线性范围	－	DC 0～±300 A	DC 0～±600 A	DC 0～±800 A	DC 0～±800 A	DC 0～±900 A	DC 0～±900 A
输出电压	Vh	4 V ±1% at If (R_L = 100 kΩ)					
零电流失调	Vo	±0. 03 V 以下 at If = 0					
线性误差	ρ	±1% of Vh at If = F. S					
电源电压	Vcc	DC ±15 V ±5%					
响应时间	Trr	<7 μs Max					
输出温漂	－	±0. 1%/℃以内 at R_L = 10 kΩ and If = F. S					
零点温漂	－	±1 mV/℃以内					
绝缘电压	－	2. 5 kV AC with 50 or 60 Hz × 1 min					
工作温度	Ta	－10～＋80℃					
存储温度	Ts	－15～＋85℃					
注：							

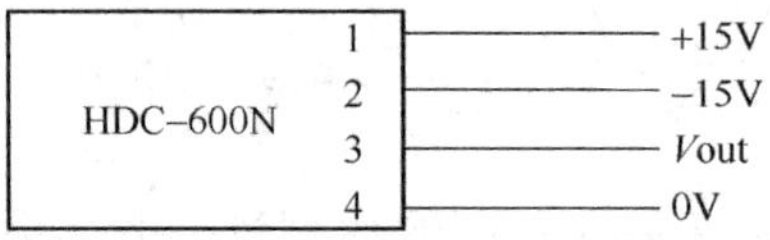

图 5-46　传感器的外部接线端子

要点

变频器过流故障除了如电流传感器、功率模块等故障外，大部分的过流问题可以通过设置正确的变频器参数来解决。

变频器参数设定问题是在负载、变频器确认都正常的情况下必须怀疑的因素，这里面包括加速时间太短、PID 调节器的比例 P 和积分时间 I 参数不合理、超调过大等，所有这些参数的不合理设置都将造成变频器输出电流振荡或直接过流。

针对变频器问题，主要检查：

- 升速时间设定太短，应加长加速时间；
- 减速时间设定太短，应加长减速时间；
- 转矩补偿（U/f 比）设定太大，引起低频时空载电流过大；
- 电子热继电器整定不当，动作电流设定得太小，引起变频器误动作。

另外，当负载不稳定时，建议使用矢量控制模式或 DTC 模式，因为此两种模式控制速度非常快，每隔 25μs 产生一组精确的转矩和磁通的实际值，再经过电动机转矩比较器和磁通比较器的输出，优化脉冲选择器决定逆变器的最佳开关位置，这样有利用抑制过流。同时使用速度环的自适应（AUTOTUNE）功能来自动调整 PID 参数，从而使变频器输出电动机电流平稳。

5.8 思考与练习

1. 简要回答以下问题

（1）变频器的易耗件有哪些？其寿命周期是多少？

（2）变频器的功率模块如何进行检测？

（3）IGBT 损坏的原因有哪些？

（4）变频器过压可以采取的方法有哪些？

（5）变频器过流的原因包括哪些？

（6）比较变频器过流与过载，区别在于什么地方？

2. 某 55 kW 变频器的动力线在经过一计量仪器时，经常引起该仪器读数不稳，请问该如何处理？

3. 某离心机厂的离心机选用某通用型 15 kW 变频器（图 5-47），在调试时，变频器总是在减速过程中报减速过压故障，会有哪些原因造成该故障？该如何解决？

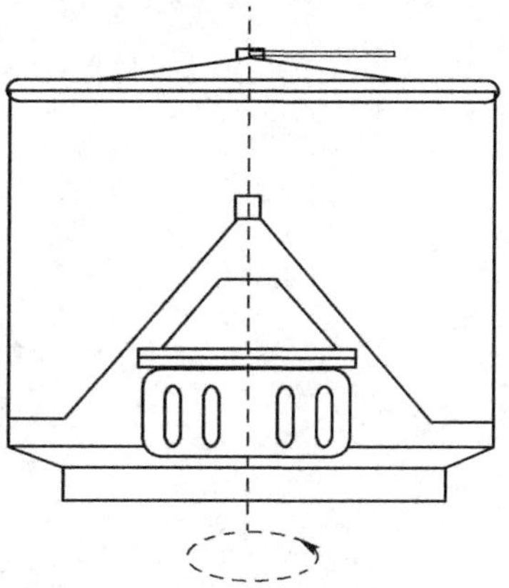

图 5-47　题 3 图

4. 某化工厂离心风机，所配电动机额定功率为 15 kW，2 极，额定转速 2950 r/min，采用变频器供电（图 5-48）。变频器带电动机空载运行，经常会出现运行到 12 Hz 左右时，输出频率在此附近振荡，振荡几次后有时频率会继续上升，有时就报过载故障，但有时起动又能正常。请分析会有哪些原因导致该故障的发生。

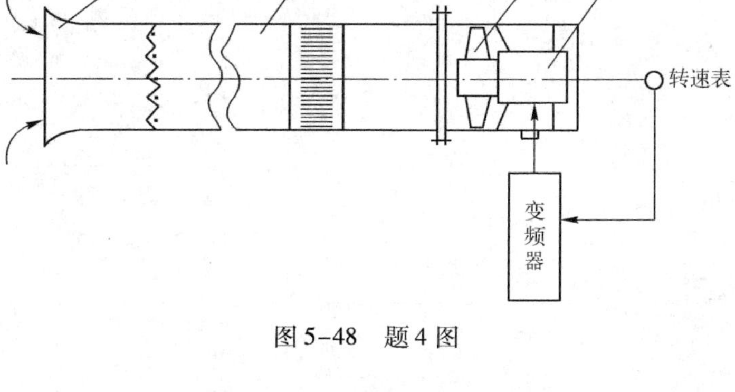

图 5-48　题 4 图

5. 某数控机床中，主轴控制装置采用三菱 E740 变频器来控制交流主轴电动机。在运行过程中，变频器报 E. LF 故障，有时可复位，但复位后电动机发出“嗡嗡”声音，旋转无力。请根据用户说明书手册，列举几个可能出现的原因。

附　　录

附录 A　三菱 E740 变频器主要参数表

- 有◎标记的参数表示的是简单模式参数。
- V/F 表示 V/F 控制，先进磁通 表示先进磁通矢量控制，通用磁通 表示通用磁通矢量控制，无标记的功能表示所有控制都有效。

功　能	参数	关联参数	名　称	单位	初始值	范　围	内　容
手动转矩提升 V/F	0	◎	转矩提升	0.1%	6/4/3/2% *	0～30%	0Hz 时的输出电压以％设定 * 根据容量不同而不同（6%：0.75kVA以下/4%：1.5～3.7kVA/3%：5.5kVA、7.5kVA/2%：11kVA、15kVA）
		46	第 2 转矩提升	0.1%	9999	0～30%	RT 信号为 ON 时的转矩提升
						9999	无第 2 转矩提升
上下限频率	1	◎	上限频率	0.01Hz	120Hz	0～120Hz	输出频率的上限
	2	◎	下限频率	0.01Hz	0Hz	0～120Hz	输出频率的下限
		18	高速上限频率	0.01Hz	120Hz	120～400Hz	在 120Hz 以上运行时设定
基准频率、电压 V/F	3	◎	基准频率	0.01Hz	50Hz	0～400Hz	电动机的额定频率(50Hz/60Hz)
		19	基准频率电压	0.1V	9999	0～1000V	基准电压
						8888	电源电压的 95%
						9999	与电源电压一样
		47	第 2 V/F（基准频率）	0.01Hz	9999	0～400Hz	RT 信号为 ON 时的基准频率
						9999	第 2 V/F 无效
通过多段速设定运行	4	◎	多速段设定（高速）	0.01Hz	50Hz	0～400Hz	RH 为 ON 时的频率
	5	◎	多速段设定（中速）	0.01Hz	30Hz	0～400Hz	RM 为 ON 时的频率
	6	◎	多速段设定（低速）	0.01Hz	10Hz	0～400Hz	RL 为 ON 时的频率
		24～27	多速段设定（4 速～7 速）	0.01Hz	9999	0～400Hz、9999	可以用 RH、RM、RL、REX 信号的组合来设定 4 速～15 速的频率 9999：不选择
		232～239	多速段设定（8 速～15 速）	0.01Hz	9999	0～400Hz、9999	
加减速时间的设定	7	◎	加速时间	0.1/0.01s	5/10/15s *	0～3600/360s	电动机加速时间 * 根据变频器容量不同而不同（3.7kVA 以下/5.5kVA、7.5kVA/11kVA、15kVA）

（续）

功能	参数	关联参数	名称	单位	初始值	范围	内容
加减速时间的设定	8	◎	减速时间	0.1/0.01 s	5/10/15 s *	0～3600/360 s	电动机减速时间 *根据变频器容量不同而不同 （3.7 kVA 以下/5.5 kVA、7.5 kVA/11 kVA、15 kVA）
		20	加减速基准频率	0.01 Hz	50 Hz	1～400 Hz	成为加减速时间基准的频率 加减速时间在停止～Pr. 20 间的频率变化时间
		21	加减速时间单位	1	0	0	单位：0.1 s 范围：0～3600 s 可以改变加减速时间的设定单位与设定范围
						1	单位：0.01 s 范围：0～360 s
		44	第 2 加减速时间	0.1/0.01 s	5/10/15 s *	0～3600/360 s	RT 信号为 0N 时的加减速时间 * 根据变频器容量不同而不同 （3.7 kVA 以下/5.5 kVA、7.5 kVA/11 kVA、15 kVA）
		45	第 2 减速时间	0.1/0.01 s	9999	0～3600/360 s	RT 信号为 0N 时的减速时间
						9999	加速时间 = 减速时间
		147	加减速时间切换频率	0.01 Hz	9999	0～400 Hz	Pr. 44、Pr. 45 的加减速时间的自动切换为有效的频率
						9999	无功能
电机的过热保护（电子过电流保护）	9	◎	电子过电流保护	0.01 A	变频器额定电流 *	0～500 A	设定电动机的额定电流 * 对于 0.75 kVA 以下的产品，应设定为变频器额定电流的 85%
		51	第 2 电子过电流保护	0.01 A	9999	0～500 A	RT 信号为 ON 时有效 设定电动机的额定电流
						9999	第 2 电子过电流保护无效
直流制动预备励磁	10		直流制动动作频率	0.01 Hz	3 Hz	0～120 Hz	直流制动动作频率
	11		直流制动动作时间	0.1 s	0.5 s	0	无直流制动
						0.1～10 s	直流制动的动作时间
	12		直流制动动作电压	0.1%	6/4 2% *	0	无直流制动
						0.1～30%	直流制动电压（转矩） * 根据容量不同而不同 （0.1 kVA、0.2 kVA/0.4 kVA～7.5 kVA/11 kVA、15 kVA）
起动频率	13		起动频率	0.01 Hz	0.5 Hz	0～60 Hz	起动时频率
		571	起动时维持时间	0.1 s	9999	0～10 s	Pe. 13 起动频率的维持时间
						9999	起动时的维持功能无效

（续）

功能	参数	关联参数	名称	单位	初始值	范围	内容
适合用途的V/F曲线 V/F	14		适用负载选择	1	0	0	用于恒转矩负载
						1	用于低转矩负载
						2	恒转矩升降用：反转时提升0
						3	恒转矩升降用：正传时提升0
点动运动	15		点动频率	0.01 Hz	5 Hz	0～400 Hz	点动运行时的频率
	16		点动加减速时间	0.1/0.01 s	0.5 s	0～3600/361 s	点动运行时的加减速时间 加减速时间是指加、减速到Pr.20加减速基准频率中设定的频率（初始值为50 Hz）的时间 加减速时间不能分别设定
输出停止信号(MRS)的逻辑选择	17		MRS输入选择	1	0	0	常开输入
						2	常闭输入（b接点输入规格）
						4	外部端子：常闭输入（b接点输入规格） 通信：常开输入
失速防止动作	22		失速防止动作水平	0.1%	150%	0	失速防止动作无效
						0.1%～200%	失速防止动作开始的电流值
	23		倍速时失速防止动作水平补偿系数	0.1%	9999	0～200%	可降低额定频率以上的高速运行时的失速动作水平
						9999	一律Pr.22
		48	第2失速防止动作水平	0.1%	9999	0	第2失速防止动作无效
						0.1%～200%	第2失速防止动作水平
						9999	与Pr.22同一水平
		66	失速防止动作水平降低开始频率	0.01 Hz	50 Hz	0～400 Hz	失速动作水平开始降低时的频率
		156	失速防止动作选择	1	0	0～31 100、101	根据加减速的状态选择是否防止失速
		157	OL信号输出延时	0.1 s	0 s	0～25 s	失速防止动作时输出的OL信号开始输出的时间
						9999	无OL信号输出
		277	失速防止电流切换	1	0	0	输出电流超过限制水平时，通过限制输出频率来限制电流限制水平，以变频器额定电流为基准
						1	输出转矩超过限制水平时，通过限制输出频率来限制转矩，限制水平以电动机额定转矩为基准

（续）

功能	参数	关联参数	名称	单位	初始值	范围	内容
加减速曲线	29		加减速曲线选择	1	0	0	直线加减速
						1	S 曲线加减速 A
						2	S 曲线加减速 B
再生单元的选择	30		再生制动功能选择	1	0	0	无再生功能 制动电阻器（MRS 型） 制动单元（FR－BU2） 高功率因数变流器（FR－HC） 电源再生共通变流器（FR－CV）
						1	高频度用制动电阻器（FR－ABR）
						2	高功率因数变流器（FR－HC）（选择瞬时停电再起动时）
		70	特殊再生制动使用率	0.1%	0%	0～30%	使用高频度用制动电阻器（FR－ABR）时的制动器使用率（10%）
避免机械共振点（频率跳变）	31		频率跳变 1A	0.01 Hz	9999	0～400 Hz、9999	1A～1B、2A～2B、3A～3B 跳变时的频率 9999：功能无效
	32		频率跳变 1B	0.01 Hz	9999	0～400 Hz、9999	
	33		频率跳变 2A	0.01 Hz	9999	0～400 Hz、9999	
	34		频率跳变 2B	0.01 Hz	9999	0～400 Hz、9999	
	35		频率跳变 3A	0.01 Hz	9999	0～400 Hz、9999	
	36		频率跳变 3B	0.01 Hz	9999	0～400 Hz、9999	
转速显示	37		转速显示	0.001	0	0	频率的显示及设定
						0.01～9998	50Hz 运行时的机械速度
RUN 键旋转方向的选择	40		RUN 键旋转方向的选择	1	0	0	正传
						1	反转
输出频率和电机转数的检测（SU、FU 信号）	41		频率到达动作范围	0.1%	10%	0～100%	SU 信号为 ON 时的水平
	42		输出频率检测	0.01 Hz	6 Hz	0～400 Hz	FU 信号为 ON 时的频率
	42		反转时输出频率检测	0.01 Hz	9999	0～400 Hz	反转时 FU 信号为 ON 时的频率
						9999	与 Pr. 42 的设定值一致

（续）

<table>
<tr><th rowspan="2">功　能</th><th>参　数</th><th rowspan="2">名　称</th><th rowspan="2">单位</th><th rowspan="2">初始值</th><th rowspan="2">范　围</th><th rowspan="2">内　容</th></tr>
<tr><th>关联参数</th></tr>
<tr><td rowspan="2">DU/PU 监视内容的变更以及累计监视值的清除</td><td>52</td><td>DU/PU 主显示数据选择</td><td>1</td><td>0</td><td>0、5、7～12、14、20、23～25、52～57、61、62、100</td><td rowspan="2">选择操作面板和参数单元所显示的监视器、输出到端子 AM 的监视器
0：输出频率（Pr. 52）
1：输出频率（Pr. 158）
2：输出电流（Pr. 158）
3：输出电压（Pr. 158）
5：频率设定值
7：电动机转矩
8：变流器输出电压
9：再生制动器使用率
10：电子过电流保护负载率
11：输出电流峰值
12：变流器输出电压峰值
14：输出电力
20：累计通电时间（Pr. 52）
21：基准电压输出（Pr. 158）
23：实际运行时间（Pr. 52）
24：电动机负载率
25：累计电力（Pr. 52）
52：PID 目标值
53：PID 测量值
54：PID 偏差（Pr. 52）
55：输入/输出端子状态（Pr. 52）
56：选件输入端子状态（Pr. 52）
57：选件输出端子状态（Pr. 52）
61：电动机过电流保护负载率
62：变频器过电流保护负载率
100：停止中设定频率、运行中输出频率（Pr. 52）</td></tr>
<tr><td>158</td><td>AM 端子功能选择</td><td>1</td><td>1</td><td>1～3、5、7～12、14、21、24、52、53、61、62</td></tr>
<tr><td rowspan="2">从端子 AM 输出的监视基准</td><td>55</td><td>频率监视基准</td><td>0. 01 Hz</td><td>50 Hz</td><td>0～400 Hz</td><td>输出频率监视值输出到端子 AM 时的最大值</td></tr>
<tr><td>56</td><td>电流监视基准</td><td>0. 01 A</td><td>变频器额定电流</td><td>0～500 A</td><td>输出电流监视值输出到端子 AM 时的最大值</td></tr>
<tr><td rowspan="4">瞬时停电再起动动作/高速起步</td><td rowspan="3">57</td><td rowspan="3">再起动自由运行时间</td><td rowspan="3">0. 1 s</td><td rowspan="3">9999</td><td>0</td><td>1. 5 kVA 以下为 1 s
2. 2 kVA 为 7. 5 s
11 kVA 以上为 3 s</td></tr>
<tr><td>0. 1～5 s</td><td>瞬时停电到复电后由变频器引导再起动的等待时间</td></tr>
<tr><td>9999</td><td>不进行再起动</td></tr>
<tr><td>58</td><td>再起动上升时间</td><td>0. 1 s</td><td>1 s</td><td>0～60 s</td><td>再起动时的电压上升时间</td></tr>
</table>

（续）

功能	参数	关联参数	名称	单位	初始值	范围	内容	
瞬时停电再起动动作/高速起步		30	再生制动功能选择	1	0	0、1	MRS（X10）-ON→OFF 时、由起动频率起动	
						2	MRS（X10）-ON→OFF 时、再起动动作	
		162	瞬时停电再起动动作选择	1	1	0	有频率搜索	使用频率搜索时，对接线长度有限制
						1	无频率搜索（减电压方式）	
						10	每次起动时频率搜索	
						11	每次起动时的减电压方式	
		165	再起动失速防止动作水平	0.1%	150%	0～200%	将变频器额定电流设为 100%，设定再起动动作时的失速防止动作水平	
		298	频率搜索增益	1	9999	0～32767	通过 V/F 控制实施了离线自动调谐时，将设定电动机常数（R1）以及瞬时停电再起动的频率搜索所必须的频率搜索增益	
						9999	使用三菱电动机（SF－JR、SF－HRCA）常数	
		299	再起动时的旋转方向检测选择	1	0	0	无旋转方向检测	
						1	有旋转方向检测	
						9999	Pr：78＝0 时，有旋转方向检测 Pr：78＝1、2 时，无旋转方向检测	
		611	再起动时的加速时间	0.1 s	9999	0～3600 s	再起动时到达 Pr.20 加减速基准频率的加速时间	
						9999	再起动时的加速时间为通常的加速时间（Pr.7 等）	
自动加减速	61		基准电流	0.01 A	9999	0～500 A	以设定值（电动机额定电流）为基准	
						9999	以变频器额定电流为基准	
	62		加速时基准值	1%	9999	0～200%	以设定值为限制值	
						9999	以 150% 为限制值	
	63		减速时基准值	1%	9999	0～200%	以设定值为限制值	
						9999	以 150% 为限制值	

（续）

<table>
<tr><th rowspan="2">功能</th><th colspan="2">参数</th><th rowspan="2">名称</th><th rowspan="2">单位</th><th rowspan="2">初始值</th><th rowspan="2">范围</th><th rowspan="2" colspan="2">内容</th></tr>
<tr><th></th><th>关联参数</th></tr>
<tr><td rowspan="8">自动加减速</td><td rowspan="8"></td><td rowspan="5">292</td><td rowspan="5">自动加减速</td><td rowspan="5">1</td><td rowspan="5">0</td><td>0</td><td colspan="2">通常模式</td></tr>
<tr><td>1</td><td rowspan="2">最短加减速模式</td><td>无制动器</td></tr>
<tr><td>11</td><td>有制动器</td></tr>
<tr><td>7</td><td colspan="2">制动器顺控模式 1</td></tr>
<tr><td>8</td><td colspan="2">制动器顺控模式 2</td></tr>
<tr><td rowspan="3">293</td><td rowspan="3">加减速个别动作选择模式</td><td rowspan="3">1</td><td rowspan="3">0</td><td>0</td><td colspan="2">对于最短加减速模式的加速、减速均计算加减速时间</td></tr>
<tr><td>1</td><td colspan="2">仅对最短加减速模式的加速时间进行计算</td></tr>
<tr><td>2</td><td colspan="2">仅对最短加减速模式的减速时间进行计算</td></tr>
<tr><td rowspan="14">电动机的选择（适用电动机）</td><td rowspan="14" colspan="2">71</td><td rowspan="14">适用电动机</td><td rowspan="14">1</td><td rowspan="14">0</td><td>0</td><td colspan="2">适合标准电动机的热特性</td></tr>
<tr><td>1</td><td colspan="2">适合三菱恒转矩电动机的热特性</td></tr>
<tr><td>40</td><td colspan="2">三菱高效率电动机（SF－HR）的热特性</td></tr>
<tr><td>50</td><td colspan="2">三菱恒转矩电动机（SF－HRCA）的热特性</td></tr>
<tr><td>3</td><td>标准电动机</td><td rowspan="5">选择“离线自动调谐设定”</td></tr>
<tr><td>13</td><td>恒转矩电动机</td></tr>
<tr><td>23</td><td>三菱标准电动机（SF－JR4P 1.5kW 以下）</td></tr>
<tr><td>43</td><td>三菱高效率电动机（SF－HR）</td></tr>
<tr><td>53</td><td>三菱恒转矩电动机（SF－HRCA）</td></tr>
<tr><td>4</td><td>标准电动机</td><td rowspan="5">可以进行自动调谐
数据读取以及变更设定</td></tr>
<tr><td>14</td><td>恒转矩电动机</td></tr>
<tr><td>24</td><td>三菱标准电动机（SF－JR4P1.5kW 以下）</td></tr>
<tr><td>44</td><td>三菱高效率电动机（SF－HR）</td></tr>
<tr><td>54</td><td>三菱恒转矩电动机（SF－HRCA）</td></tr>
</table>

（续）

<table>
<tr><th rowspan="2">功　能</th><th colspan="2">参　数</th><th rowspan="2">名　称</th><th rowspan="2">单位</th><th rowspan="2">初始值</th><th rowspan="2">范　围</th><th colspan="2" rowspan="2">内　容</th></tr>
<tr><th></th><th>关联参数</th></tr>
<tr><td rowspan="7">电动机的选择（适用电动机）</td><td rowspan="7">71</td><td rowspan="4"></td><td rowspan="4">适用电动机</td><td rowspan="4">1</td><td rowspan="4">0</td><td>5</td><td>标准电动机</td><td rowspan="2">星形接线可以进行电动机常数的直接输入</td></tr>
<tr><td>15</td><td>恒转矩电动机</td></tr>
<tr><td>6</td><td>标准电动机</td><td rowspan="2">三角形接线可以进行电动机常数的直接输入</td></tr>
<tr><td>16</td><td>恒转矩电动机</td></tr>
<tr><td rowspan="3">450</td><td rowspan="3">第 2 适用电动机</td><td rowspan="3">1</td><td rowspan="3">9999</td><td>0</td><td colspan="2">适合标准电动机的热特性</td></tr>
<tr><td>1</td><td colspan="2">适合三菱恒转矩电动机的热特性</td></tr>
<tr><td>9999</td><td colspan="2">第 2 电动机无效
（第 1 电动机（Pr. 71）的热特性）</td></tr>
<tr><td rowspan="3">载波频率和 Soft-PWM 选择</td><td rowspan="3">72</td><td></td><td>PWM 频率选择</td><td>1</td><td>1</td><td>0 ~ 15</td><td colspan="2">PWM 载波频率
设定值以 kHz 为单位，0 表示 0.7 kHz，15 表示 14.5 kHz</td></tr>
<tr><td rowspan="2">240</td><td rowspan="2">Soft - PWM 动作选择</td><td rowspan="2">1</td><td rowspan="2">1</td><td>0</td><td colspan="2">Soft - PWM 无效</td></tr>
<tr><td>1</td><td colspan="2">Pr. 72 = “0 ~ 5” 时，Soft - PWM 有效</td></tr>
<tr><td rowspan="8">模拟量输入选择</td><td rowspan="8">73</td><td rowspan="5"></td><td rowspan="5">模拟量输入选择</td><td rowspan="5">1</td><td rowspan="5">1</td><td rowspan="2">0</td><td>端子 2 输入</td><td>极性可逆</td></tr>
<tr><td>0 ~ 10 V</td><td rowspan="2">无</td></tr>
<tr><td>1</td><td>0 ~ 5 V</td></tr>
<tr><td>10</td><td>0 ~ 10 V</td><td rowspan="2">有</td></tr>
<tr><td>11</td><td>0 ~ 5 V</td></tr>
<tr><td rowspan="3">267</td><td rowspan="3">端子 4 输入选择</td><td rowspan="3">1</td><td rowspan="3">0</td><td>0</td><td colspan="2">端子 4 输入 4 ~ 20 mA</td></tr>
<tr><td>1</td><td colspan="2">端子 4 输入 0 ~ 5 V</td></tr>
<tr><td>2</td><td colspan="2">端子 4 输入 0 ~ 10 V</td></tr>
<tr><td>模拟量输入的响应性或噪声消除</td><td>74</td><td></td><td>输入滤波时间常数</td><td>1</td><td>1</td><td>0 ~ 8</td><td colspan="2">对于模拟量输入的 1 次延迟滤波器时间常数设定值越大过滤效果越明显</td></tr>
<tr><td>复位选择、PU 脱离检测</td><td>75</td><td></td><td>复位选择/PU 脱离检测/PU 停止选择</td><td>1</td><td>14</td><td>0 ~ 3、14 ~ 17</td><td colspan="2">复位输入接纳选择、PU（FR - PU04 - CH/FR - PU07）接头脱离检测功能选择、PU 停止功能选择初始值为常时可复位、无 PU 脱离检测、有 PU 停止功能</td></tr>
<tr><td rowspan="3">防止参数值被意外改写</td><td rowspan="3">77</td><td rowspan="3"></td><td rowspan="3">参数写入选择</td><td rowspan="3">1</td><td rowspan="3">0</td><td>0</td><td colspan="2">仅限于停止时可以写入</td></tr>
<tr><td>1</td><td colspan="2">不可写入参数</td></tr>
<tr><td>2</td><td colspan="2">可以在所有运行模式中不受运行状态限制的写入参数</td></tr>
</table>

（续）

功能	参数	关联参数	名称	单位	初始值	范围	内容
电动机的反转防止	78		反转防止选择	1	0	0	正转和反转均可
						1	不可反转
						2	不可正转
运行模式的选择	79 ◎		运行模式选择	1	0	0	外部/PU 切换模式
						1	PU 运行模式固定
						2	外部运行模式固定
						3	外部/PU 组合运行模式 1
						4	外部/PU 组合运行模式 2
						6	切换模式
						7	外部运行模式（PU 运行互锁）
		340	通信起动模式选择	1	0	0	根据 Pr. 79 的设定
						1	以网络运行模式启动
						10	以网络运行模式启动 可通过操作面板切换 PU 运行模式与网络运行模式
控制方法的选择 先进磁通 通用磁通	80		电动机容量	0.01kW	9999	0.1～15kW	适用电动机容量
						9999	V/F 控制
	81		电动机极数	1	9999	2、4、6、8、10	设定电动机极数
						9999	V/F 控制
		89	速度控制增益（先进磁通矢量）	0.1%	9999	0～200%	在先进磁通矢量控制时，调整由负载变动造成的电动机速度变动 基准为 10%
						9999	Pr. 71 中设定的电动机所对应的增益
		800	控制方法选择	1	20	20	先进磁通矢量控制
						30	通用磁通矢量控制（设定为 Pr. 80、Pr. 81 ≠ “9999”时）
离线自动调谐	82		电动机励磁电流	0.01 A *	9999	0～500 A *	调谐数据 （通过离线自动调谐测量到的值会自动设定） * 根据 Pr. 71 的设定值不同而不同
						9999	使用三菱电动机（SF－JR、SF－HR、SF－JRCA、SF－HRCA）常数

功能	参数	关联参数	名称	单位	初始值	范围	内容
离线自动调谐	83		电动机额定电压	0.1V	200V/400V＊	0~1000V	电动机额定电压（V） ＊因电压级别而异（200V/400V）
	84		电动机额定频率	0.01Hz	50Hz	10~120Hz	电动机额定频率（Hz）
		90	电动机常数（R1）	0.001Ω＊	9999	0~50Ω＊、9999	调谐数据（通过离线自动调谐测量到的值会自动设定） ＊根据Pr.71的设定值不同而不同 9999：使用三菱电动机（SF－JR、SF－HR、SF－JRCA、SF－HRCA）常数
		91	电极常数（R2）	0.001Ω＊	9999		
		92	电动机常数（L1）	0.1mH＊	9999	0~1000mH＊、9999	调谐数据（通过离线自动调谐测量到的值会自动设定） ＊根据Pr.71的设定值不同而不同 9999：使用三菱电动机（SF－JR、SF－HR、SF－JRCA、SF－HRCA）常数
		93	电动机常数（L2）	0.1mH＊	9999		
		94	电动机常数（X）	0.1%＊	9999	0~100%＊	调谐数据 （通过离线自动调谐测量到的值会自动设定） ＊根据Pr.71的设定值不同而不同
						9999	使用三菱电动机（SF－JR、SF－HR、SF－JRCA、SF－HRCA）常数
		96	自动调谐设定/状态	1	0	0	不实施离线自动调谐
						1	先进磁通矢量控制用 离线自动调谐时电动机不运转 （所有电动机常数）
						11	通用磁通矢量控制用离线自动调谐时电动机不运转（仅电动机常数（R1））
						21	V/F控制用离线自动调谐（瞬时停电再起动（有频率搜索时用））
		859	转矩电流	0.01A＊	9999	0~500A＊	调谐数据（通过离线自动调谐测量到的值会自动设定） ＊根据Pr.71的设定值不同而不同
						9999	使用三菱电动机（SF－JR、SF－HR、SF－JRCA、SF－HRCA）常数

（续）

<table>
<tr><th rowspan="2">功　能</th><th colspan="2">参　数</th><th rowspan="2">名　称</th><th rowspan="2">单位</th><th rowspan="2">初始值</th><th rowspan="2">范　围</th><th rowspan="2" colspan="2">内　容</th></tr>
<tr><th></th><th>关联参数</th></tr>
<tr><td rowspan="10">模拟量输入频率的变更电压、电流输入、频率的调整（校正）</td><td>125</td><td>◎</td><td>端子2频率设定增益频率</td><td>0.01 Hz</td><td>50 Hz</td><td>0～400 Hz</td><td colspan="2">端子2输入增益（最大）的频率</td></tr>
<tr><td>126</td><td>◎</td><td>端子4频率设定增益频率</td><td>0.01 Hz</td><td>50 Hz</td><td>0～400 Hz</td><td colspan="2">端子2输入增益（最大）的频率</td></tr>
<tr><td rowspan="8"></td><td rowspan="2">241</td><td rowspan="2">模拟输入显示单位切换</td><td rowspan="2">1</td><td rowspan="2">0</td><td>0</td><td>%单位</td><td rowspan="2">模拟量输入显示单位的选择</td></tr>
<tr><td>1</td><td>V/mA单位</td></tr>
<tr><td>C2
(902)</td><td>端子2频率设定偏置频率</td><td>0.01 Hz</td><td>0 Hz</td><td>0～400 Hz</td><td colspan="2">端子2输入偏置侧的频率</td></tr>
<tr><td>C3
(902)</td><td>端子2频率设定偏置</td><td>0.1%</td><td>0%</td><td>0～300%</td><td colspan="2">端子2输入偏置侧电压（电流）的%换算值</td></tr>
<tr><td>C4
(903)</td><td>端子2频率设定增益</td><td>0.1%</td><td>100%</td><td>0～300%</td><td colspan="2">端子2输入增益侧电压（电流）的%换算值</td></tr>
<tr><td>C5
(904)</td><td>端子4频率设定偏置频率</td><td>0.01 Hz</td><td>0 Hz</td><td>0～400 Hz</td><td colspan="2">端子4输入偏置侧的频率</td></tr>
<tr><td>C6
(904)</td><td>端子4频率设定偏置</td><td>0.1%</td><td>20%</td><td>0～300%</td><td colspan="2">端子4输入偏置侧电流（电压）的%换算值</td></tr>
<tr><td>C7
(905)</td><td>端子4频率设定增益</td><td>0.1%</td><td>100%</td><td>0～300%</td><td colspan="2">端子4输入增益侧电流（电压）的%换算值</td></tr>
<tr><td rowspan="11">PID控制/浮动辊控制</td><td colspan="2" rowspan="2">127</td><td rowspan="2">PID控制自动切换频率</td><td rowspan="2">0.01 Hz</td><td rowspan="2">9999</td><td>0～400 Hz</td><td colspan="2">自动切换到PID控制的频率</td></tr>
<tr><td>9999</td><td colspan="2">无PID控制自动切换功能</td></tr>
<tr><td colspan="2" rowspan="9">128</td><td rowspan="9">PID动作选择</td><td rowspan="9">1</td><td rowspan="9">0</td><td>0</td><td colspan="2">PID控制无效</td></tr>
<tr><td>20</td><td>PID负作用</td><td rowspan="3">测量值输入（端子4）目标值（端子2或Pr.133）</td></tr>
<tr><td>21</td><td>PID正作用</td></tr>
<tr><td>40～43</td><td>浮动辊控制</td></tr>
<tr><td>50</td><td>PID负作用</td><td rowspan="2">偏差值信号输入（LON WORKS通信、CC－Link通信）</td></tr>
<tr><td>51</td><td>PID正作用</td></tr>
<tr><td>60</td><td>PID负作用</td><td rowspan="2">测定值、目标值输入（LON WORKS通信、CC－Link通信）</td></tr>
<tr><td>61</td><td>PID正作用</td></tr>
</table>

（续）

功能	参数（关联参数）	名称	单位	初始值	范围	内容
PID 控制/浮动辊控制	129	PID 比例带	0.1%	100%	0.1% ~ 1000%	比例带狭窄（参数的设定值小）时，测量值的微小变化可以带来大的操作量变化 随比例带的变小，响应灵敏度（增益）会变得更好，但可能会引起振动等、降低稳定性 增益 $Kp=1/$比例带
					9999	无比例控制
	130	PID 积分时间	0.1 s	1 s	0.1 ~ 3600 s	在偏差步进输入时，仅在积分（I）动作中得到与比例（P）动作相同的操作量所需要的时间（T_i） 随着积分时间变小，到达目标值的速度会加快，但是容易发生振动现象
					9999	无积分控制
	131	PID 上限	0.1%	9999	0 ~ 100%	上限值 反馈量超过设定值的情况下输出 FUP 信号测量值（端子 4）的最大输入（20 mA/5 V/10 V）相当于 100%
					9999	无功能
	132	PID 下限	0.1%	9999	0 ~ 100%	下限值 测定值低于设定值范围的情况下输出 FDN 信号 测量值（端子 4）的最大输入（20 mA/5 V/10 V）相当于 100%
					9999	无功能
	133	PID 动作目标值	0.01%	9999	0 ~ 100%	PID 控制时的目标值
					9999	PID 控制：端子 2 输入电压为目标值
						浮动辊控制：固定于 50%
	134	PID 微分时间	0.01 s	9999	0.01 ~ 10.00 s	在偏差指示灯输入时，仅得到比例动作（P）的操作量所需要的时间（T_d） 随微分时间的增大，对偏差变化的反应也越大
					9999	无微分控制

（续）

功能	参数	关联参数	名称	单位	初始值	范围	内容	
用户参数组功能	160	◎	用户参数组读取选择	1	0	0	显示所有参数	
						1	只显示注册到用户参数组的参数	
						9999	只显示简单模式的参数	
操作面板的运作选择	161		频率设定/键盘锁定操作选择	1	0	0	M旋钮频率设定模式	键盘锁定模式无效
						1	M旋钮电位器模式	
						10	M旋钮频率设定模式	键盘锁定有效
						11	M旋钮电位器模式	
输入端子的功能分配	178		STF端子功能选择	1	60	0～5、7、8、10、12、14～16、18、24、25、60、61、62、65～67、9999	0：低速运行指令（RL） 1：中速运行指令（RM） 2：高速运行指令（RH） 3：第2功能选择（RT） 4：端子4输入选择（AU） 5：点动运行选择（JOG） 7：外部过电流继电器输入(OH) 8：15速选择（REX） 10：变频器运行许可信号(X10)（FR－HC/FR－CV连接） 12：PU运行外部互锁（X12） 14：PID控制有效端子（X14） 15：制动器开放完成信号(BRI) 16：PU外部运行切换（X16） 18：V/F切换（X18） 24：输出停止（MRS） 25：起动自保持选择（STOP） 60：正转指令（STF） 61：反转指令（STR） 62：变频器复位（RES） 65：PU-NET运行切换（X65） 66：外部－网络运行切换(X66) 67：指令权切换（X67） 9999：无功能	
	179		STR端子功能选择	1	61			
	180		RL端子功能选择	1	0			
	181		RM端子功能选择	1	1			
	182		RH端子功能选择	1	2			
	183		MRS端子功能选择	1	24			
	184		RES端子功能选择	1	62			

<table>
<tr><th rowspan="2">功能</th><th colspan="2">参数</th><th rowspan="2">名称</th><th rowspan="2">单位</th><th rowspan="2">初始值</th><th rowspan="2">范围</th><th rowspan="2">内容</th></tr>
<tr><th></th><th>关联参数</th></tr>
<tr><td rowspan="3">输出端子的功能分配</td><td colspan="2">190</td><td>RUN 端子功能选择</td><td>1</td><td>0</td><td rowspan="3">0、1、3、4、7、8、11～16、20、25、26、46、47、64、90、91、93＊、95、96、98、99、100、101、103、104、107、108、111～116、120、125、126、146、147、164、190、191、193＊、195、196、198、199、9999</td><td rowspan="3">0、100：变频器运行中（RUN）
1、101：频率到达（SU）
3、103：过负载警报（OL）
4、104：输出频率检测（FU）
7、107：再生制动预报警（RBP）
8、108：电子过电流保护预报警（THP）
11、111：变频器运行准备完毕（RY）
12、112：输出电流检测（Y12）
13、113：零电流检测（Y13）
14、114：PID 下限（FDN）
15、115：PID 上限（FUP）
16、116：PID 正反转动作输出（RL）
20、120：制动器开放请求（BDF）
25、125：风扇故障输出（FAN）
26、126：散热片过热预报警（FIN）
46、146：停电减速中（Y46）（保持到解除）
47、147：PID 控制动作中（PID）
64、164：再试中（Y64）
90、190：寿命警报（Y90）
91、191：异常输出 3（电源切断信号，(Y91)）
93、193：电流平均值监视信号（Y93）＊
95、195：维修时钟信号（Y95）
96、196：远程输出（REM）
98、198：轻故障输出（LF）
9999、—：无功能
0～99：正逻辑
100～199：负逻辑
＊在 Pr. 192 不可设定为“93”及“193”</td></tr>
<tr><td colspan="2">191</td><td>FU 端子功能选择</td><td>1</td><td>4</td></tr>
<tr><td colspan="2">192</td><td>ABC 端子功能选择</td><td>1</td><td>99</td></tr>
</table>

附录 B　西门子 MM420 变频器参数表

- 数据类型说明如下：U16 表示 16 位无符号数；U32 表示 32 位无符号数；I16 表示 16 位整数；I32 表示 32 位整数；Float 表示浮点数。
- CStat 是指参数的调试状态，可能有三种状态：调试 C，运行 U 和准备运行 T。
- 用户访问级是指允许用户访问参数的等级。变频器共有四个访问等级：标准级，扩展级，专家级和维修级。每个功能组中包含的参数号，取决于参数 P0003（用户访问等级）设定的访问等级。

r0000	驱动装置的显示			最小值：-	访问级：1
		数据类型：U16	单位：-	默认值：-	
	参数组：常用			最大值：-	

显示用户选定的由 P0005 定义的输出数据。

说明：

按下“Fn”键并持续 2 s，用户就可看到直流回路电压、输出电流和输出频率的数值，以及选定的 r0000 设定值（在 P0005 中定义）。

r0002	驱动装置的状态			最小值：-	访问级：2
		数据类型：U16	单位：-	默认值：-	
	参数组：命令			最大值：-	

显示驱动装置的实际状态。

可能的显示值：

0　调试方式（P0010！=0）
1　驱动装置运行准备就绪
2　驱动装置故障
3　驱动装置正在起动（直流回路预充电）
4　驱动装置正在运行
5　停车（斜坡函数正在下降）

关联：

状态 3 只能在直流回路预充电，并且安装了由外部电源供电的通信板时才能看到。

P0003	用户访问级			最小值：0	访问级：1
	CStat：　CUT	数据类型：U16	单位：-	默认值：1	
	参数组：常用	使能有效：确认	快速调试：否	最大值：4	

本参数用于定义用户访问参数组的等级。对于大多数简单的应用对象，采用默认设定值（标准模式）就可以满足要求了。

可能的设定值：

0　用户定义的参数表，有关使用方法的详细情况请参看 P0013 的说明
1　标准级，可以访问最经常使用的一些参数
2　扩展级，允许扩展访问参数的范围，例如变频器的 I/O 功能
3　专家级，只供专家使用
4　维修级，只供授权的维修人员使用，具有密码保护

P0004	参数过滤器			最小值：0	访问级：1
	CStat：　CUT	数据类型：U16	单位：-	默认值：0	
	参数组：常用	使能有效：确认	快速调试：否	最大值：22	

按功能的要求筛选（过滤）出与该功能有关的参数，这样，可以更方便地进行调试。

举例：

P0004 = 22 选定的功能是，只能看到 PID 参数。

可能的设定值：

0 全部参数

2 变频器参数

3 电动机参数

7 命令，二进制 I/O

8 ADC（模 - 数转换）和 DAC（数 - 模转换）

10 设定值通道/RFG（斜坡函数发生器）

12 驱动装置的特征

13 电动机的控制

20 通信

21 报警/警告/监控

22 工艺参量控制器（例如 PID）

关联：

参数的标题栏中标有“快速调试：是”的参数只能在 P0010 = 1（快速调试）时进行设定。

P0005	显示选择			最小值：0	访问级：2
	CStat： CUT	数据类型：U16	单位：-	默认值：21	
	参数组：功能	使能有效：确认	快速调试：否	最大值：2294	

选择参数 r0000（驱动装置的显示）要显示的参量。任何一个只读参数都可以显示。

设定值：

21 实际频率

25 输出电压

26 直流回路电压

27 输出电流

提示：

以上这些设定值（21，25…等）指的是只读参数号（“r0021，r0025…等”）。

详细资料：

请参看相应的“r××××”参数的说明。

P0006	显示方式			最小值：0	访问级：3
	CStat： CUT	数据类型：U16	单位：-	默认值：2	
	参数组：功能	使能有效：确认	快速调试：否	最大值：4	

定义 r0000 的显示方式（驱动装置的显示）。

可能的设定值：

0 在“运行准备”状态下，交替显示频率的设定值和输出频率的实际值。在“运行”状态下，只显示输出频率

1 在“运行准备”状态下，显示频率的设定值。在“运行”状态下，显示输出频率

2 在“运行准备”状态下，交替显示 P0005 的值和 r0020 的值。在“运行”状态下，只显示 P0005 的值

3 在“运行准备”状态下，交替显示 r0002 值和 r0020 值。在“运行”状态下，只显示 r0002 的值

4 在任何情况下都显示 P0005 的值

说明：

变频器不运行时，交替显示“未运行（Not Running）”和“运行（Running）”时的参数数值。
默认状态下，交替显示“频率设定值”和“频率实际值”。

P00010	调试参数过滤器			最小值：0	访问级：1
	CStat： CUT	数据类型：U16	单位：-	默认值：0	
	参数组：常用	使能有效：确认	快速调试：否	最大值：30	

本设定值对与调试相关的参数进行过滤，只筛选出那些与特定功能组有关的参数。

可能的设定值：

0 准备

2 快速调试

29 下载

30 工厂的默认设定值

关联：

在变频器投入运行之前应将本参数复位为0。

P0003（用户访问级）与参数的访问与有关系。

P01000	使用地区：欧洲/北美			最小值：0	访问级：1
	CStat：　C	数据类型：U16	单位：-	默认值：0	
	参数组：快速调试	使能有效：确认	快速调试：是	最大值：2	

本参数用于确定功率设定值（例如铭牌的额定功率—P0307）的单位是［kW］还是［hp（马力）］。除了基准频率（P2000）以外，还有铭牌的额定频率默认值（P0310）和最大电动机频率（P1082）的单位也都在这里自动设定。

可能的设定值：

0 欧洲—［kW］，　频率默认值50 Hz

1 北美—［hp］，　频率默认值60 Hz

2 北美—［kW］，　频率默认值60 Hz

P0300	选择电动机的类型			最小值：1	访问级：2
	CStat：　C	数据类型：U16	单位：-	默认值：1	
	参数组：电动机	使能有效：确认	快速调试：是	最大值：2	

选择电动机的类型。

调试期间，在选择电动机的类型和优化变频器的特性时需要选定这一参数。实际使用的电动机大多是异步电动机；如果您不能确定所用的电动机是否是异步电动机，请按以下的公式进行计算：

（电动机的额定频率（P0310）＊60）/电动机的额定速度（P0311）。

如果计算结果是一个整数，该电动机应是同步电动机。

可能的设定值：

1 异步电动机

2 同步电动机

P0304	电动机的额定电压			最小值：10	访问级：1
	CStat：　C	数据类型：U16	单位：V	默认值：230	
	参数组：电动机	使能有效：确认	快速调试：是	最大值：2000	

铭牌数据：电动机额定电压［V］。

P0305	电动机额定电流			最小值：0.01	访问级：1
	CStat：　C	数据类型：浮点数	单位：A	默认值：3.25	
	参数组：电动机	使能有效：确认	快速调试：是	最大值：10000.00	

铭牌数据：电动机的额定电流［A］。

P0307	电动机额定功率			最小值：0.01	访问级：1
	CStat：　C	数据类型：浮点数	单位：-	默认值：0.75	
	参数组：电动机	使能有效：确认	快速调试：是	最大值：2000.00	

铭牌数据：电动机的额定功率［kW/hp］。

P0308	电动机的额定功率因数			最小值：0.000	访问级：2
	CStat：　C	数据类型：浮点数	单位：-	默认值：0.000	
	参数组：电动机	使能有效：确认	快速调试：是	最大值：1.000	

铭牌数据：电动机的额定功率因数［$\cos\varphi$］。

P0309	电动机的额定效率			最小值：0.0	访问级：2
	CStat：　C	数据类型：浮点数	单位：%	默认值：0.0	
	参数组：电动机	使能有效：确认	快速调试：是	最大值：99.9	

铭牌数据：电动机的额定效率，以%表示。

Pr0310	电动机的额定频率			最小值：12.000	访问级：1
	CStat：C	数据类型：浮点数	单位：Hz	默认值：50.00	
	参数组：电动机	使能有效：确认	快速调试：是	最大值：650.00	

铭牌数据：电动机的额定频率［Hz］。

P0311	电动机的额定速度			最小值：0	访问级：1
	CStat：C	数据类型：U16	单位：1/min	默认值：0	
	参数组：电动机	使能有效：确认	快速调试：是	最大值：40000	

铭牌数据：电动机的额定速度［r/min］。

P0320	电动机磁化电流			最小值：0.0	访问级：3
	CStat：CT	数据类型：浮点数	单位:%	默认值：0.0	
	参数组：电动机	使能有效：立即	快速调试：是	最大值：99.0	

本参数以 P0305（电动机额定电流）的［%］值的形式确定。

P0335	电动机的冷却			最小值：0	访问级：2
	CStat：CT	数据类型：U16	单位：-	默认值：0	
	参数组：电动机	使能有效：确认	快速调试：是	最大值：1	

选择电动机采用的冷却系统。

可能的设定值：

0 自冷，采用安装在电动机轴上的风机进行冷却

1 强制冷却，采用单独供电的冷却风机进行冷却

P0700	选择命令源			最小值：0	访问级：1
	CStat：CT	数据类型：U16	单位：-	默认值：2	
	参数组：命令	使能有效：确认	快速调试：是	最大值：6	

选择数字的命令信号源。

可能的设定值：

0 工厂的默认设置

1 BOP（键盘）设置

2 由端子排输入

4 通过 BOP 链路的 USS 设置

5 通过 COM 链路的 USS 设置

6 通过 COM 链路的通信板（CB）设置

r0701	数字输入 1 的功能			最小值：0	访问级：2
	CStat：CT	数据类型：U16	单位：-	默认值：1	
	参数组：命令	使能有效：确认	快速调试：否	最大值：99	

选择数字输入 1 的功能。

可能的设定值：

0 禁止数字输入

1 ON/OFF1（接通正转/停车命令 1）

2 ON reverse/OFF1（接通反转/停车命令 1）

3 OFF2（停车命令 2）—按惯性自由停车

4 OFF3（停车命令 3）—按斜坡函数曲线快速降速停车

9 故障确认

10 正向点动

11 反向点动

12 反转

13 MOP（电动电位计）升速（增加频率）

14 MOP 降速（减少频率）

15 固定频率设定值（直接选择）

16 固定频率设定值（直接选择＋ON 命令）

17　固定频率设定值（二进制编码的十进制数（BCD码）选择 + ON 命令）
21　机旁/远程控制
25　直流注入制动
29　由外部信号触发跳闸
33　禁止附加频率设定值
99　使能 BICO 参数化

P0702、P0703、P0704 分别表示数字输入 2、3、4，其设定值与 P0701 相同。

P0719	命令和频率设定值的选择			最小值：0	访问级：3
	CStat：　CT	数据类型：U16	单位：-	默认值：0	
	参数组：命令	使能有效：确认	快速调试：否	最大值：66	

这是选择变频器控制命令源的总开关。

在可以自由编程的 BICO 参数与固定的命令/设定值模式之间切换命令信号源和设定值信号源。命令源和设定值源可以互不相关地分别切换。

十位数选择命令源，个位数选择设定值源。

这一参数的两个下标用于进行机旁/远程控制的切换。机旁/远程控制信号在两个下标设置值之间切换。

第一个下标参数的默认设置值为 0（即进行常规的参数比）。

第二个下标参数是用于由 BOP 进行控制（即通过 BOP 来激活机旁/远程控制信号）。

可能的设定值：

0　“命令 = BICO 参数　设定值 = BICO 参数”
1　“命令 = BICO 参数　设定值 = MOP 设定值”
2　“命令 = BICO 参数　设定值 = 模拟设定值”
3　“命令 = BICO 参数　设定值 = 固定频率”
4　“命令 = BICO 参数　设定值 = BOP 链路的 USS”
5　“命令 = BICO 参数　设定值 = COM 链路的 USS”
6　“命令 = BICO 参数　设定值 = COM 链路的 CB”
10　“命令 = BOP　设定值 = BICO 参数”
11　“命令 = BOP　设定值 = MOP 设定值”
12　“命令 = BOP　设定值 = 模拟设定值”
13　“命令 = BOP　设定值 = 固定频率”
15　“命令 = BOP　设定值 = COM 链路的 USS”
16　“命令 = BOP　设定值 = COM 链路的 CB”
40　“命令 = BOP 链路的 USS　设定值 = BICO 参数”
41　“命令 = BOP 链路的 USS　设定值 = MOP 设定值”
42　“命令 = BOP 链路的 USS　设定值 = 模拟设定值”
43　“命令 = BOP 链路的 USS　设定值 = 固定频率”
44　“命令 = BOP 链路的 USS　设定值 = BOP 链路的 USS”
45　“命令 = BOP 链路的 USS　设定值 = COM 链路的 USS”
46　“命令 = BOP 链路的 USS　设定值 = COM 链路的 CB”
50　“命令 = COM 链路的 USS　设定值 = BICO 参数”
51　“命令 = COM 链路的 USS　设定值 = MOP 设定值”
52　“命令 = COM 链路的 USS　设定值 = 模拟设定值”
53　“命令 = COM 链路的 USS　设定值 = 固定频率”
54　“命令 = COM 链路的 USS　设定值 = BOP 链路的 USS”
55　“命令 = COM 链路的 USS　设定值 = COM 链路的 USS”
60　“命令 = COM 链路的 CB　设定值 = BICO 参数”
61　“命令 = COM 链路的 CB　设定值 = MOP 设定值”
62　“命令 = COM 链路的 CB　设定值 = 模拟设定值”
63　“命令 = COM 链路的 CB　设定值 = 固定频率”

64 “命令 = COM 链路的 CB 设定值 = BOP 链路的 USS”

66 “命令 = COM 链路的 CB 设定值 = COM 链路的 CB”

下标：

P0719 [0]：第 1 命令数据组（CDS）

P0719 [1]：第 2 命令数据组（CDS）

P0725	PNP/NPN 数字输入			最小值：0	访问级：3
	CStat： CT	数据类型：U16	单位：-	默认值：1	
	参数组：命令	使能有效：立即	快速调试：否 -	最大值：1	

高电平（PNP）有效和低电平（NPN）有效之间的切换。它对所有的数字输入都有效。

可能的设定值：

0 NPN 方式 ==> 低电平有效

1 PNP 方式 ==> 高电平有效

数值：

NPN：端子 5/6/7 必须通过端子 9（0 V）连接

PNP：端子 5/6/7 必须通过端子 8（24 V）连接

P0731	BI：数字输出 1 的功能			最小值：0.0	访问级：2
	CStat： CUT	数据类型：U32	单位：-	默认值：52.3	
	参数组：命令	使能有效：确认	快速调试：否	最大值：4000.0	

定义数字输出 1 的信号源。

设定值：

52.0	变频器准备	0	闭合
52.1	变频器运行准备就绪	0	闭合
52.2	变频器正在运行	0	闭合
52.3	变频器故障	0	闭合
52.4	OFF2 停车命令有效	1	闭合
52.5	OFF3 停车命令有效	1	闭合
52.6	禁止合闸	0	闭合
52.7	变频器报警	0	闭合
52.8	设定值/实际值偏差过大	1	闭合
52.9	PZD 控制（过程数据控制）	0	闭合
52.A	已达到最大频率	0	闭合
52.B	电动机电流极限报警	1	闭合
52.C	电动机抱闸（MHB）投入	0	闭合
52.D	电动机过载	1	闭合
52.E	电动机正向运行	0	闭合
52.F	变频器过载	1	闭合
53.0	直流注入制动投入	0	闭合
53.1	变频器频率 f_act > P2167(f_off)	0	闭合
53.2	变频器频率 f_act > P1080(f_min)	0	闭合
53.3	实际电流 r0027 >= P2170	0	闭合
53.4	实际频率 f_act > P2155(f_1)	0	闭合
53.5	实际频率 f_act <= P2155(f_1)	0	闭合
53.6	实际频率 f_act >= 设定值	0	闭合
53.7	实际直流回路电压 r0026 < P2172	0	闭合
53.8	实际直流回路电压 r0026 > P2172	0	闭合
53.A	PID 控制器的输出 r2294 == P2292（PID_min）	0	闭合
53.B	PID 控制器的输出 r2294 == P2291（PID_max）	0	闭合

P0748	数字输出反相			最小值：0	访问级：3
	CStat： CUT	数据类型：U16	单位：-	默认值：0	
	参数组：命令	使能有效：确认	快速调试：否	最大值：1	

定义一个给定功能的继电器输出状态是高电平，还是低电平。

位地址：

	位 00 数字输出 1 反相			0 否 1 是

P0757	标定 ADC 的 ×1 值 [V]			最小值：0	访问级：2
	CStat： CUT	数据类型：浮点数	单位：V	默认值：0	
	参数组：端子	使能有效：确认	快速调试：否	最大值：10	

参数 P0757 ~ P0760 用于配置模拟输入的标定，如下图所示：

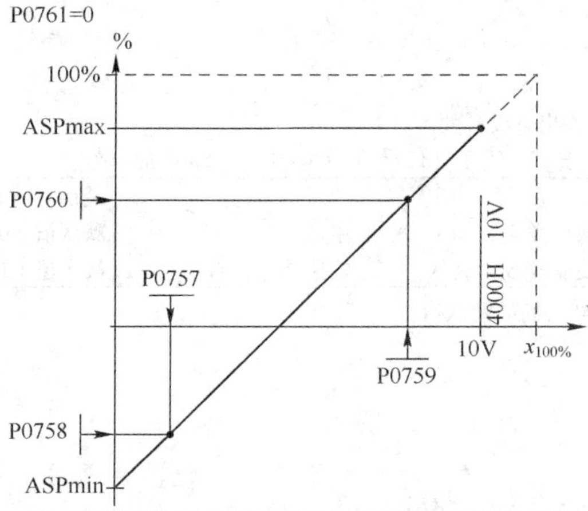

P0758	标定 ADC 的 y1 值			最小值：-99999.9	访问级：2
	CStat： CUT	数据类型：浮点数	单位：%	默认值：0.0	
	参数组：端子	使能有效：确认	快速调试：否	最大值：99999.9	

设定 P0757（ADC 标定）的图中以 [%] 值表示的 y1 值。

关联：

对 P2000 至 P2003（基准频率，电压，电流或转矩）中的哪一个参数进行标定，取决于设定值是哪一个。

P0759	标定 ADC 的 ×2 值 [V]			最小值：0	访问级：2
	CStat： CUT	数据类型：浮点数	单位：V	默认值：10	
	参数组：端子	使能有效：确认	快速调试：否	最大值：10	

设定 P0757（ADC 标定）图中的 ×2 值。

P0760	标定 ADC 的 y2 值			最小值：-99999.9	访问级：2
	CStat： CUT	数据类型：浮点数	单位：%	默认值：100.0	
	参数组：端子	使能有效：确认	快速调试：否	最大值：99999.9	

设定 P0757（ADC 标定）的图中以 [%] 值表示的 y2 值。

关联：

对 P2000 至 P2003（基准频率，电压，电流或转矩）中的哪一个参数进行标定，取决于设定值是哪一个。

P0761	ADC 死区的宽度 [V]			最小值：0	访问级：2
	CStat： CUT	数据类型：浮点数	单位：V	默认值：0	
	参数组：端子	使能有效：确认	快速调试：否	最大值：10	

定义模拟输入特性死区的宽度。

P0771	CI：DAC 的功能			最小值：0.0	访问级：2
	CStat： CUT	数据类型：U32	单位：-	默认值：21.0	
	参数组：端子	使能有效：确认	快速调试：否	最大值：4000.0	

定义 0 ~ 20 mA 模拟输出的功能。

设定值：

21 CO：实际频率 （按 P2000 标定）

24 CO：实际输出频率 （按 P2000 标定）

25 CO：实际输出电压 （按 P2001 标定）

26 CO：实际直流回路电压　（按 P2001 标定）

27 CO：实际输出电流　（按 P2002 标定）

P0776	DAC 的类型			最小值：0	访问级：3
	CStat：CT	数据类型：U16	单位：-	默认值：0	
	参数组：端子	使能有效：确认	快速调试：否	最大值：0	

定义模拟输出的类型。

可能的设定值：

0 电流输出

说明：

模拟输出是按 0～20 mA 的电流输出来设计的。

在模拟输出电压为 0～10 V 的情况下，端子（12/13）上接有一个 50 Ω 的电阻。

P0970	工厂复位			最小值：0	访问级：1
	CStat：C	数据类型：U16	单位：-	默认值：0	
	参数组：参数复位	使能有效：确认	快速调试：否	最大值：1	

P0970 = 1 时所有的参数都复位到它们的默认值。

可能的设定值：

0 禁止复位

1 参数复位

关联：

工厂复位前，首先要设定 P0010 = 30（工厂设定值）。

在把参数复位为默认值之前，必须先使变频器停车（即封锁全部脉冲）。

P1000	频率设定值的选择			最小值：0	访问级：1
	CStat：CT	数据类型：U16	单位：-	默认值：2	
	参数组：设定值	使能有效：确认	快速调试：是	最大值：66	

选择频率设定值的信号源。在下面给出的可供选择的设定值表中，主设定值由最低一位数字（个位数）来选择（即 0～6），而附加设定值由最高一位数字（十位数）来选择（即 ×0 到 ×6，其中，× = 1～6）。

可能的设定值：

0 无主设定值

1 MOP 设定值

2 模拟设定值

3 固定频率

4 通过 BOP 链路的 USS 设定

5 通过 COM 链路的 USS 设定

6 通过 COM 链路的 CB 设定

10 无主设定值	+ MOP 设定值
11 MOP 设定值	+ MOP 设定值
12 模拟设定值	+ MOP 设定值
13 固定频率	+ MOP 设定值
14 通过 BOP 链路的 USS 设定	+ MOP 设定值
15 通过 COM 链路的 USS 设定	+ MOP 设定值
16 通过 COM 链路的 CB 设定	+ MOP 设定值
20 无主设定值	+ 模拟设定值
21 MOP 设定值	+ 模拟设定值
22 模拟设定值	+ 模拟设定值
23 固定频率	+ 模拟设定值
24 通过 BOP 链路的 USS 设定	+ 模拟设定值
25 通过 COM 链路的 USS 设定	+ 模拟设定值
26 通过 COM 链路的 CB 设定	+ 模拟设定值
30 无主设定值	+ 固定频率
31 MOP 设定值	+ 固定频率
32 模拟设定值	+ 固定频率

33 固定频率	+ 固定频率
34 通过 BOP 链路的 USS 设定	+ 固定频率
35 通过 COM 链路的 USS 设定	+ 固定频率
36 通过 COM 链路的 CB 设定	+ 固定频率
40 无主设定值	+ BOP 链路的 USS 设定值
41 MOP 设定值	+ BOP 链路的 USS 设定值
42 模拟设定值	+ BOP 链路的 USS 设定值
43 固定频率	+ BOP 链路的 USS 设定值
44 通过 BOP 链路的 USS 设定	+ BOP 链路的 USS 设定值
45 通过 COM 链路的 USS 设定	+ BOP 链路的 USS 设定值
46 通过 COM 链路的 CB 设定	+ BOP 链路的 USS 设定值
50 无主设定值	+ COM 链路的 USS 设定值
51 MOP 设定值	+ COM 链路的 USS 设定值
52 模拟设定值	+ COM 链路的 USS 设定值
53 固定频率	+ COM 链路的 USS 设定值
54 通过 BOP 链路的 USS 设定	+ COM 链路的 USS 设定值
54 通过 COM 链路的 USS 设定	+ COM 链路的 USS 设定值
60 无主设定值	+ COM 链路的 CB 设定值
61 MOP 设定值	+ COM 链路的 CB 设定值
62 模拟设定值	+ COM 链路的 CB 设定值
63 固定频率	+ COM 链路的 CB 设定值
64 通过 BOP 链路的 USS 设定	+ COM 链路的 CB 设定值
66 通过 COM 链路的 CB 设定	+ COM 链路的 CB 设定值

P1001	固定频率 1			最小值：-650.00	访问级：2
	CStat： CUT	数据类型：浮点数	单位：Hz	默认值：0.00	
	参数组：设定值	使能有效：立即	快速调试：否	最大值：650.00	

定义固定频率 1 的设定值。

有三种选择固定频率的方法：

1. 直接选择
2. 直接选择 + ON 命令
3. 二进制编码选择 + ON 命令

1）直接选择（P0701 - P0703 = 15）

在这种操作方式下，一个数字输入选择一个固定频率。如果有几个固定频率输入同时被激活，选定的频率是它们的总和。

例如：FF1 + FF2 + FF3。

2）直接选择 + ON 命令（P0701 - P0703 = 16）

选择固定频率时，既有选定的固定频率，又带有 ON 命令，把它们组合在一起。

在这种操作方式下，一个数字输入选择一个固定频率。如果有几个固定频率输入同时被激活，选定的频率是它们的总和。

例如：FF1 + FF2 + FF3。

3）二进制编码的十进制数（BCD 码）选择 + ON 命令（P0701 - P0703 = 7）

使用这种方法最多可以选择 7 个固定频率。各个固定频率的数值根据下表选择：

		DIN3	DIN2	DIN1
	OFF	不激活	不激活	不激活
P1001	FF1	不激活	不激活	激活
P1002	FF2	不激活	激活	不激活
P1003	FF3	不激活	激活	激活
P1004	FF4	激活	不激活	不激活
P1005	FF5	激活	不激活	激活
P1006	FF6	激活	激活	不激活
P1007	FF7	激活	激活	激活

P1002 – P1007 分别为固定频率 2 ~ 7，使用方式同 P1001。

P1005	BI：使能正向点动			最小值：0.0	访问级：3
	CStat： CT	数据类型：U32	单位：–	默认值：0.0	
	参数组：命令	使能有效：确认	快速调试：否	最大值：4000	

当 P0719 = 0（远程选择命令源/设定值源）时，指定正向点动命令的信号源。

设定值：

722.0 = 数字输入 1（要求 P0701 设定为 99，BICO）
722.1 = 数字输入 2（要求 P0702 设定为 99，BICO）
722.2 = 数字输入 3（要求 P0703 设定为 99，BICO）
722.3 = 数字输入 4（经由模拟输入，要求 P0704 设定为 99）
19.8 = 经由 BOP 正向点动

P1056	BI：使能反向点动			最小值：0.0	访问级：3
	CStat： CT	数据类型：U32	单位：–	默认值：0.0	
	参数组：命令	使能有效：确认	快速调试：否	最大值：4000.0	

当 P0719 = 0（远程选择命令源/设定值源）时，指定正向点动命令的信号源。

设定值：

722.0 = 数字输入 1（要求 P0701 设定为 99，BICO）
722.1 = 数字输入 2（要求 P0702 设定为 99，BICO）
722.2 = 数字输入 3（要求 P0703 设定为 99，BICO）
722.3 = 数字输入 4（经由模拟输入，要求 P0704 设定为 99）
19.9 = 经由 BOP 反向点动

P1058	正向点动频率			最小值：0.00	访问级：2
	CStat： CUT	数据类型：浮点数	单位：Hz	默认值：5.00	
	参数组：设定值	使能有效：立即	快速调试：否	最大值：650.00	

所谓点动是指以很低的速度驱动电动机转动。点动操作由 AOP/BOP 的 JOG（点动）按钮控制，或由连接在一个数字输入端的不带闩锁的开关（按下时接通，松开时自动复位）来控制。

选择正向点动时，由这一参数确定变频器正向点动运行的频率。

P1059	反向点动频率			最小值：0.00	访问级：2
	CStat： CUT	数据类型：浮点数	单位：Hz	默认值：5.00	
	参数组：设定值	使能有效：立即	快速调试：否	最大值：650.00	

选择反向点动时，由这一参数确定变频器反向点动运行的频率。

关联：

点动时采用的斜坡上升和下降时间分别在参数 P1060 和 P1061 中设定。

P1060	点动的斜坡上升时间			最小值：0.00	访问级：2
	CStat： CUT	数据类型：浮点数	单位：s	默认值：10.00	
	参数组：设定值	使能有效：确认	快速调试：否	最大值：650.00	

设定斜坡曲线的上升时间。这是点动所用的加速时间，或当 P1124（使能点动斜坡时间）激活时采用的点动斜坡上升时间。

P1061	点动的斜坡下降时间			最小值：0.00	访问级：2
	CStat： CUT	数据类型：浮点数	单位：s	默认值：10.00	
	参数组：设定值	使能有效：确认	快速调试：否	最大值：650.00	

设定斜坡曲线的下降时间。这是点动所用的减速时间，或当 P1124（使能点动斜坡时间）激活时采用的点动斜坡下降时间。

P1080	最低频率			最小值：0.00	访问级：1
	CStat： CUT	数据类型：浮点数	单位：Hz	默认值：0.00	
	参数组：设定值	使能有效：立即	快速调试：是	最大值：650.00	

本参数设定最低的电动机频率［Hz］。电动机运行在最低频率时，将不顾频率的设定值是多少。

P1082［3］	最高频率			最小值：0.00	访问级：1
	CStat：CT	数据类型：浮点数	单位：Hz	默认值：50.00	
	参数组：设定值	使能有效：确认	快速调试：是	最大值：650.00	

本参数设定最高的电动机频率［Hz］。电动机运行在最高频率时，将不顾频率的设定值是多少。

P1091	跳转频率 1			最小值：0.00	访问级：3
	CStat：CUT	数据类型：浮点数	单位：Hz	默认值：0.00	
	参数组：设定值	使能有效：立即	快速调试：否	最大值：650.00	

本参数确定第一个跳转频率，用于避开机械共振的影响，被抵制（跳越过去）的频带范围为本设定值 +/-P1101（跳转频率的频带宽度）。

P1092~P1094 为跳转频率 2~4，设定值同 P1091。

P1101	跳转频率的频带宽度			最小值：0.00	访问级：3
	CStat：CUT	数据类型：浮点数	单位：Hz	默认值：2.00	
	参数组：设定值	使能有效：立即	快速调试：否	最大值：10.00	

给出叠加在跳转频率上的频带宽度，单位：［Hz］。

P1120	斜坡上升时间			最小值：0.00	访问级：1
	CStat：CUT	数据类型：浮点数	单位：s	默认值：10.00	
	参数组：设定值	使能有效：确认	快速调试：是	最大值：650.00	

斜坡函数曲线不带平滑圆弧时，电动机从静止状态加速到最高频率（P1082）所用的时间。

P1121	斜坡下降时间			最小值：0.00	访问级：1
	CStat：CUT	数据类型：浮点数	单位：s	默认值：10.00	
	参数组：设定值	使能有效：确认	快速调试：是	最大值：650.00	

斜坡函数曲线不带平滑圆弧时，电动机从最高频率（P1082）减速到静止停车所用的时间。

P1130	斜坡上升曲线的起始段圆弧时间			最小值：0.00	访问级：2
	CStat：CUT	数据类型：浮点数	单位：s	默认值：0.00	
	参数组：设定值	使能有效：确认	快速调试：否	最大值：40.00	

定义斜坡函数上升曲线起始段平滑圆弧的时间，单位为 s，如下图所示：

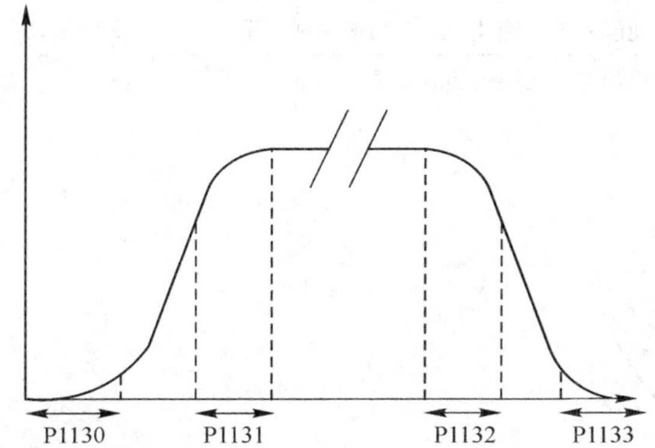

P1134	平滑圆弧的类型			最小值：0	访问级：2
	CStat：CUT	数据类型：U16	单位：-	默认值：0	
	参数组：设定值	使能有效：立即	快速调试：否	最大值：1	

由这一参数确定，发出 OFF1 命令或降低设定值的命令后，平滑响应特性是采用连续的平滑圆弧，还是采用断续的平滑圆弧。

可能的设定值：

0　连续平滑

1　断续平滑

P1200	捕捉再起动			最小值：0	访问级：2
	CStat： CUT	数据类型：U16	单位：-	默认值：0	
	参数组：功能	使能有效：确认	快速调试：否	最大值：6	

捕捉再起动是指激活这一功能时起动变频器，快速地改变变频器的输出频率，去搜寻正在自转的电动机的实际速度。一旦捕捉到电动机的速度实际值，就将变频器与电动机接通，并使电动机按常规斜坡函数曲线升速运行到频率的设定值。

可能的设定值：

0 禁止捕捉再起动功能

1 捕捉再起动功能总是有效，从频率设定值的方向开始搜索电动机的实际速度

2 捕捉再起动功能在上电、故障、OFF2 命令时激活，从频率设定值的方向开始搜索电动机的实际速度

3 捕捉再起动功能在故障、OFF2 命令时激活，从频率设定值的方向开始搜索电动机的实际速度

4 捕捉再起动功能总是有效，只在频率设定值的方向搜索电动机的实际速度

5 捕捉再起动功能在上电、故障、OFF2 命令时激活，只在频率设定值的方向搜索电动机的实际速度

6 捕捉再起动功能在故障、OFF2 命令时激活，只在频率设定值的方向搜索电动机的实际速度

P1210	自动再起动			最小值：0	访问级：2
	CStat： CUT	数据类型：U16	单位：-	默认值：1	
	参数组：功能	使能有效：确认	快速调试：否	最大值：5	

在主电源跳闸或在发生故障后允许重新起动。

可能的设定值：

0	禁止自动再起动	
1	上电后跳闸复位	P1211 禁止
2	在主电源中断后再起动	P1211 禁止
3	在主电源消隐或故障后再起动	P1211 使能
4	在主电源消隐后再起动	P1211 使能
5	在主电源中断和故障后再起动	P1211 禁止

P1300	变频器的控制方式			最小值：0	访问级：2
	CStat： CT	数据类型：U16	单位：-	默认值：0	
	参数组：控制	使能有效：确认	快速调试：是	最大值：3	

控制电动机的速度和变频器的输出电压之间的相对关系，如下图所示：

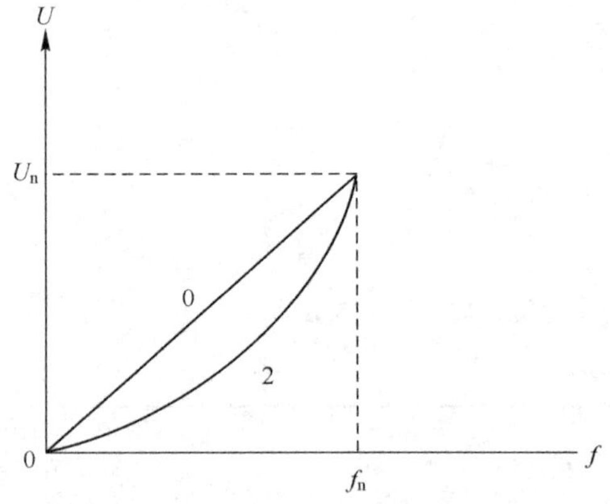

可能的设定值：

0 线性特性的 U/f 控制

1 带磁通电流控制（FCC）的 U/f 控制

2 带抛物线特性（平方特性）的 U/f 控制

3 特性曲线可编程的 U/f 控制

P2200	BI：允许 PID 控制器投入			最小值：0.0	访问级：2
	CStat：CT	数据类型：U32	单位：-	默认值：0.0	
	参数组：工艺控制	使能有效：确认	快速调试：否	最大值：4000.0	

这一参数允许用户投入/禁止 PID 控制器功能。设定为 1 时，允许投入 PID 闭环控制器。

P2201	PID 控制器的固定频率设定值 1			最小值：-130.00	访问级：2
	CStat：CUT	数据类型：浮点数	单位：%	默认值：0.00	
	参数组：工艺控制	使能有效：立即	快速调试：否	最大值：130.00	

定义 PID 固定频率设定值 1。

此外，可以通过数字输入（P0701～P0703）把任何一个数字输入参数设定为 PID 的固定频率设定值。

选择 PID 固定频率设定值有三种方法：

1）直接选择（P0701 或 P0702＝15 等）

在这种操作方式下，一个数字输入选择一个固定频率。

2）直接选择＋ON 命令（P0701 或 P0702＝16 等）

这种选择方式时，除了要发出一个与设定值同时起作用的 ON 命令以外，其他与“1）”的说明相同。

3）二进制编码的十进制数（BCD 码）选择＋ON 命令（P0701－P0703＝17）

使用这种方法选择 PID 设定值时，最多可以选择 7 个不同的 PID 固定频率设定值。

各个固定频率的数值根据下表选择：

		DIN3	DIN2	DIN1
	OFF	未激活	未激活	未激活
P2201	PID_FF1	未激活	未激活	激活
P2202	PID_FF2	未激活	激活	未激活
P2203	PID_FF3	未激活	激活	激活
P2204	PID_FF4	激活	未激活	未激活
P2205	PID_FF5	激活	未激活	激活
P2206	PID_FF6	激活	激活	未激活
P2207	PID_FF7	激活	激活	激活

P2202～P2207 表示 PID 控制器的固定频率设定值 2～7，其设定值同 P2201。

P2240	PID－MOP 的设定值			最小值：-130.00	访问级：2
	CStat：CUT	数据类型：浮点数	单位：%	默认值：10.00	
	参数组：工艺控制	使能有效：立即	快速调试：否	最大值：130.00	

电动电位计的设定值。

允许用户以［%］值的形式设定数字的 PID 设定值。

P2253	CI：PID 设定值信号源			最小值：0.0	访问级：2
	CStat：CUT	数据类型：U32	单位：-	默认值：0.0	
	参数组：工艺控制	使能有效：确认	快速调试：否	最大值：4000.0	

定义 PID 设定值输入的信号源。

设定值：

755 ＝ 模拟输入 1

2224 ＝ 固定的 PID 设定值（参看 P2201 至 P2207）

2250 ＝ 已激活的 PID 设定值（参看 P2240）

P2254	CI：PID 微调信号源			最小值：0.0	访问级：3
	CStat：CUT	数据类型：U32	单位：-	默认值：0.0	
	参数组：工艺控制	使能有效：确认	快速调试：否	最大值：4000.0	

选择 PID 设定值的微调信号源。这一信号乘以微调增益系数，并与 PID 设定值相加。

设定值：

755 ＝ 模拟输入 1

2224　=　固定的 PID 设定值（参看 P2201 至 P2007）

2250　=　已激活的 PID 设定值（参看 P2240）

P2255	PID 设定值的增益系数			最小值：0.00	访问级：3
	CStat：CUT	数据类型：浮点数	单位：-	默认值：100.0	
	参数组：工艺控制	使能有效：立即	快速调试：否	最大值：100.0	

这是 PID 设定值的增益系数。输入的设定值乘以这一增益系数后，使设定值与微调值之间得到一个适当的比率关系。

P2256	PID 微调信号的增益系数			最小值：0.00	访问级：3
	CStat：CUT	数据类型：浮点数	单位：-	默认值：100.0	
	参数组：工艺控制	使能有效：立即	快速调试：否	最大值：100.0	

这是 PID 微调信号的增益系数。采用这一增益系数对微调信号进行标定后，再与 PID 主设定值相加。

P2257	PID 设定值的斜坡上升时间			最小值：0.00	访问级：2
	CStat：CUT	数据类型：浮点数	单位：s	默认值：1.00	
	参数组：工艺控制	使能有效：立即	快速调试：否	最大值：650.0	

设定 PID 设定值的斜坡上升时间。

P2258	PID 设定值的斜坡下降时间			最小值：0.00	访问级：2
	CStat：CUT	数据类型：浮点数	单位：s	默认值：1.00	
	参数组：工艺控制	使能有效：立即	快速调试：否	最大值：650.0	

设定 PID 设定值的斜坡下降时间。

P2261	PID 设定值的滤波时间常数			最小值：0.00	访问级：3
	CStat：CUT	数据类型：浮点数	单位：s	默认值：0.00	
	参数组：工艺控制	使能有效：立即	快速调试：否	最大值：60.0	

为平滑 PID 的设定值设定一个时间常数。

说明：

0 = 不进行平滑滤波

P2264	CI：PID 反馈信号			最小值：0.0	访问级：2
	CStat：CUT	数据类型：U32	单位：-	默认值：755.0	
	参数组：工艺控制	使能有效：确认	快速调试：否	最大值：4000.0	

选择 PID 反馈的信号源。

设定值：

755　=　模拟输入 1 设定值

2224　=　PID 固定设定值

2250　=　PID - MOP 的输出设定值

P2280	PID 比例增益系数			最小值：0.000	访问级：2
	CStat：CUT	数据类型：浮点数	单位：-	默认值：3.000	
	参数组：工艺控制	使能有效：立即	快速调试：否	最大值：65.00	

允许用户设定 PID 控制器的比例增益系数。

P2285	PID 积分时间			最小值：0.000	访问级：2
	CStat：CUT	数据类型：浮点数	单位：s	默认值：0.000	
	参数组：工艺控制	使能有效：立即	快速调试：否	最大值：100.00	

设定 PID 控制器的积分时间常数。

详细资料：

参看 P2280（PID 比例增益系数）。

P2291	PID 输出上限			最小值：-200.000	访问级：2
	CStat：CUT	数据类型：浮点数	单位：%	默认值：100.000	
	参数组：工艺控制	使能有效：立即	快速调试：否	最大值：200.00	

设定 PID 控制器输出的上限幅值，以［%］值表示。

P2292	PID 输出下限			最小值：-200.000	访问级：2
	CStat：CUT	数据类型：浮点数	单位：%	默认值：0.00	
	参数组：工艺控制	使能有效：立即	快速调试：否	最大值：200.00	

设定 PID 控制器输出的下幅值，以［%］值表示。

P3900	结束快速调试			最小值：0	访问级：1
	CStat：C	数据类型：U16	单位：-	默认值：0	
	参数组：快速调试	使能有效：确认	快速调试：是	最大值：3	

完成优化电动机的运行所需的计算。

在完成计算以后，P3900 和 P0010（调试参数组）自动复位为它们的初始值 0。

可能的设定值：

0 不用快速调试

1 结束快速调试，并按工厂设置使参数复位

2 结束快速调试

3 结束快速调试，只进行电动机数据的计算

参考文献

[1] 李方园. 变频器行业应用实践［M]. 北京：中国电力出版社，2006.

[2] 李方园. 变频器应用与维护［M]. 北京：中国电力出版社，2009.

[3] 李方园. 变频器原理与维修［M]. 北京：机械工业出版社，2010.

[4] 李方园. 变频器应用简明教程［M]. 北京：机械工业出版社，2012.

[5] 李方园. 图解变频器维修［M]. 北京：机械工业出版社，2014.

[6] 咸庆信，等. 变频器实用电路图集与原理图说［M］北京：机械工业出版社，2009.

[7] 李自先，等. 变频器实用技术与维修精要［M]. 北京：人民邮电出版社，2009.